国家示范性高职院校建设项目成果教材

地基基础工程施工

裴利剑　郭秦渭　主编

科学出版社

北　京

内 容 简 介

本书根据教育部教学改革的精神及《建筑地基基础工程施工质量验收规范》(GB 50202—2002）等现行国家标准、行业标准编写。

本书符合职业教育特点，贯彻了理论“适度、够用”，技能培养为主的基本思想，介绍了岩土工程勘察、土方工程施工、浅基础工程施工、基坑工程施工、桩基工程施工和地基处理基本理论与施工方法，并在施工描述中插入了大量工程实例和职业活动训练。

本书可作为高职高专建筑工程技术专业教学用书，也可供相关专业的工程管理人员和技术人员参考。

图书在版编目(CIP)数据

地基基础工程施工/裴利剑，郭秦渭主编. —北京：科学出版社，2010
(国家示范性高职院校建设项目成果教材)
ISBN 978-7-03-029374-9

Ⅰ.①地… Ⅱ.①裴… ②郭… Ⅲ.①地基-基础（工程）-工程施工-高等学校：技术学校-教材 Ⅳ.①TU753

中国版本图书馆 CIP 数据核字(2010)第 210756 号

责任编辑：何舒民/责任校对：刘玉靖
责任印制：吕春珉/封面设计：曹来

科学出版社出版
北京东黄城根北街 16 号
邮政编码：100717
http://www.sciencep.com

三河市骏杰印刷有限公司印刷
科学出版社发行 各地新华书店经销

*

2010 年 12 月第 一 版 开本：787×1092 1/16
2020 年 1 月第十一次印刷 印张：15 1/2
字数：380 000

定价：35.00 元

（如有印装质量问题，我社负责调换〈骏杰〉）
销售部电话 010-62134988 编辑部电话 010-62137154（VA03）

前　言

本书是根据当前教育部教学改革的精神，建筑施工类建筑工程技术专业课程改革新的课程体系要求，以及《建筑地基基础工程施工质量验收规范》（GB 50202—2002）等现行的国家标准、行业标准，参考工程建设标准化协会标准和沿海地区地方标准实施而编写的。

全书共分为6章，主要内容包括认识岩土、土方工程施工、基坑工程施工、浅基础工程施工、桩基工程施工、地基处理。

本教材有以下主要特点：

1. 符合高职高专的教学特点，以理论“适度、够用”为原则编写教材。本书侧重施工工艺的适用性分析和施工工艺的流程介绍，尽量避免实用性差、理论深奥的知识讲述。

2. 内容全面。本书囊括了建筑地基基础工程的全部施工过程，为学生全面了解建筑地基基础工程施工、开阔职业视野提供帮助。

3. 实用性强。本书阐述了地基基础工程施工中各种施工方法的特点、适用范围、施工工艺流程、施工要点、施工质量验收等基本内容，为学生合理选用施工方法、制定施工方案、实施施工管理奠定了基础。

4. 时效性强。本书结合当前建筑工程企业常用的施工方法进行编写，删减了落后淘汰的施工工艺，适当引入了新型施工工艺。

本书由昆明冶金高等专科学校裴利剑、郭秦渭任主编，姚永仲、苏莲萍任副主编。具体编写分工为：姚永仲编写第1、2章；郭秦渭编写第3、4章；裴利剑编写第5章；苏莲萍编写第6章。全书由裴利剑统稿。

本书由昆明冶金高等专科学校时思担任主审，时思教授严谨、认真地审阅了稿件，并提出许多宝贵意见。编者在此表示诚挚的感谢。

由于本书内容较新，且编写时间较为仓促，并且限于编者水平和经验，书中难免有不妥之处，恳请广大读者批评指正。

目　　录

第1章

认识岩土

土是由岩石通过物理、化学、生物风化作用，并经过剥蚀、搬运、沉积交错复杂作用，所生成的各类沉积物。土的固相主要是由大小不同形状各异的多种矿物颗粒构成的，对有些土来讲除矿物颗粒外还含有有机质。土虽然是岩石风化后的产物，但具有一种明显区别于岩石的性质——散粒性。正是由于土的这一特性，决定了土与其他工程材料相比具有压缩性大、强度低、渗透性大的特点。

1.1 概　　述

1.1.1 土的生成

在由岩石演变生成土的过程中，风化起到了重要的作用。风化作用与温度变化、雨、雪、山洪、河流、风、空气、生物等活动密切相关，一般分为物理风化和化学风化作用。由于温度变化，岩石胀缩开裂，崩解为碎块，属于物理风化作用，这种风化作用只改变颗粒的大小与形状，不改变其矿物成分；由于水溶液、大气等因素影响，使岩石的矿物成分不断溶解水化、氧化、碳酸盐化引起岩石的破碎，属于化学风化，这种风化作用使岩石的矿物成分发生改变，土的颗粒变细，产生次生矿物。

1.1.2 土的组成

天然状态下，土体一般由固相（固体颗粒）、液相（水）和气相（气体）三部分组成。特殊情况下，只有固体颗粒和水的土称为饱和土；只有固体颗粒和气体的土称为干土。

下面我们来说明一下固体颗粒、水和气体对土体工程性质的影响。

1. 土颗粒的大小与形状

自然界中土颗粒的大小相差悬殊，例如巨粒土漂石，粒径 $d>200$mm，细粒土黏粒 $d<0.005$mm，两者粒径相差超过 4 万倍。颗粒大小不同的土，它们的工程性质也各异。为便于研究，把土的粒径按性质相近的原则划分为 6 个粒组，见表 1.1。

表 1.1　土粒的粒组划分

粒组名称		粒径范围/mm	一　般　特　征
漂石或块石颗粒		＞200	透水性大，无黏性，无毛细水
卵石或碎石颗粒		200～20	
圆砾或角砾颗粒	粗	20～10	透水性大，无黏性，毛细水上升高度不超过粒径大小
	中	10～5	
	细	5～2	
砂粒	粗	2～0.5	易透水，当混入云母等杂质时透水性减小，压缩性增加；无黏性，遇水不膨胀，干燥时松散；毛细水上升高度不大，随粒径变小而增大
	中	0.5～0.25	
	细	0.25～0.1	
	极细	0.1～0.075	
粉粒	粗	0.075～0.01	透水性小；湿时稍有黏性，遇水膨胀小，干时稍有收缩；毛细水上升高度较大较快，极易出现冻胀现象
	细	0.01～0.005	
黏粒		＜0.005	透水性很小；湿时有黏性、可塑性，遇水膨胀大，干时收缩显著；毛细水上升高度大，但速度较慢

注：1）漂石、卵石和圆砾颗粒呈一定的磨圆形状（圆形或亚圆形），块石、碎石和角砾颗粒都带有棱角。

2）黏粒或称黏土粒，粉粒或称粉土粒。

3）黏粒的粒径上限也有采用 0.002mm 的。

每个粒组之内土的工程性质相似。定性而言，通常粗粒土的压缩性低、强度高、渗透性大。

至于颗粒的形状，有的土带棱角的形状表面粗糙，不易滑动，因而其抗剪强度比表面圆滑的高。

自然界里的天然土，很少是一个粒组的土，往往由多个粒组混合而成，土的颗粒有粗有细。

工程中常用土中各粒组的相对含量，占总质量的百分数来表示，称为土的粒径级配。这是决定无黏性土的重要指标，是粗粒土的分类定名的标准。

粒径分析方法，工程中常用下列两种试验方法，互相配合使用。

1）筛析法　适用于土粒直径 $d>0.075$mm 的土。筛析法的主要设备为一套标准分析筛，筛子孔径分别为 20mm，10mm，5mm，2.0mm，1.0mm，0.5mm，0.25mm，0.075mm。

取样数量：粒径 $d<20$mm，可取 1000～2000g；$d<10$mm，可取 300～1000g；$d<2$mm，可取 100～300g。

将干土样倒入标准筛中，盖严上盖，置于筛析机上震筛 10～15min。由上而下顺序称各级筛上及底盘内试样的质量。

2）密度计法　适用于土粒直径 $d<0.075$mm 的土。密度计法的主要仪器为土壤密度计和容积为 1000mL 量筒。根据土粒直径大小不同，在水中沉降的速度也有不同的特性，将密度计放入悬液中，测记 0.5min，1min，2min，5min，15min，30min，60min，120min 和 140min 的密度计读数，计算而得。

根据颗粒分析试验结果，绘制土的粒径级配曲线，如图 1.1 所示，纵坐标表示小

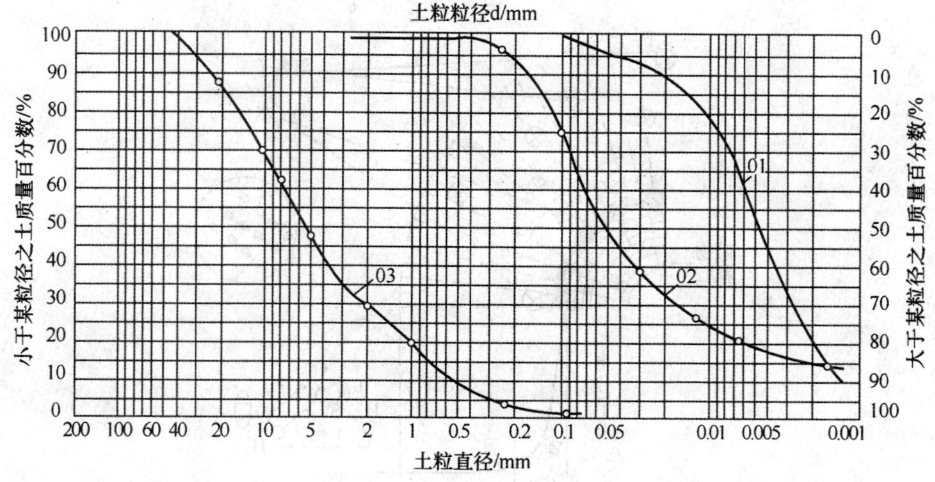

图 1.1　粒径级配曲线

于某粒径的土占总质量的百分数；横坐标表示土的粒径（采用对数坐标）。

例如，取工程的土样总质量为 1000g，经筛析后，知全部试样通过筛孔为 10mm 的筛，因此在横坐标为 10mm 处，其纵坐标为 100，为一试验点。而在筛孔为 5mm 的筛子上的颗粒质量为 50g，因而 $d<5$mm 的颗粒质量为 950g 占总质量的 95%，由横坐标为 5mm 与纵坐标 95%之交点为第 2 个试验点。在筛孔为 2mm 的筛子上的颗粒质量称得为 150g，则 $d<2$mm 的颗粒质量为 1000－50－150＝800g，占总质量的 80%，因此，由横坐标为 2mm 与纵坐标 80%之交点为第 3 个试验点。以此类推，即得粒径级配曲线。

粒径级配曲线上：纵坐标为 10%所对应的粒径 d_{10} 称为有效粒径；纵坐标为 60%所对应的粒径 d_{60}。称为限定粒径，d_{60} 与 d_{10} 的比值称为不均匀系数 C_u，即

$$C_u = d_{60}/d_{10} \tag{1.1}$$

不均匀系数 C_u 为表示土颗粒组成的重要特征。当 C_u 很小时曲线很陡，表示土均匀（级配不良）；当 C_u 很大时曲线平缓，表示土的级配良好。

曲率系数 C_c 为表示土颗粒组成的又一特征，C_c 按下式计算，即

$$C_c = \frac{d_{30}^2}{d_{10} \times d_{60}} \tag{1.2}$$

式中，d_{30}——粒径级配曲线上纵坐标为 30%所对应的粒径。

砾石和砂土级配 $C_u \geqslant 5$ 且 $C_c=1 \sim 3$ 为级配良好；级配不同时满足 C_u 与 C_c 两个要求，则为级配不良。

2. 土中水

土的孔隙中有水，水分子 H_2O 为极性分子，由带正电荷的氢离子 H^+ 和带负电荷的氧离子 O^{2-} 组成。黏土粒表面带负电荷，在土粒周围形成电场，吸引水分子带正电荷的氢离子一端，使其定向排列，形成结合水膜，如图 1.2 所示。土中水分类如下。

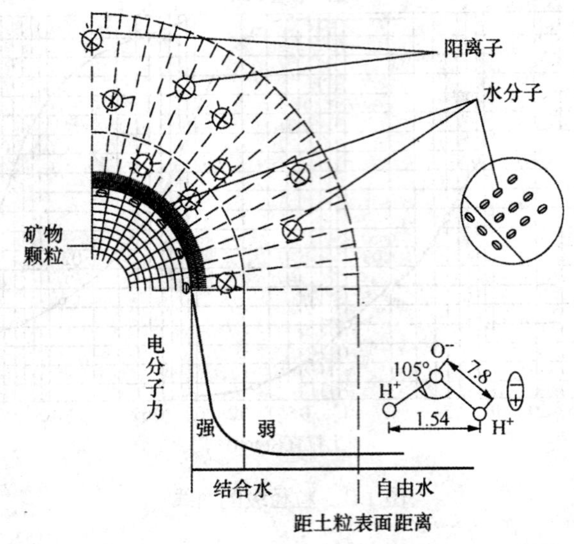

图 1.2 黏土矿物和水分子的相互作用

(1) 结合水

1) 强结合水（吸着水） 由黏土表面的电分子力牢固地吸引的水分子，并紧靠土粒表面，厚度只有几个水分子厚，小于 0.003μm。这种强结合水的性质与普通水不同：它的性质接近固体，不传递静水压力，不蒸发，密度 $\rho_w=1.2\sim2.4\mathrm{g/cm^3}$，并具有很大的黏滞性、弹性和抗剪强度。当黏土只含强结合水时呈坚硬状态。

2) 弱结合水（薄膜水） 这种水在强结合水外侧，也是由黏土表面的电分子力吸引的水分子，其厚度小于 0.5μm(1μm=0.001mm)，密度 $\rho_w=1.0\sim1.7\mathrm{g/cm^3}$。弱结合水也不传递静水压力，呈黏滞体状态，此部分水对黏性土的影响最大。

(2) 自由水

此种水离土粒较远，在土粒表面的电场作用以外的水分子自由散乱地排列。自由水包括下列两种：

1) 重力水 这种水位于地下水位以下，具有浮力的作用，可从总水头较高处向总水头较低处流动。

2) 毛细水 这种水位于地下水位以上，受毛细作用而上升，粉土中孔隙小，毛细水上升高。

3. 土中气体

土中气体分两种：

1) 自由气体 这种气体为与大气相连通的气体，通常在土层受力压缩时即逸出，故对建筑工程无影响。

2) 封闭气泡 封闭气泡与大气隔绝，存在黏性土中，当土层受荷载作用时，封闭气泡缩小，卸荷时又膨胀，使土体具有弹性，称为“橡皮土”，使土体的压实变得困难。若土中封闭气泡很多时，将使土的渗透性降低。

1.2　土的物理性质指标

土的物理性质指标反映土的工程性质的特征，具有重要的实用价值。

地基承载力数值的大小与地基基础的设计和施工紧密相关。例如，地基粉土的孔隙比 $e=0.8$，含水率 $w=10\%$，则地基承载力特征值可达 200kPa，通常多层房屋可用天然地基；若孔隙比 $e=1.6$，含水率 $w=70\%$，则地基承载力特征值很低，小于 50kPa，为软弱地基，多层房屋无法采用天然地基，要考虑人工加固地基或采用桩基桩。由此可见，孔隙比 t 和含水率 w 的数值大小，影响建筑地基基础的方案不同，随之而来施工方法、工期、造价都不相同。

前已定性说明：土中三相之间相互比例不同，土的工程性质也不同。现在需要定量研究三相之间的比例关系，即土的物理性质指标的物理意义和数值大小。

为了阐述和标记方便，把自然界中土的三相混合分布的情况分别集中起来：固相集中于下部，液相居中部，气相集中于上部，并按适当的比例画一个简图，左边标出各相的质量，右边标明各相的体积，如图 1.3 所示。

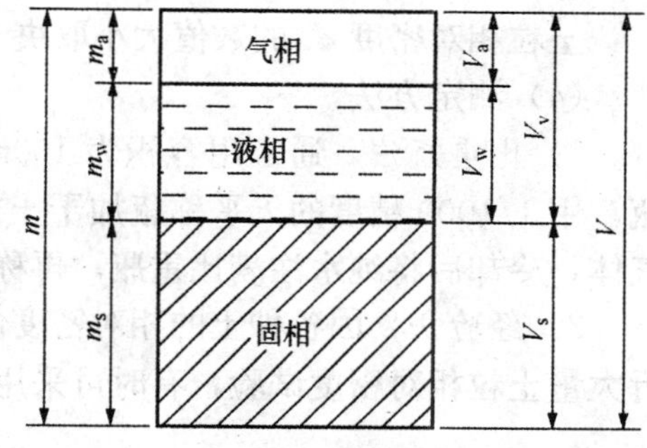

图 1.3　土的三相比例简图

下面分类阐述土的各项物理性质指标的名称、符号、物理意义、表达式、量纲、常见值及确定的方法。

1.2.1　土的基本物理性质指标

1. 土的密度 ρ 和土的重度 γ

(1) 物理意义

ρ 为单位体积土的质量，单位为 g/cm^3。

γ 为单位体积土所受的重力，即 $\gamma=\rho g=(9.8\sim10)\rho$，$kN/m^3$，工程上常近似取重力加速度 $g=10m/s^2$。

(2) 表达式

$$\rho=\frac{\text{土的总质量}}{\text{土的总体积}}=\frac{m}{V} \tag{1.3}$$

(3) 常见值

$$\rho=1.6\sim2.2g/cm^3;\ \gamma=16\sim22kN/m^3$$

(4) 测定方法

1) 环刀法　适用于黏性土和粉土。

用容积为 $100cm^3$ 或 $200cm^3$ 的环刀切土样，用天平称其质量而得。

2) 灌水法　适用于卵石、砾石与原状砂。

现场挖试坑，将挖出的试样装入容器，称其质量，再用塑料薄膜袋平铺于试坑内，注水入薄膜袋，直至袋内水面与坑口齐平，注入的水量即为试坑的体积。

2. 土粒相对密度 d_s

(1) 物理意义

土中固体矿物的质量与同体积4℃时的纯水质量的比值。

(2) 表达式

$$d_s = \frac{\text{固体颗粒密度}}{\text{纯水 4℃ 时的密度}} = \frac{m_s/V_s}{\rho_w(4℃)} \tag{1.4}$$

(3) 常见值

砂土 $d_s = 2.65 \sim 2.69$

粉土 $d_s = 2.70 \sim 2.71$

黏性土 $d_s = 2.72 \sim 2.75$

土粒相对密度 d_s 的数值大小取决于土的矿物成分。

(4) 测定方法

1) 比重瓶法　通常用容积为100mL玻璃制的比重瓶，将烘干试样15g装入比重瓶，用1/1000精度的天平称瓶加干土质量。注入半瓶纯水后煮沸1h左右以排除土中气体，冷却后将纯水注满比重瓶，再称总质量并量测瓶内水温。

2) 经验法　因各种土的相对密度值相差不大，仅小数后第2位不同。若当地已进行大量土粒相对密度试验，有时可采用经验值。

3. 土的含水率 w

(1) 物理意义

土的含水率（或称含水量）表示土中含水的数量，为土体中水的质量与固体矿物质量的比值，用百分数表示。

(2) 表达式

$$w = \frac{\text{水的质量}}{\text{固体颗粒质量}} = \frac{m_w}{m_s} \times 100\% \tag{1.5}$$

(3) 常见值

砂土 $w = 0 \sim 40\%$

黏性土 $w = 20\% \sim 60\%$

当 $w \approx 0$ 时，黏性土呈坚硬状态。

(4) 测定方法

土的含水率用烘箱法测定，适用于黏性土、粉土与砂土常规试验。取代表性试样，黏性土为15～30g，砂性土与有机质土为50g，装入称量盒内称其质量后，放入烘箱内，在105～110°C的恒温下烘干（对黏性土、粉土不得少于8h，对砂土不得少于6h），取出烘干后土样冷却后再称质量，计算而得。

4. 土的干密度 ρ_d 和土的干重度 γ_d

(1) 物理意义

土的干密度为单位土体体积干土的质量，单位为g/cm³。土的干重度为单位土体体

积干土所受的重力，即 $\gamma_d=\rho_d \cdot g=9.8\rho_d$ 或 $10\rho_d$。

（2）表达式

$$\rho_d=\frac{固体颗粒质量}{土的总体积}=\frac{m_s}{V} \tag{1.6}$$

（3）常见值

$$\rho_d=1.3\sim 2.0\text{g/cm}^3;\ \gamma_d=13\sim 20\text{kN/m}$$

（4）工程应用

土的干密度通常用作填方工程，包括土坝、路基和人工压实地基，土体压实质量控制的标准。

土的干密度 ρ_d（或干重度 γ_d）越大，表明土体压得越密实，亦即工程质量越好。根据工程的重要程度和当地土的性质，设计规定一个合理的 ρ_d（或 γ_d）数值。例如，灰土地基压实的质量标准，要求灰土的最小干密度：粉土灰土 $\rho_d=1.55$g/m，粉质黏土灰土 $\rho_d=1.50$g/m，黏土灰土 $\rho_d=1.45$g/m，又如密云水库白河主坝防渗斜墙粉质黏土施工压实质量标准为 $\rho_d\geqslant 1.70$g/m。

（5）测定方法

1）环刀法　具体方法见前环刀法。

2）放射性同位素法　重大工程需要反复测试干密度，为节约时间，可应用放射性同位素测试仪。例如，密云大型水库白河主坝高 66.39m，坝顶长 960.2m。大坝防渗斜墙粉质黏土施工时，采用分层碾压法，要求达到 $\rho_d=1.70\text{g/m}^3$。若质检采用环刀容积为 500cm^3 左右，则测试的代表性更好。测土的密度 ρ，计算 ρ_d，耗时超过半小时。用此法在质检时间大坝施工停顿，而按要求在汛前修至 147m 拦洪高程，因此大坝施工是与洪水赛跑。如果应用放射性同位素测土密度仪代替环刀法，则效率提高约 20 倍，精度达到 $\pm 0.01\text{g/cm}^3$，效果显著。

5. 土的饱和密度 ρ_{sat} 和土的饱和重度 γ_{sat}

（1）物理意义

土的饱和密度为孔隙中全部充满水时，单位土体体积的质量。土的饱和重度为孔隙中全部充满水时，单位土体体积所受的重力，即 $\gamma_{sat}=\rho_{sat}\cdot g=9.8\rho_{sat}\approx 10\rho_{sat}$。

（2）表达式

$$\rho_{sat}=\frac{孔隙全部充满水的总质量}{土体总体积}=\frac{m_s+m_w+V_a\rho_w}{V} \tag{1.7}$$

（3）常见值

$$\rho_{sat}=1.8\sim 2.3\text{g/cm}^3;\ \gamma_{sat}=18\sim 23\text{kN/m}^3$$

6. 土的有效重度（浮重度）γ'

（1）物理意义

土的有效重度为地下水位以下，单位体积土体所受重力再扣除浮力。

(2) 表达式

$$\gamma' = \gamma_{sat} - \gamma_w \tag{1.8}$$

式中，γ_w 为水的重度，可取 $10kN/m^3$。

(3) 常见值

$$\gamma_w = 8 \sim 13kN/m^3$$

7. 土的孔隙比 e

(1) 物理意义

土的孔隙比为土中孔隙体积与固体颗粒的体积之比。

(2) 表达式

$$e = \frac{孔隙体积}{固体颗粒体积} = \frac{V_v}{V_s} \tag{1.9}$$

(3) 常见值

砂土　　$e=0.5\sim1.0$

黏性土　　$e=0.5\sim1.2$

(4) 确定方法

土的孔隙比根据 ρ、d_s 与 w 实测值计算而得，建筑工程应用很广。

8. 土的孔隙度（孔隙率）n

(1) 物理意义

土的孔隙度是用以表示孔隙体积含量的概念，为土中孔隙占总体积的百分比。

(2) 表达式

$$n = \frac{孔隙体积}{固体颗粒体积} = \frac{V_v}{V_s} \times 100\% \tag{1.10}$$

(3) 常见值

$$n=30\%\sim50\%$$

(4) 确定方法

土的孔隙度根据 ρ、d_s 与 w 实测值计算而得。

9. 土的饱和度 S_r

(1) 物理意义

土的饱和度表示水在孔隙中充满的程度。

(2) 表达式

$$S_r = \frac{水的体积}{孔隙体积} = \frac{V_w}{V_v} \tag{1.11}$$

(3) 常见值

$$S_r=0\sim1$$

(4) 确定方法

土的饱和度根据 ρ、d_s 和 w 计算而得。

(5) 工程应用

砂土与粉土以饱和度作为湿度划分的标准，分为稍湿的、很湿的与饱和的三种湿度状态，如图1.4所示。

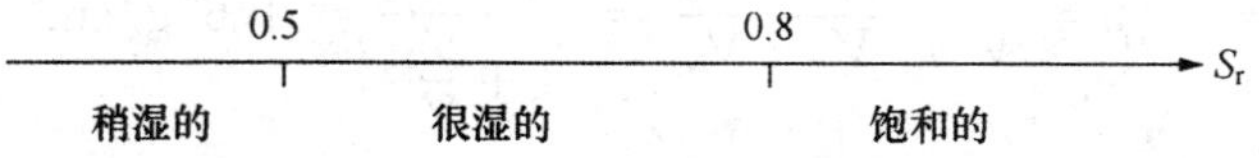

图1.4 砂土与粉土的湿度标准

综述：土的基本物理性质指标有密度 ρ、土粒相对密度 d_s、含水率 w、孔隙比 e、孔隙度 n、饱和度 S_r、干密度 ρ_d、饱和密度 ρ_{sat}、干重度 γ_d、饱和重度 γ_{sat} 和有效重度 γ'，一共11个物理性质指标，并非各自独立，而是相关的。ρ、d_s 和 w 由实验室测定后，其余8个物理性质指标，可以通过三相图换算求得。

三相比例简图计算基本物理性质指标的方法：首先绘制三相比例简图，然后根据三个已知指标数值和各物理性质指标的定义进行计算。把三相比例简图中左侧质量和右侧体积一共8个未知量，逐个计算出数值并填入比例简图，由此即可求得所需要的各指标值。

【例题1.1】 某原状土样，经试验测得：土粒相对密度 $d_s=2.67$，含水率 $w=12.9\%$，天然密度 $\rho_d=1.67\text{g/cm}^3$。求干密度 ρ_d，孔隙率 e，孔隙度 n，饱和密度 ρ_{sat}，浮密度 ρ' 和饱和度 S_r。

解　方法一：公式法

干土密度

$$\rho_d=\frac{\rho}{1+w}=\frac{1.67\text{g/cm}^3}{1+0.129}=1.48\text{g/cm}^3$$

孔隙比

$$e=\frac{d_s(1+w)\rho_w}{\rho}-1=\frac{2.67\times(1+0.129)}{1.67}-1=0.805$$

孔隙率

$$n=\frac{e}{1+e}=\frac{0.805}{1+0.805}\times100\%=44.6\%$$

饱和密度

$$\rho_{sat}=\frac{(d_s+e)\rho_w}{1+e}=\frac{(2.67+0.805)\rho_w}{1+0.805}=1.93\text{g/cm}^3$$

浮密度

$$\rho'=\rho_{sat}-\rho_w=1.93-1=0.93\text{g/cm}^3$$

饱和度

$$S_r=\frac{wd_s}{e}=\frac{0.129\times2.67}{0.805}=0.43$$

方法二：三相图法

由已知条件可知：$d_s=2.67$，即

$$d_s=\frac{m_s}{V_s}=2.67$$

$$w=\frac{m_w}{m_s}=0.129$$

$$\rho=\frac{m}{V}=\frac{m_s+m_w}{V_s+V_v}=\frac{\dfrac{m_s}{V_s}+\dfrac{m_w}{V_s}}{1+\dfrac{V_v}{V_s}}=1.67\text{g/cm}^3$$

$$\frac{\dfrac{m_s}{V_s}+\dfrac{0.129m_s}{V_s}}{1+\dfrac{V_v}{V_s}}=1.67$$

$$\frac{1.129\dfrac{m_s}{V_s}}{1+e}=1.67$$

$$\frac{1.129\times2.67}{1+e}=1.67$$

$$e=\frac{1.129\times2.67}{1.67}-1=0.805$$

求 ρ_d：

$$\rho_d=\frac{m_s}{V}=\frac{m_s}{V_s+V_v}=\frac{\dfrac{m_s}{V_s}}{1+\dfrac{V_v}{V_s}}=\frac{2.67}{1+e}=1.48\text{g/cm}^3$$

求 n：

$$n=\frac{V_v}{V}=\frac{V_v}{V_s+V_v}=\frac{e}{1+e}=\frac{0.805}{1+0.805}=44.6\%$$

求 ρ_{sat}：

$$\rho_{sat}=\frac{m_s+V_v\rho_w}{V}=\frac{m_s+V_v}{V}=1.48+0.446=1.93\text{g/cm}^3$$

求 ρ'：

$$\rho'=\frac{m_s-V_s\rho_w}{V}=\frac{m_s}{V}-\frac{V_s}{V}=1.48-(1-n)=1.48-1+0.446=0.93\text{g/cm}^3$$

求 S_r：

$$S_r=\frac{V_w}{V_v}=\frac{\dfrac{m_w}{V_s}}{\dfrac{V_v}{V_s}}=\frac{\dfrac{0.129m_s}{V_s}}{\dfrac{V_v}{V_s}}=\frac{0.129\times2.67}{e}=\frac{0.129\times2.67}{0.805}=0.43$$

方法三：假设体积为1

1）设土的体积 $V=1.0\text{cm}^3$，根据密度定义得

$$m=\rho V=1.67\times1=1.67\text{g}$$

2）根据含水率定义得

$$m_w=wm_s=0.129m_s$$

从三相图可知：$m=m_a+m_w+m_s$，因为 $m_a=0$，所以 $m_w+m_s=m$，即 $0.129m_s+m_s=1.67$，因此 $m_s=\frac{1.67}{1.129}=1.18\text{g}$，$m_w=1.67-1.48=0.19\text{g}$。

3）根据土粒相对密度定义：土粒的质量与同体积纯蒸馏水在4℃时质量之比，即

$$d_s = \frac{m_s}{V_s(\rho_w)} = \frac{\rho_s}{\rho_w}$$

因为 $d_s = 2.67$，$\rho_w = 1$，所以

$$\rho_s = 2.67 \times 1 = 2.67\mathrm{g/cm^3}$$

$$V_s = \frac{m_s}{\rho_s} = \frac{1.48}{2.67} = 0.554\mathrm{cm^3}$$

4）$V_w = \frac{m_w}{\rho_w} = \frac{0.190}{1.0} = 0.190\mathrm{cm^3}$

5）从三相可知，

$$V = V_a + V_w + V_s = 1\mathrm{cm^3}$$

或

$$V_a = 1 - V_w - V_s = 1 - 0.554 - 0.190 = 0.256\mathrm{cm^3}$$

因此 $V_v = V - V_s = 1 - 0.554 = 0.446$

6）根据孔隙比定义 $e = \frac{V_v}{V_s}$，得

$$e = \frac{V_a + V_w}{V_s} = \frac{0.256 + 0.19}{0.554} = 0.805$$

7）根据孔隙度定义 $n = \frac{V_v}{V}$，得

$$n = \frac{V_a - V_w}{V} = \frac{0.256 + 0.19}{1} = 0.446 = 44.6\%$$

或

$$n = \frac{e}{1+e} = \frac{0.805}{1 + 0.805} = 0.446 = 44.6\%$$

8）根据饱和度定义 $S_r = \frac{V_w}{V_v}$，得

$$S_r = \frac{V_w}{V_a + V_w} = \frac{0.19}{0.256 + 0.19} = 0.426 = 42.6\%$$

1.2.2 无黏性土的密实度

无黏性土如砂、卵石均为单粒结构，它们最主要的物理状态指标，为密实度。工程中常以下列指标作为划分密实度的标准。

1. 用孔隙比 *e* 为标准

我国1974年颁布的《工业与民用建筑地基基础设计规范》（TJ 7—1974）中曾规定以孔隙比 e 作为砂土密实度的划分标准。

同一个指标 e 判别砂土的密实度，应用方便。同一种土，密砂的孔隙比 e_1，松砂的孔隙比 e_2，则必然 $e_1 < e_2$。

但是仅用一个指标 e，无法反映土的粒径级配因素。例如，两种级配不同的砂，一种颗粒均匀的密砂，其孔隙比为 e_1'，另一种级配良好的松砂，孔隙比为 e_2'，结果为 $e_1' > e_2'$，即密砂的孔隙比反而大于松砂的孔隙比。

2. 以砂土相对密度 D_r 为标准

为了克服上述用一个指标 e，对级配不良的砂土难以准确判断的缺陷，用天然孔隙比 e 与同一种砂的最松状态孔隙比 e_{max} 和最密实状态的孔隙比 e_{min} 进行对比，看 e 靠近 e_{max} 还是靠近 e_{min}，以此来判别它的密实度，即相对密度法，如图 1.5 所示。相对密度：

$$D_r = \frac{e_{max} - e}{e_{max} - e_{min}} \tag{1.12}$$

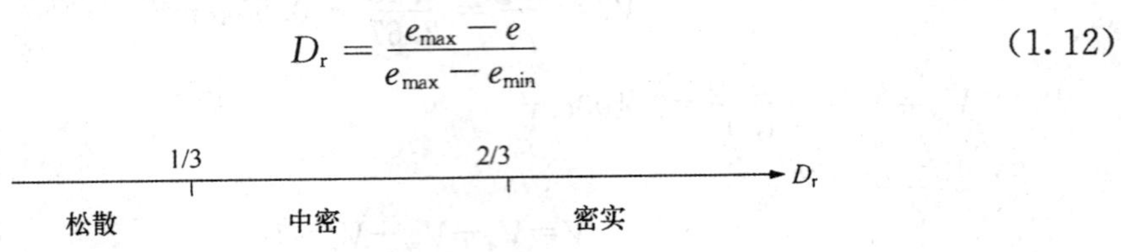

图 1.5　砂土密度实度划分

3. 以标准贯入试验锤击数 N 为标准

标准贯入试验，是在现场进行的一种原位测试，方法是：用卷扬机将质量为 63.5kg 的钢锤，提升 76cm 高度，让钢锤自由下落击在锤垫上，使贯入器贯入土中 30cm，所需锤击数，记为 N。N 值的大小，反映土的贯入阻力的大小，亦即密实度的大小，如图 1.6 所示。

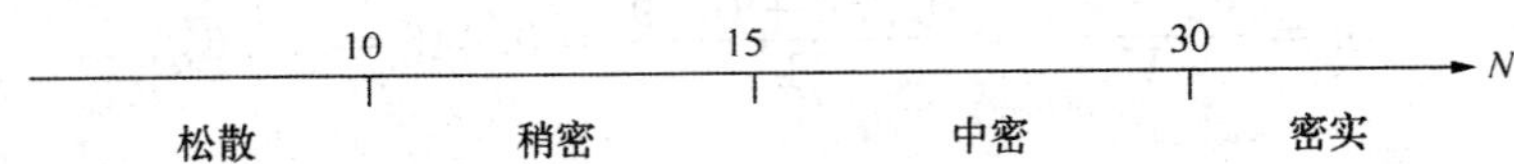

图 1.6　以标准贯入试验锤击数 N 划分砂土密实度标准

1.2.3　黏性土的稠度

黏性土的颗粒很细，黏粒粒径 $d<0.005$mm，细土粒周围形成电场，电分子力吸引水分子定向排列，形成结合水膜。土粒与土中水相互作用很显著，关系极密切。例如，同一种黏性土，当它的含水率小时，土呈固态或半固态；当含水率适当增加，土粒间距离加大，土呈现可塑状态；如含水率再增加，土中出现较多的自由水时，黏性土变成流动状态，如图 1.7 所示。

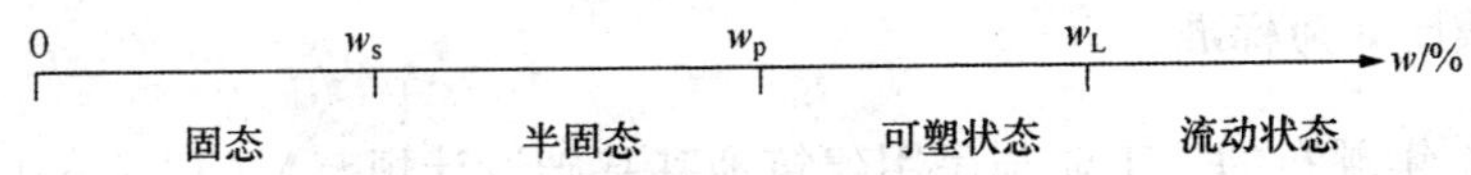

图 1.7　黏性土的含水率状态

黏性土随着含水率不断增加，土的状态变化为固态—半固态—可塑状态一流动状态，相应的承载力也逐渐降低。由此可见，黏性土最主要的物理特征并非密实度，而是土的软硬程度，即稠度。

黏性土的稠度，反映土粒之间的黏结强度随着含水率高低而变化的性质，其中，

各不同状态之间的界限含水率具有重要的意义。

1. 液限 w_L

(1) 定义

黏性土呈流动状态与可塑状态之间的界限含水率称为液限 w_L。

(2) 测定方法

1) 锥式液限仪法 仪器如图 1.8 所示。先将土样调制成土糊状，装入金属杯中，刮平表面，放在底座上，置于水平桌面。用质量为 76g 的锥式液限仪来测试：手持液限仪顶部的小柄，使锥角为 30°的圆锥体的锥尖置于土样表面的中心，松手，让液限仪在自重作用下沉入土中。此圆锥体距锥尖 10mm 处有一刻度。若液限仪沉入土中深度为 10mm，即锥体的水平刻度恰好与土样表面齐平，则此土样的含水率即为液限含水率 w_L。如液限仪沉入土样中以后锥体的刻度高于或低于土面，则表明土样的含水率低于或高于液限。此时，需从金属杯中取出土样，加少量水或反复搅拌使土样中水分蒸发降低后，再测试，直到达到锥尖下沉 10mm 标准为止。

2) 碟式液限仪法 仪器如图 1.9 所示。将制备好的试样铺于铜碟前半部，用调土刀平铜碟前沿，将试样刮成水平，试样厚度为 10mm。用特制开槽器由上至下，将试样划开，形成 V 形槽，以每秒两转的速度转动摇柄，使铜碟反复起落，撞击底座。试样受振向中间流动。当击数为 25 次，铜碟中 V 形槽两边试样合拢长度为 13mm 时，试样的含水率即为 w_L。

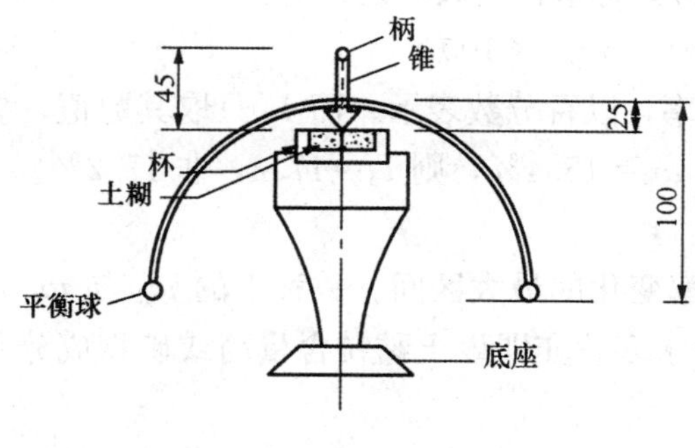

图 1.8 锥式液限仪

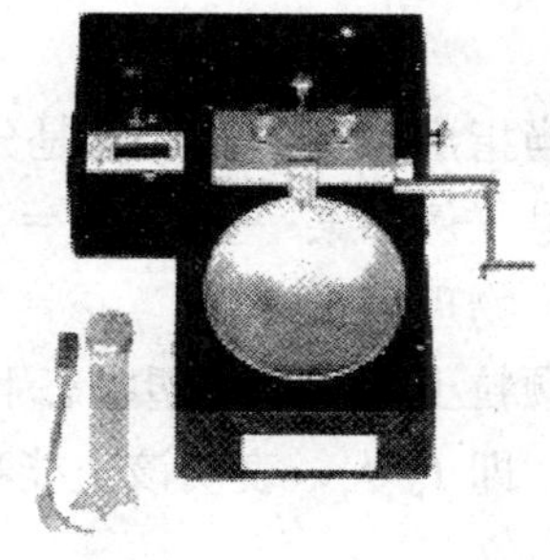

图 1.9 碟式液限仪

2. 塑限 w_p

(1) 定义

黏性土可塑状态与半固态之间的界限含水率称为塑限 w_p。

(2) 测定方法

1) 搓条法 取略高于塑限含水率的试样约 8～10g，用手搓成椭圆形土条，放在毛玻璃板上用手掌滚搓。要求手掌均匀加压在土条上，不得使土条在毛玻璃板上无力滚动。土条的水分被毛玻璃板吸去一部分而逐渐变干，同时土条的直径由粗逐渐搓细。当土条搓成直径为 3mm 时，产生裂缝并开始断裂，则此时土条的含水率即为塑限 w_p。

若土条 $d<3mm$ 不断或 $d>3mm$ 已断裂，说明土条含水率大于或小于塑限，将此土条丢弃，重新取土样滚搓。将搓好的合格土条 3～5g 测定含水率即为所求 w_p。搓条法测塑限，如果手掌滚搓用力不易均匀，则测得的塑限值偏高。

2）液、塑限联合测定法　此法可以减少反复测试液、塑限时间。制备三份不同稠度的试样，试样的含水率分别为接近液限、塑限和两者的中间状态。用 76g 质量的锥式液限仪，分别测定三个试样的圆锥下沉深度和相应的含水率，然后以含水率为横坐标，圆锥下沉深度为纵坐标，绘于双对数坐标纸上，将测得的三点连成直线。

由含水率与圆锥下沉深度关系曲线查出下沉 10mm 对应的含水率即为 w_L，查得下沉深度为 2mm 所对应的含水率即为 w_p，取值至整数。

3. 缩限 w_s

（1）定义

黏性土呈半固态与固态之间的分界含水率称为缩限 w_s。这是因为土样含水率减小至缩限后，土体体积不再发生收缩而得名。

（2）测定方法

用收缩皿法（略）。

4. 塑性指数 I_p

（1）定义

液限与塑限的差值，去掉百分数符号，称塑性指数，记为 I_p。

$$I_p=(w_L-w_p)\times 100 \tag{1.13}$$

应当指出：w_L 与 w_p 都是分界含水率，以百分数表示。而 I_p 只取其数值，去掉百分数符号。例如某一土样 $w_L=32.6\%$，$w_p=15.4\%$，则 $I_p=17.2$，非 17.2%。

（2）物理意义

细颗粒土体处于可塑状态下，含水率变化的最大区间。一种土的 w_L 与 w_p 之间的范围大，即 I_p 大，表明该土能吸附结合水多，亦即该土黏粒含量高或矿物成分吸水能力强。

（3）工程应用

用塑性指数 I_p 作为黏性土与粉土定名的标准。

5. 液性指数 I_L

（1）定义

黏性土的液性指数为天然含水率与塑限的差值和液限与塑限差值之比，即

$$I_L=\frac{w-w_p}{w_L-w_p} \tag{1.14}$$

（2）物理意义

液性指数又称相对稠度，是将土的天然含水率 w 与 w_L 及 w_p 相比较，以表明 w 是靠近 w_L 还是靠近 w_p，反映土的软硬不同。

(3) 工程应用

据液性指数 I_L 大小不同，可将黏性土分为5种状态，如表1.2所示。

表1.2 黏性土状态分类

液性指数	$I_L \leqslant 0$	$0 < I_L \leqslant 0.25$	$0.25 < I_L \leqslant 0.75$	$0.75 < I_L \leqslant 1$	$I_L > 1$
状态	坚硬	硬塑	可塑	软塑	流塑

1.3 地基土的工程分类

从上面关于土的物理性质的阐述中，已知土的颗粒大小不同，例如砂土和黏性土，它们的工程性质很不相同。自然界的土，往往是各种不同大小粒组的混合物。在建筑工程的勘察、设计与施工中，需要对组成地基土的混合物进行分析、计算与评价。因此，对地基土进行科学地分类与命名，是十分必要的。

世界各国、各地区、各部门，往往根据自己的地区、行业特点，制定自己的分类标准。

我国早期以各系统为标准，例如，塑性指数 $I_p=12$ 的黏性土，水利电力部定名为垠土，建设部定名为亚黏土，还有定名为粉质黏土的。2002年颁布的国家标准，将上述土统一定名为黏性土。全国各省市区，各部门统一分类定名，有利于总结与交流技术经验。下面介绍《建筑地基基础设计规范》(GB 50007—2002)中，地基土的工程分类标准。根据该规范，地基岩土分为岩石、碎石土、砂土、粉土、黏性土和人工填土，现对每一大类岩土扼要阐述其定义、分类依据、定名和工程性质。

1.3.1 岩石

1. 定义

颗粒间牢固联结、呈整体或具有节理裂隙的岩体称为岩石，如作为建筑物地基，除应确定岩石的地质名称外，尚应划分其坚硬程度和完整程度。

2. 分类

(1) 按坚固程度划分

岩石的坚硬程度由岩块的饱和单轴抗压强度标准值 f_{rk} 描述，按其值将岩石分为坚硬岩、较硬岩、软岩、软岩和极软岩(表1.3)。

表1.3 岩石坚固程度的划分

坚固程度类别	坚硬岩	较硬岩	较软岩	软岩	极软岩
饱和单轴抗压强度标准值 f_{rk}/MPa	>60	60～30	3～15	15～5	≤5

注：饱和单轴抗压强度标准值按《建筑地基基础设计规范》(GB 50007—2002)附录J确定。

(2) 按风化程度划分

未风化　结构构造未变，岩质新鲜。

微风化　结构构造、矿物色泽基本未变，部分裂隙面有渲染或略有变色。

弱风化　结构构造部分破坏，矿物色泽有较明显变化，裂隙面出现风化矿物或出现风化夹层。强风化结构构造出现大部分破坏，矿物色泽有较明显变化，长石、云母等多风化成次生矿物。

全风化　结构构造全部破坏。

(3) 按岩石完整程度划分

岩石完整程度按表 1.4 划分为完整、较完整、较破碎、破碎和极破碎。

表 1.4　岩石完整程度划分

完整程度等级	完整	较完整	较破碎	破碎	极破碎
完整性系数	>0.75	0.75～0.55	0.55～0.35	0.35～0.15	<0.15

注：完整性系数为岩体纵波波速与岩块纵波波速之比的平方。选定岩体、岩块测定波速时应有代表性。

1.3.2　碎石土

1. 定义

土的粒径 d>2mm 的颗粒含量超过全重 50%的土称为碎石土。

2. 分类依据

根据土的粒径级配中各粒组的含量和颗粒形状两者进行分类定名。

3. 定名

颗粒形状以圆形及亚圆形为主的土，由大至小分为漂石、卵石、圆砾 3 种，颗粒形状以棱角形为主的土，相应分为块石、碎石、角砾 3 种，共计 6 种，见表 1.5。

表 1.5　碎石土的分类

土的名称	颗粒形状	粒组含量
漂石	圆形及亚圆形为主	粒径 d>200mm 的颗粒含量超过全重的 50%
块石	棱角形为主	
卵石	圆形及亚圆形为主	粒径 d>20mm 的颗粒含量超过全重的 50%
碎石	棱角形为主	
圆砾	圆形及亚圆形为主	粒径 d>2mm 的颗粒含量超过全重的 50%
角砾	棱角形为主	

注：定名时应根据粒组含量从上到下以最先符合者确定。

4. 工程性质

碎石土的工程性质与其密实度紧密相关，根据密实度的不同，碎石土可分为以下

四种。

(1) 密实碎石土

骨架颗粒含量大于总重的70%，呈交错排列，连续接触。锹镐挖掘困难，井壁一般较稳定。钻进极困难，冲击钻探时，钻杆、吊锤跳动剧烈。这种土为优等地基。

(2) 中密碎石土

骨架颗粒含量等于总重的60%～70%，呈交错排列，大部分接触。镐可挖掘，井壁有掉块现象，从井壁取出大颗粒处，能保持颗粒凹面形状。钻进较困难，冲击钻探时，钻杆、吊锤跳动不剧烈。这种土为优良地基。

(3) 稍密碎石土

骨架颗粒含量等于总重的55%～60%，排列混乱，大部分不接触。锹可以挖掘，井壁易坍塌，从井壁取出大颗粒后砂土立即坍落。钻进较容易，冲击钻探时，钻杆稍有跳动。这种土为良好地基。

(4) 松散碎石土

骨架颗粒含量小于总重的55%，排列十分混乱，绝大部分不接触。锹易挖掘，井壁极易坍塌。钻进很容易，冲击钻探时，钻杆无跳动，孔壁极易坍塌。这种土不宜直接用做地基，经密实处理后，可成为良好地基。

常见的碎石土，强度高，压缩性小，渗透性大，为优良的地基。

1.3.3 砂土

1. 定义

粒径$d>2$mm的颗粒含量不超过全重50%，且$d>0.075$mm的颗粒超过全重50%的土称为砂土。

2. 分类依据

根据土的粒径级配各粒组含量分类。

3. 定名

按土的粒径由大到小将砂土分为砾砂、粗砂、中砂、细砂、粉砂五种，见表1.6。

表1.6 砂土的分类

土的名称	粒组含量
砾砂	粒径$d>2$mm的颗粒占总质量25%～50%
粗砂	粒径$d>0.5$mm的颗粒超过总质量50%
中砂	粒径$d>0.25$mm的颗粒超过总质量50%
细砂	粒径$d>0.075$mm的颗粒超过总质量85%
粉砂	粒径$d>0.075$mm的颗粒超过总质量50%

注：定名应根据粒径分组含量栏由上到下以最先符合者确定。

4. 工程性质

1）密实与中密状态的砾砂、粗砂、中砂为优良地基；稍密状态的砾砂、粗砂、中砂为良好地基。

2）粉砂与细砂要具体分析　密实状态时为良好地基；饱和疏松状态时为不良地基。

【例题 1.2】 某住宅进行工程地质勘察时，取回一砂土试样。经筛析试验，得到各粒组含量百分比，如图 1.10 所示，试确定砂土名称。

解　由图可知，按表 1.6 标准：

粒径 d>2mm 含量占 30%，在 25%～50%之间，可定为砾砂；

粒径 d>0.5mm 含量占 56%>50%，可定为粗砂；

粒径 d>0.25mm 含量占 70%>50%，可定为中砂；

粒径 d>0.075mm 含量占 86%>85%，可定为细砂；

粒径 d>0.075mm 含量占 86%>50%，定为粉砂；

定名应根据粒径分组含量由上到下以最先符合者确定，故该砂土应定名为砾砂。

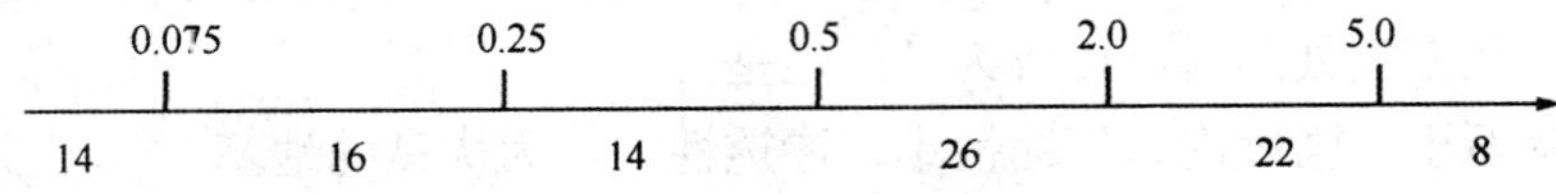

图 1.10　住宅砂样的粒径级配

1.3.4　粉土

1. 定义

塑性指数 $I_p \leqslant 10$ 且粒径大于 0.075mm 的颗粒含量不超过全重 50%的土称为粉土。

2. 定名

国家标准中粉土的性质介于砂土与黏性土之间，单列为一大类。

3. 工程性质

密实的粉土为良好地基。饱和稍密的粉土，地震时易产生液化，为不良地基。

1.3.5　黏性土

1. 定义

土的塑性指数 $I_p > 10$ 时，称为黏性土。

2. 分类依据

按塑性指数的大小来定名。

3. 定名

塑性指数 $I_p>17$，为黏土；$17\geqslant I_p>10$，为粉质黏土。

4. 工程性质

黏性土的工程性质与其含水率的大小密切相关。硬塑状态的黏性土为优良地基；流塑状态的黏性土为软弱地基。

1.3.6 人工填土

1. 定义

由人类活动堆填形成的各类土称为人工填土。人工填土与上述五大类由大自然生成的土性质不同。

2. 分类依据

按人工填土的组成物质和堆积年代进行分类定名。

3. 定名

人工填土按其组成和成因，分为下列四种：

1）素填土　由碎石土、砂土、粉土、黏性土等组成的填土。例如，各城镇挖防空洞所弃填的土，这种人工填土不含杂物。

2）压实填土　经分层压实或夯实的素填土，统称为压实填土。

3）杂填土　凡含有建筑垃圾、工业废料、生活垃圾等杂物的填土，称为杂填土。通常大中小城市地表都有一层杂填土。

4）冲填土　由水力冲填泥砂形成的填土，称为冲填土。例如，天津市一些地区为疏濬海河时连泥带水，抽排至低洼地区沉积而成冲填土。

人工填土按堆积年代，分以下两种：

1）老填土　凡黏性土填筑时间超过10年、粉土超过5年的，称为老填土。

2）新填土　若黏性土填筑时间小于10年、粉土填筑时间少于5年的，称为新填土。

4. 工程性质

通常人工填土的工程性质不良，强度低，压缩性大且不均匀，其中压实填土相对好些。杂填土因成分复杂，平面与立面分布很不均匀、无规律，工程性质最差。例如，北京圆明园西北方向肖家河一带，有一大片低洼不毛之地，作为北京市生活垃圾卸填区，经几十年时间逐渐填平。一家房地产开发公司买了这一大片土地修建别墅，未料到疏松的生活垃圾厚达5～10m，使地基处理的费用高于地价。

以上六大类岩土，在工业与民用建筑工程中经常会遇到。此外，还有以下几种特殊性质的土与上述六大类岩土不同，需要特别加以注意。

(1) 淤泥和淤泥质土

1) 生成条件　在静水或缓慢的流水环境中沉积，并经生物化学作用形成黏性土或粉土。

2) 物理性质　淤泥：天然含水率 $w>w_L$，天然孔隙比 $e>1.5$；淤泥质土：天然含水率 $w>w_L$，天然孔隙比 $1.0<e<1.5$。

3) 工程性质　压缩性高、强度低、透水性低，为不良地基。

(2) 红黏土和次生红黏土

1) 生成条件　在北纬 33 度以南亚热带温湿气候条件下，碳酸盐岩系出露区的岩石，经红土化作用，形成棕红、褐黄等色的高塑性黏土，称为红黏土或次生红黏土。

2) 物理性质　红黏土：塑性指数 $I_p=30\sim50$，$w_L>50\%$，$e=1.1\sim1.7$，饱和度 $S_r>0.85$；次生红黏土：红黏土经再搬运后，仍保留红黏土基本特征，$w_L>45\%$，为次生红黏土。

3) 工程性质　红黏土和次生红黏土通常强度高、压缩性低。因受基岩起伏影响，厚度不均匀，上硬下软。

1.4　岩土工程勘察

1.4.1　岩土工程勘察的目的

岩土工程勘察的目的是查明场地与地基的稳定性、地层的类别、厚度和坡度、持力层和下卧层的工程特性、应力历史和地下水；提供满足设计、施工所需的岩土技术参数；确定地基承载力，预测地基沉降及其均匀性；最终提出地基和基础设计方案建议。

因为岩土工程勘察工作不到位而导致的问题很多，比如，南京东南大学太平北路 6 层教工住宅，成钢筋混凝土筏板基础后，发生整块板基断裂，如图 1.10 所示；北京师范大学附属实验中学教学南楼与北楼为两层、局部三层楼房，建成使用几年后发生墙体开裂，并日趋严重；清华大学第三教学楼配电站是单层平房，因墙体裂缝严重，长期不敢使用，如图 1.11 所示；北京工人体育馆售票房也是单层平房，因屋顶与墙体严重开裂，不得不拆除重建。这些建筑工程事故，都是由于未经勘察，盲目进行设计，盲目进行施工造成的。

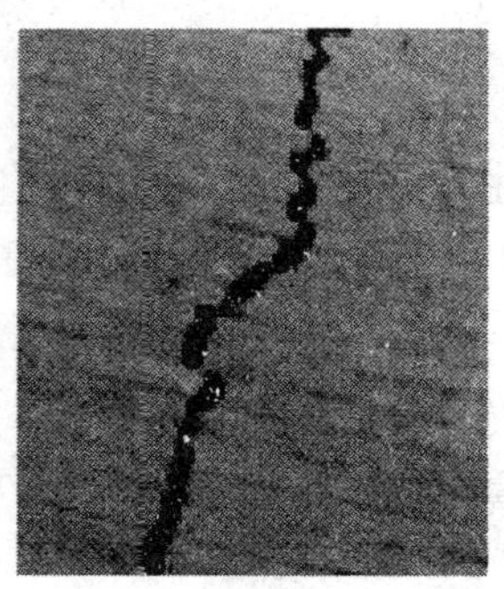

图 1.10　东南大学教工住宅板基断裂

图 1.11　清华大学第三教学楼配电站墙体开裂

岩土工程勘察的最终目的是使工程设计结合实际来进行。优良的设计方案，必须以准确的工程岩土工程勘察资料为依据。设计工程师对地基土层的分布、土的松密、压缩性高低、强度大小，尤其是均匀性（是否存在局部软硬异常的情况），以及地下水的埋深与水质，土的性质（是否会产生不良地质条件）等进行全面和深入地研究，才能做好设计，防止地基事故的发生，确保工程质量，这是必须做到的基本要求。

1.4.2　岩土工程勘察等级

各项工程建设的岩土工程勘察任务量不同，工作内容、工作量及勘察方法也不一样，钻孔的数量、孔深、取原状土试验项目与原位测试种类的多少等都不同，为此，首先要确定岩土工程勘察等级［岩土工程勘察规范（GB 50021—2001)］。

岩土工程勘察等级应根据建筑工程重要性等级、建筑场地等级、建筑地基等级综合分析确定。

1. 建筑工程重要性等级

建筑工程重要性等级，应根据工程破坏后果的严重性，按表 1.7 划分为三个等级。

表 1.7　建筑工程重要性等级

工程重要性等级	破坏后果	工程类型
一级	很严重	重要工程
二级	严重	一般工程
三级	不严重	次要工程

2. 建筑场地等级

建造场地等级应根据场地的复杂程度分为三级。

(1) 一级场地（复杂场地）

符合下列条件之一者为一级场地：①对建筑抗震危险的地段；②不良地质现象强烈发育；③地质环境已经或可能受到强烈破坏；④地形地貌复杂；⑤有影响工程的多层地下水、岩溶裂隙或其他水文地质条件复杂、需专门研究的场地。

(2) 二级场地（中等复杂场地）

符合下列条件之一者为二级场地：①对建筑抗震不利的地段；②不良地质作用一般发育；③场地环境已经或可能受到一般破坏；④地形地貌较复杂；⑤基础位于地下水位以下的场地。

(3) 三级场地（简单场地）

符合下列条件者为三级场地：①地震设防烈度等于或小于 6 度，或对建筑抗震有利的地段；②不良地质作用不发育；③地质环境基本未受破坏；④地形地貌简单；⑤地下水对工程无影响。

注：场地与地基等级的确定，从一级开始，向二级、三级推定，以最先满足的为准。

3. 建筑地基等级

建筑地基等级应根据地基的复杂程度分为三级。

（1）一级地基（复杂地基）

符合下列条件之一者，为一级地基：①岩土种类多，很不均匀，性质变化大，需特殊处理；②严重湿陷、膨胀、盐渍、污染的特殊性岩土，以及其他情况复杂，需作专门处理的岩土。

（2）二级地基（中等复杂地基）

符合下列条件之一者为二级地基：①岩土种类较多，不均匀，性质变化较大；②除一级地基规定以外的特殊性岩土。

（3）三级地基（简单地基）

符合下列条件者为三级地基：①岩土种类单一，均匀，性质变化不大；②无特殊性岩土。

4. 岩土工程勘察等级

根据工程重要性等级、场地复杂程度等级和地基复杂程度等级，可按下列条件区分岩土工程勘察等级。

1）甲级　在工程重要性、场地复杂程度和地基复杂程度等级中，有一项或多项为一级。

2）乙级　除勘察等级为甲级和丙级以外的勘察项目。

3）丙级　工程重要性、场地复杂程度等级和地基复杂程度均为三级。

注：建筑在岩质地基上的一级工程，当场地复杂程度等级和地基复杂程度等级为三级时，岩土工程勘察等级可定为乙级。

1.5　各阶段勘察的内容与要求

重大的工程建设岩土工程勘察宜分阶段进行，各勘察阶段应与设计阶段相适应。

1.5.1　可行性研究勘察

可行性研究勘察也称为选址勘察。根据工程建设项目规划阶段应对几个建筑场址作比较的要求，进行可行性研究勘察。

1. 目的

对拟选场址的稳定性和适宜性作出工程地质评价。

2. 主要任务

1）搜集区域地质、地形地貌、地震、矿产和附近地区的工程地质岩土工程资料及

当地的建筑经验。

2）在分析已有资料的基础上，通过现场勘察，了解场地的地层分布、构造、成因与年代和岩土性质、不良地质作用及地下水的水位、水质情况。

3）对各方面条件较好且倾向于选取的场地，如已有资料不充分，应进行必要的工程地质测绘及勘探工作。

4）当有两个或两个以上拟选场地时，应进行比选分析。

根据我国的建设经验，下列地区、地段不宜选为场址：

1）不良地质现象发育且对场地稳定性有直接危害或潜在威胁的地区，如泥石流河谷、崩塌、滑坡、土洞、塌陷、岸边冲刷、地下潜蚀等地。

2）地基土性质严重不良的场地，如Ⅲ级自重湿陷性场地、胀缩性强烈的Ⅰ级膨胀土地基、软硬突变的场地。

3）对建筑物抗震危险的地段，即地震时可能发生滑坡、崩塌、地裂、泥石流等地段，及地震断裂带上可能发生地表错位的部位。

4）洪水或地下水对建筑场地有严重不良影响的地段，如位于洪水淹没区。

5）地下有尚未开采的有价值矿藏或未稳定的地下采空区。

1.5.2 初步勘察

在场址选定批准后进行初步勘察（简称初勘），勘察内容应符合初步设计的要求。

1. 勘察目的

1）对场地内各建筑地段的稳定性作出岩土工程评价。

2）为确定建筑物总体平面布置提供依据。

3）为确定主要建筑物的地基基础方案提供资料。

4）对不良地质现象的防治提供资料和建议。

2. 主要任务

1）搜集与分析可行性研究阶段岩土工程勘察报告。

2）通过现场勘探与测试，初步查明地层分布、构造、岩土物理力学性质、地下水埋藏条件及冻结深度，可以粗略些，但不能有错误，例如，不能把淤泥质土或膨胀土判断为一般黏性土。

3）通过工程地质测绘和调查，查明场地不良地质现象的成因、分布、对场地稳定性的影响及其发展趋势。

4）对抗震设防烈度大于或等于6度的场地，应判定场地和地基的地震效应。

5）初步制定水和土对建筑材料的腐蚀性。

6）对高层建筑可能采取的地基基础类型、基坑开挖和支护、工程降水方案进行初步分析评价。

1.5.3 详细勘察

根据技术设计或施工图设计阶段的要求进行详细勘察。

1. 勘察目的

1）按不同建筑物或建筑群，提出详细的岩土工程资料和设计所需的岩土技术参数。

2）对建筑地基作出岩土工程分析评价，例如，建筑地基良好，可以采用天然地基；若地基软弱，需要加固处理。

3）对基础设计方案作出论证和建议，例如，地基良好，可以建议浅基础；上部荷载大，地基浅层土不良，深层土坚实，可建议采用桩基础。

4）对地基处理、基坑支护、工程降水等方案作出论证和建议，例如，对深厚淤泥质地基作为海港码头，可以建议采用真空预压法进行地基处理。

5）对不良地质作用的防治作出论证和建议，例如，在山前冲积平原建筑场地，遇洪水冲沟，可建议在冲沟上游筑丁坝，将洪水引开。

2. 主要任务

1）搜集附有坐标及地形的建筑物总平面布置图，各建筑物的地面整平标高，建筑物的性质、规模、结构特点，可能采取的基础形式、尺寸、预计埋置深度，对地基基础设计的特殊要求等。

2）查明不良地质作用的成因、类型、分布范围、发展趋势及危害程度，并提出评价与整治所需的岩土技术参数和整治方案建议。

3）查明建筑物范围各层岩土的类别、结构、厚度、坡度、工程特性，计算和评价地基的稳定性、均匀性和承载力。这是每一项岩土工程勘察都必做的重点任务。例如，某单位宿舍 19 号楼至 22 号楼 4 幢 7 层楼的岩土工程勘察中，查明地基持力层土层分 4 层：表层为耕植土与杂填土，松散不均匀，厚度小于 1.50m，地基稳定性差、承载力低，不宜作为地基持力层，应挖除；第二层黏性土层，松软，层厚 0.5～1.0m，稳定性差，承载力低，亦应挖除；第三层卵石层夹细砂层，密实，厚度超过 4.0m，为理想的建筑地基持力层，承载力特征值 f_{ak}=250kPa（注：此工程于十多年前完成，据此承载力设计条形基础底宽 b=1m，当时考虑 f_{ak} 提高，基础宽也不可能再减小。实际卵石层夹细砂薄层，f_{ak}可采用 500kPa）；第四层黏性土层，中密-密实，厚度 3.0m 左右，非弱下卧层。设计采用了上述评价与结论，目前该宿舍楼已竣工使用十多年，情况良好。

4）对需要进行沉降计算的建筑物，要取原状土进行团结试验，并提供地基变形计算的参数 e-p 曲线，预测建筑物的沉降、差异沉降或整体倾斜。

5）对抗震设防烈度大于或等于 6 度的场地，应划分场地土类型和场地类别；划分对抗震有利或危险的地段，应分析预测地震效应，判定饱和砂土与粉土的地震液化，并应计算液化指数，判定液化等级。

6）查明地下水的埋藏条件和侵蚀性。必要时还应查明地层的渗透性、水位变化幅度规律。例如，高层建筑深某坑，在地下水位以下开挖时就需要这些资料。

7）查明埋藏的河道、沟渠、墓穴、防空洞、孤石等对工程不利的埋藏物。

8）在季节性冻土地区，提供场地土的标准冻结深度。

9）对深基坑开挖，应提供稳定计算和支护设计所需要的岩土技术参数γ、c、Φ值，论证和评价基坑开挖、降水等对邻近工程的影响。

10）若可能采用桩基，则需提供桩基设计所需的岩土技术参数，并确定单桩承载力；提出桩的类型、长度和施工力法等建议。

11）判定地基土及地下水在建筑物施工和使用期间可能产生的变化及其对工程的影响，提出防治措施及建议。

1.5.4 施工图勘察

施工图勘察又称技术勘察。遇下列几种情况，都应配合设计、施工单位进行施工勘察，解决施工的工程地质问题，并提供相应的勘察资料。

1）对高层或多层建筑，均需进行施工验槽。发现异常问题需进行施工勘察，例如，北京某大学教学楼、宿舍、食堂等建筑在施工基坑开挖验槽时，发现一条军用电缆横穿楼房，同时发现局部基槽积水泡软地基。

2）在基坑开挖后遇局部古井、水沟、坟墓等软弱部位，要求换土处理时，需进行换土压实后干密度测试质量检验。

3）对深基础的设计与施工需进行有关监视工作。例如，沉井施工开挖沉井底端刃脚下土体后仍不下沉，则需检验沉井侧壁与土之间的摩擦系数；若沉井施工发生突然下沉或倾斜，则需勘察地基土层的均匀性，并监测沉井均匀下沉以及下沉至设计标高后，检验井底土质。

4）当软弱地基处理时，需进行施工设计和检验工作。例如，采用强夯加固地基，需进行夯前与夯后地基土的物理力学性质指标对比，证明加固的效果。

5）若地基中存在岩溶或土洞，需进一步查明分布范围及处理。

6）施工中出现基槽边坡失稳滑动，则需进行勘测与处理。例如，北京某饭店在高层建箱形基础施工期间，基坑边坡发生滑动，则需对滑坡体进行勘察，实测其密度与强度指标，分析产生的原因并进行加固处理。

上述各勘察阶段的勘察目的与主要任务都不相同。若为单项工程或中小型工程，则往往简化勘察阶段，一次完成详细勘察，以节省时间与费用。

1.6 岩土工程勘察方法

岩土工程勘察方法很多，现将工业与民用建筑工程中常用的三类方法分述如下。

1.6.1 钻探

用各种钻探工具钻入地基中分层取土进行鉴别、描述和测试的方法称为钻探法，这是世界各国广泛使用的传统方法。以下分别叙述机钻、手钻和原状取土器的型号、性能及用途。

1. 机钻

机钻的钻进方法分回转、冲击、振动与静压 4 种。根据不同地层类别、土质条件和勘察要求，选用相应的钻进方式。北京地区土质较好，多用冲击式；上海、天津等软土地区多用回转式或静压式；砂土地区可用振动式，详见表 1.8。

表 1.8 钻探方法的适用范围

钻探方法		钻进地层						
		黏性土	粉土	砂土	碎石土	岩石	直观鉴别、采取不扰动试样	直观鉴别、采取扰动试样
回转	螺旋钻探	++	+	+	—	—	++	++
	无岩芯钻探	++	++	++	+	++	—	—
	岩芯钻探	++	++	++	+	++	++	++
冲击	冲击钻探	—	+	++	—	—	—	—
	锤击钻探	++	++	++	—	++	++	++
振动钻探		++	++	++	—	+	+	++
冲洗钻探		+	++	++	—	—	—	—

注：“++”适用，“+”部分适用，“—”不适用。

2. 手钻

1）适用范围　手钻勘探浅部土层，通常为 6m 左右，适用于小型工程或中型工程的探查孔。

2）设备　手钻设备有麻花钻、勺形钻、洛阳铲与北京铲等种类。麻花钻钻进时将土的结构破坏，可用于分层定名或作旁压试验成孔用；勺形钻适用软土，钻进后提钻时不会引起软土滑落；洛阳铲最初由河南省洛阳制作，用来探测黄河大堤被动物打洞的隐患，后用于当地墓穴探测。洛阳铲的构造：下端为半圆形的钢铲头，底部为刀刃，上部装木杆，长 5.0m，在均匀稍湿的黏性土与粉土中，一人操作，每小时可钻孔 5～6m 深。在三门峡市建筑场地曾用洛阳铲探墓穴，每次进深约 20cm，提钻一敲，铲头土即脱落，竖直向下继续钻进，若钻具突然大幅度下落，即为洞穴。

1.6.2 触探

触探法是间接的勘察方法，不取土样，不描述，只将一个特别探头装在钻杆底端，打入或压入地基土中，由探头所受阻力的大小探测土层的工程性质，是一种较为常见的地质勘探方法。

因触探法不需取原状土做试验，对难以取原状土的水下砂土、软土等，显示出其

优越性。触探法无法单独使用，无法对地基土定名或绘制地质剖面图。实际工程中与钻探法配合，可提高勘察的质量和效率。

根据探头的结构和入土方法不同，可分为圆锥动力触探、标准贯入试验和静力触探三大类，分述如下。

1. 圆锥动力触探

用标准质量的铁锤提升至标准高度自由下落，将特制的圆锥探头贯入地基土层标准深度，用所需的击数 N 值的大小来判定土的工程性质的好坏。N 值越大，表明贯入阻力越大，即土质越密实，岩土体的工程性质也就越好。圆锥动力触探类型见表 1.9。

表 1.9 圆锥动力触探类型

类型		轻型	重型	超重型
落锤	锤的质量/kg	10	63.5	120
	落距/cm	50	76	100
探头	直径/mm	40	74	74
	锥角/(°)	60	60	60
探杆直径/mm		25	42	50～60
指标		贯入 30cm 的读数 N_{10}	贯入 10cm 的读数 $N_{63.5}$	贯入 30cm 的读数 N_{120}
主要适用岩土		浅部的填土、砂土、粉土、黏性土	砂土、中密以下的碎石土、极软岩	密实和很密的碎石土、软岩、极软岩

2. 标准贯入试验

标准贯入试验原理与圆锥动力触探相同，将质量为 140 磅（即 63.5kg）的穿心锤用钻机的卷扬机提升，至 30 英寸（76cm）高度，穿心锤自由下落，将特制的圆管状贯入器打入土中，先打入土中 15cm 不计数，接着每打入 10cm 记下锤击数，累计打入 1 英尺（30cm）的锤击数，即为标准贯入击数 N。当锤击数已达 50 击，而贯入深未达 30cm 时，可记录实际贯入深度并终止试验。

勘察报告提供的 N 值是基本值。在实际应用 N 值时，应按具体岩土工程问题，参照有关规范考虑是否作杆长修正或其他修正，以及用何种方法修正。实际工程应用中，常用 N 值判定砂土的密实度，以及用 N 值判别地下水位以下砂土与粉土是否产生震动液化。

标准贯入设备如图 1.12 所示，详细规格可查表 1.10。

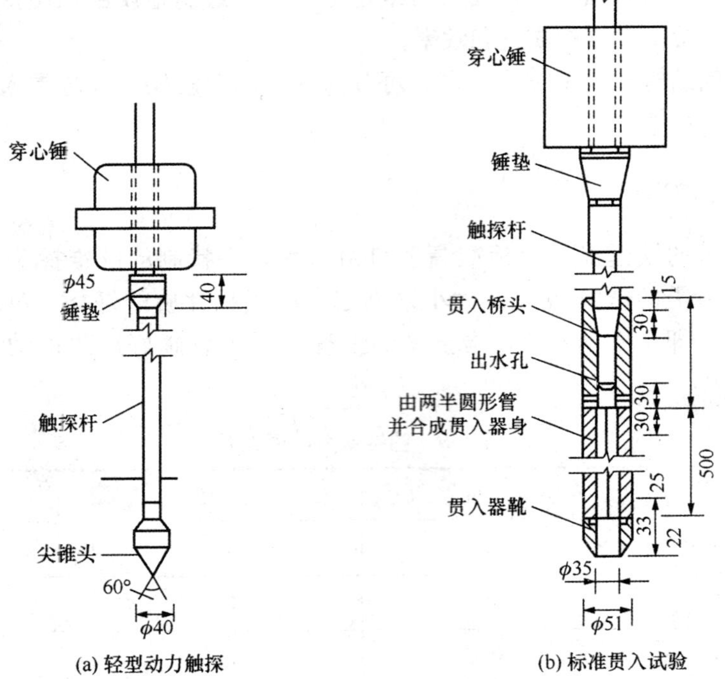

(a) 轻型动力触探　　(b) 标准贯入试验

图 1.12　标准贯入设备

表 1.10　标准贯入试验设备规格

落　锤		锤的质量/kg	63.5
		落距/cm	76
贯入器	双开管	长度/mm	>500
		外径/mm	51
		内径/mm	35
	管靴	长度/mm	50～76
		刃口角度/(°)	18～20
		刃口单刃厚度/mm	2.5
钻杆		直径/mm	42
		相对弯曲	<1/1000

标准贯入试验的工程应用如下：

1）用 N 值判定砂土的密实度。

2）用 N 值判别地下水位以下砂土与粉土是否产生震动液化。

3. 静力触探

静力触探具有连续、快速、灵敏、精确、方便等优点，它利用液压或机械传动装置将圆锥形金属探头压入地基土中。探头中贴有电阻应变片，当探头受阻力时，电阻应变片相应伸长改变电阻，可用电阻应变仪量测微应变的数值，计算贯入阻力的大小，判定地基土的工程性质。

静力触探类型一般按落锤重量分类，即分为轻型、中型和重型3种，还可按量测探头结构分为单桥探头（表1.11）、双桥探头（表1.12）和孔压静探探头3种。

表1.11 单桥探头规格

型号	锥底直径/mm	锥底面积/cm^2	有效侧壁长度/mm	锥角/(°)
Ⅰ-1	35.7	10	57	60
Ⅰ-2	43.7	15	70	60
Ⅰ-3	50.4	20	81	60

表1.12 双桥探头规格

型号	锥底直径/mm	锥底面积/cm^2	有效侧壁长度/mm	锥角/(°)
Ⅱ-1	35.7	10	150	60
Ⅱ-2	43.7	15	300	60
Ⅱ-3	50.4	20	300	60

1.6.3 挖探

1. 概念

在建筑场地上用人工开挖探井、探槽或平洞，直接观察、了解槽壁土层情况与性质，称为挖探。

2. 成果

1）文字描述记录包括探井、探槽的位置、高程、长度、宽度、深度；地层土质分布、密度、含水率、稠度；颗粒成分与级配、含有物及土层特征、异常情况、地下水位等。

2）剖面图和展示图用适当比例尺绘制有代表性剖面图或整个探井探槽的展示图，把全部岩性、地层分界、构造特征、取样与原位试验位置一一表示在图上，一目了然，供分析应用。

3）彩色照片取代表性部位拍摄彩色照片，更具真实感。对需要表示尺度的部位，可用钢尺或钢笔等作比例尺。

3. 适用条件

1）钻探法难以进行勘察的土层 例如，地基中含有大块漂石、块石，钻探法难以进行，勘察时可采用掘探法。

2）钻探法难以准确查明的土层 若遇土层很不均匀、颗粒大小相差悬殊、分布不规则时，少数小孔径钻探很难代表全面情况，可采用探槽。例如，北京香山饭店位于香山山麓，建筑场地存在坡积层，采用探槽，效果良好。

3）黄土地基勘察 黄土地基勘察需用探槽。

4）事故处理检验质量 当建筑物发生墙体开裂等事故时，为检验基础尺寸、埋深、材料、施工质量及地基持力层土质等情况，可以挖探槽。例如，清华大学环境工程实验室墙体开裂后，紧靠基础外侧开挖一个探槽，槽底深于基础埋深。经在探槽内检查发现：原设计基础材料为浆砌块石，实际施工偷工减料，有不少是片石、碎石顶替块石；原设计基础底板厚度为300mm，实际只有280mm；尤其浆砌块石的砂浆强度很低，用手可以抓下砂浆，为零号砂浆。上述情况用钻探法是无能为力的。

1.7 地基土的野外鉴别与描述

1.7.1 土的野外鉴别

土的野外鉴别一般使用钻探法。在钻进过程中，必须随时做好钻孔记录。从钻机定位后由地表开钻，到终孔为止，记录每一钻的深度，鉴别与描述每一钻取出的土样，进行定名，并立刻写在记录表中，作为绘制地质剖面图的原始依据。

野外记录应由经过专业训练的人员承担，记录应真实及时，按钻进回次逐段填写，严禁事后追记。野外鉴别地基土要求快速，无仪器设备，主要凭感觉和经验。

1. 碎石土与砂土的野外鉴别方法

对碎石土和砂土的鉴别方法利用日常熟悉的食品如绿豆、小米、砂糖、玉米面的颗粒作为标准，进行对比鉴别，详见表1.13。

表1.13 碎石土与砂土的野外鉴别方法

土类土名		观察颗粒粗细	干土状态	湿土状态	湿润时用手拍击
碎石土	卵石（碎石）	一半以上（指重量，下同）颗粒接近或超过干枣大小（约20mm）	完全分散	无黏着感	表面无变化
	圆砾（角砾）	一半以上颗粒接近或超过绿豆大小（约2mm）	完全分散	无黏着感	表面无变化
砂土	砾砂	四分之一以上颗粒接近或超过绿豆大小	完全分散	无黏着感	表面无变化
	粗砂	一半以上颗粒接近或超过小米粒大小	完全分散	无黏着感	表面无变化
	中砂	一半以上颗粒接近或超过砂糖	基本分散	无黏着感	表面偶有水印
	细砂	颗粒粗细类似粗玉米面	基本分散	偶有轻微黏着感	接近饱和时表面有水印
	粉砂	颗粒粗细类似细白糖	颗粒部分分散部分轻微胶结	偶有轻微黏着感	接近饱和时表面翻浆

2. 黏性土与粉土的野外鉴别

对黏性土与粉土的鉴别方法，根据手搓滑腻感或砂粒感等感觉加以区分和鉴别，详见表1.14。

表 1.14 黏性土与粉土的野外鉴别

土名＼鉴别方法	干土状态	手搓时感觉	湿土状态	湿土手搓情况	小刀切削湿土
黏土	坚硬，用锤才能打碎	极细的均质土块	可塑，滑腻，黏着性大	易搓成 $d<0.5$mm 长条，易滚成小土球	切面光不见砂粒
粉质黏土	手压土块可碎散	无均质感，有砂粒感	可塑，略滑腻，有黏性	能搓成 $d=1$mm 土条，能滚成小土球	切面平整有砂粒
粉土	手压土块散成粉末	土质不均，可见砂粒	稍可塑，不滑腻，黏性弱	难搓成 $d<2$mm 细条，滚成土球易裂	切面粗糙

1.7.2 土的野外描述

钻探法的钻孔记录表中，除了记录钻孔的孔口高程、鉴定各土层的名称和埋藏深度以及初见水位和稳定水位以外，还需要对每一土层进行详细描述，作为评价各土层工程性质好坏的重要依据。描述的内容如下。

1. 颜色

土的颜色取决于组成该土的矿物成分和含有的其他成分，描述时从色在前，主色在后。例如，黄褐色，以褐色为主色，带黄色；若土中含氧化铁，则土呈红色或棕色；土中含大量有机质，则呈黑色，表明此土层不良；土中含较多的碳酸钙、高岭土，则呈白色。

2. 密度

土层的松密是鉴定土质优劣的重要方面。在野外描述时可根据钻进的速度和难易来判别土的密实程度。同时可在钻头提起后，在钻侧面窗口部位用刀切出一个新鲜面来观察，并用大拇指加压的感觉来判定松密。在钻孔记录表上注明每一层土属于密实、中密或稍密状态。碎石土密实度野外鉴别按表 1.15 来判别。

表 1.15 碎石土密实度野外鉴别方法

密实度	骨架颗粒含量和排列	可挖性	可钻性
密实	骨架颗粒含量大于总质量的 70%，呈交错排列，连续接触	锹镐挖掘困难，用撬棍方能松动；井壁一般较稳定	钻进极困难；冲击钻探时，钻杆、吊锤跳动剧烈；孔壁较稳定
中密	骨架颗粒含量等于总重的 60%～70%，呈交错排列，大部分接触	锹镐可挖掘；壁有掉块现象，从井壁取出大颗粒处，保持凹面形状	钻进较困难；冲击钻探时，钻杆、吊锤跳动不剧烈；孔壁有坍塌现象
稍密	骨架颗粒含量小于总重的 60%，排列混乱，大部分不接触	锹可以挖掘；井壁易坍塌，从井壁取出大颗粒后，砂土立即脱落	钻进较容易；冲击钻探时，钻杆稍有跳动；孔壁易坍塌

3. 湿度

土的湿度分为干的、稍湿的、湿的与饱和的四种。通常如地下水位埋藏深，在旱季地表土层往往是干的；接近地下水位的黏性土或粉土因毛细水上升，往往是湿的；在地下水位以下，一般饱和的。具体鉴别按表 1.16 进行。

表 1.16 土的湿度的野外鉴别

土的湿度	鉴别方法
稍湿的	经过扰动的土，不易捏成团，易碎成粉末；放在手中不湿手，但感觉冷而且觉得是湿土
湿的	经过扰动的土，能捏成各种形状；放在手中会湿手，在土面上滴水能慢慢渗入土中
饱和的	滴水不能渗入土中，可看到孔隙中的水发亮

4. 黏性土的稠度

黏性土的稠度是决定该土工程性质好坏的一个重要指标，分为坚硬、硬塑、可塑、软塑、流塑 5 种。描述方法可根据表 1.17 来进行。

表 1.17 黏性土稠度的野外鉴别

土的稠度	鉴别特征
坚硬	手钻很费力，难以钻进，钻头取出土样用手捏不动，加力土不变形，只能碎裂
硬塑	手钻较费力，钻头取出土样用手捏时，要用较大的力土才略有变形，并即碎散
可塑	钻头取出的土样，手指用力不大就能按入土中；土可捏成各种形状
软塑	钻头取出的土样还能成形，手指按入土中毫不费力；可把土捏成各种形状
流塑	钻进很容易，钻头不易取出土样，取出的土已不能成形，放在手中不易成块

5. 含有物

土中含有非本层土成分的其他物质称为含有物，例如，碎砖、炉渣、石灰渣、植物根、有机质、贝壳、氧化铁等。有些地区有粉质黏土或粉土中含坚硬的礓石，海滨或古池塘往往含贝壳。记录中应注明含有物的大小和数量。

6. 其他

碎石土与砂土应描述级配、砾石含量、最大粒径、主要矿物成分。黏性土应描述断面形态、孔隙大小、粗糙程度、是否有层理等。土中若有特殊气味，如海滨有鱼腥味等，亦应加以注明。

邻近设施对土质的影响，如管道漏水则使黏性土稠度变软、地下水位抬高。

1.8 岩土工程勘察成果报告

在野外勘察工作和室内土样试验完成后，将岩土工程勘察纲要、勘探孔平面布置图、钻孔记录表、原位测试记录表、土的物理力学性试验成果，连同勘察任务委托书、建筑物平面布置图及地形图等有关资料汇总，并进行整理、检查、分析、鉴定，经确定无误后，编制正式的岩土工程勘察成报告，提供建设单位、设计单位与施工单位应用，并作为存档长期保存的技术文件。

岩土工程勘察成果报告通常包括文字部分和图表部分。

1.8.1 文字部分

1）拟建工程名称、规模、用途；岩土工程勘察目的、要求和任务依据的技术标准；勘察方法、工作布置与完成的工作量。

2）建筑场地位置、地形地貌、地质构造、不良地质作用的描述和对工程危害程度的评价及地震基本烈度。

3）场地的地层分布、结构、岩土的颜色、密度、湿度、稠度、均匀性、层厚；地下水的埋藏深度、侵蚀性及当地冻结深度。

4）建筑场地稳定性与适宜性的评价；各土层的物理力学性质及地基承载力等指标的确定。

5）结论与建议　根据拟建工程的特点，结合场地的岩土性质，提出地基与基础方案设计的建议。推荐地基持力层的最佳方案，如为软弱地基或不良地基，建议采用何种加固处理方案。对工程施工和使用期间可能发生的岩土工程问题，提出预测、监控和预防措施的建议。

1.8.2 图表部分

一般工程的图表包括：

1）勘探点平面布置图。

2）工程地质剖面图。

3）室内土的物理力学性试验总表。

重大工程根据需要，应绘制综合工程地质图或工程地质分区图、钻孔柱状图或综合地质柱状图、原位测试成果图表以及土样固结试验成果 e-p 曲线等。

职业活动 训练　岩土工程勘察报告阅读

［导读］

岩土工程勘察的最终成果是岩土工程勘察报告。勘察报告反映了勘察的目的、内容和方法等具体内容，并针对建筑场地和上部建筑特征，提出选择地基基础方案的依据和设计计算参数，指出存在的问题以及解决问题的可能方法或途径。

在实际工程中，应该认真阅读和分析勘察报告。使其在设计和施工中充分发挥作用，阅读时应先熟悉勘察报告的主要内容，了解勘察结论和计算指标的可靠程度，进而判断报告中的建议对该项工程的适用性，做到正确使用勘察报告。需要把场地的工程地质条件与拟建建筑物具体情况和要求联系起来进行综合分析。下面通过实例来说明建筑场地和地基岩土工程条件综合分析的主要内容。

海淀走读大学理工学院岩土工程勘察成果报告

1. 概述

海淀走读大学理工学院，位于中国地质大学南侧、北四环路北侧，与南边北京航空航天大学隔路相望，建筑场地原为一片菜地。

规划的理工学院校舍包括：北部的教学大楼，西部的办公楼与实验楼，东部的图书馆，南部的两幢科技开发办公楼、学生中心和后勤中心等八幢楼房。最高为7层，总建筑面积为1310m²，建筑物安全等级为二级。

教学大楼平面呈“一”字形，大楼北侧墙距中国地质大学南围墙8.00m。建筑物东西向长约103m，南北向宽14.40m，为4～6层楼房，总高26.0m，建筑面积5200m²。教学大楼西侧设一阶梯教室，为2层大开间房屋，建筑面积为1300m²。

实验楼东西向长约26.0m，南北向宽约为12.0m，5层，总高25.0m，建筑面积1870m²。校行政办公楼南北向长约23.0m，东西向宽约10.0m，2层，建筑面积580m²。

图书馆平面近似正方形，7层，总高度为30.0m，建筑面积3300m²。

两幢科技开发楼各长64.80m，宽14.40m，4层，建筑面积6560m²。

学生中心为3层，建筑面积1500m²。后勤中心为2层小楼，建筑面积1000m²。

建筑场地地形较平坦，场地原为生产队蔬菜大棚和阳畦，现已废除，长满荒草。场地西南部位还有三排民宅正住人，以及几个猪圈仍在养猪使用。此场地属于二级场地。

海淀走读大学理工学院岩土工程勘察等级属于二级。根据校舍规划整体布局、规模、用途、结构、平面图与尺寸，结合当地条件，共布置35个钻孔。其中技术孔21个，探查孔14个。因有民宅、猪圈、旧房基等障碍物，部分钻孔被迫移位。钻孔深度为5.62～11.62m，均到达坚实土层。同时在现场进行了原位测试：其中标准贯入试验56组，轻型圆锥动力触探324组；并取原状土样20个，进行了土的物理力学性试验，查明了岩土工程情况。

2. 建筑地基土层情况

海淀走读大学理工学院校舍，地基土层可分为5层。

(1) 表层人工填土

地表为耕植土、杂填土与素填土。褐色、褐黄色与黄色，松软～中密状态，稍湿-湿，可塑。含有植物根、碎砖、瓦块、炉渣、灰渣和少量礓石（礓石在地质学上称为黄土钙质结核其主要成分为Ca)。层厚最薄为0.80m，大多数为1.00～1.30m，少数孔较厚，场地东南26号孔最厚，为2.55m。

(2) 粉土

第②层粉土。褐黄～黄色，中密～密实状态，湿，可塑。含有锰结核、氧化铁与礓石。层厚大部分为2.20～3.00m，其中26号孔最薄为1.05m，场地西部办公楼10号孔最厚为3.15m

此层中部和底部含有粉砂薄层，密实。下部存在粉质黏土薄层，中密偏软。

(3) 粉质黏土

第③层为粉质黏土层。褐黄色、灰白色、黄色，上部软塑，大部呈可塑状态，很湿-饱和状态。含氧化铁和米粒状小礓石。层厚较大，为4.45～5.70m。

(4) 粉土

第④层为粉土层。褐黄色-黄色，中密状态，饱和，可塑。含氧化铁。层厚较均匀，为1.90m左右。

(5) 粉砂

第⑤层为粉砂层。呈黄色，密实状态，饱和。含氧化铁和礓石。层厚大于1.20m。因粉砂层埋藏深且呈密实状态，此次勘察未穿透。

地下水埋藏深度为2.99～3.79m，水位标高在47.03～47.34m，位于第2层粉土层下部。据邻近工程勘察资料，表明地下水水质对混凝土无侵蚀性。

3. 建筑地基评价

1) 表层人工填土层　松软且不均匀，不宜作为建筑地基持力层。大部分层厚为1.00～1.30m，厚度不大，当地冻深为1.0m，此层应予挖除。

2) 第②层粉土层　大部分中密-密实状态，局部中密偏软。此层可以作为建筑地基持力层，地基承载力特征值 $f_{ak}=160kPa$。此粉土层与粉砂夹层，不会产生液化。

3) 第③层粉质黏土层　可以作为建筑地基持力层。根据土质状态，地基承载力取值上下不同：位于上部高程46.60m，$f_{ak}=80kPa$；位于中部高程45.50m，$f_{ak}=160kPa$。如施工速度慢，可取平均值 $f_{ak}=120kPa$。

4) 第④层粉土层　中密状态，可以作为建筑地基持力层，地基承载力特征值 $f_{ak}=200kPa$。经现场标准贯入试验结果进行计算分析，此粉土层不会产生液化。

5) 第⑤层粉砂层　密实状态，可以作为建筑地基持力层，地基承载力特征值 $f_{ak}=200kPa$。因粉砂处于密实状态，不会产生液化。

4. 结论与建议

1) 海淀走读大学理工学院的建筑物，平面与立面布局美观而复杂，各幢楼房层数与用途不同，对地基的要求有所不同。为了保证工程的安全可靠，节约投资，施工方便，建议采用天然地基浅基础，不需打桩或人工处理。以第②层粉土层作为建筑地基持力层。

2) 教学大楼、办公楼与实验楼3幢楼房，以49.20m高程作为基础底面高程，基础埋深小于1.60m。其中实验楼部分基底尚有少量素填土，施工时必须清除干净，见粉土为止。可用天然卵石或人工级配砂石，分层压实回填，至基底标高。

3) 科技开发办公楼、学生中心与后勤中心这几幢位于场地南部的楼房，以48.80m高程为基础底面标高。基础埋深1.50m。部分基底有素填土，也采用局部换土办法：将素填土挖除，到粉土止。用天然卵石料或人工级配砂石分层压实，回填至设计基础底面标高。

4) 图书馆建筑平面与立面布局较复杂，跨度7.2m，7层，总高30.00m，对地基要求高。可以49.20m标高作为基础底面高程。西南角16号孔周围$f_{ak}=120kPa$，其余部位$f_{ak}=160kPa$。建议采用钢筋混凝土筏板基础，比桩基施工速度快，投资少，以确保安全。

5）鉴于第③层粉质黏土上部约有1m厚的软弱层且分布不均匀。为防止因地基不均匀沉降引起建筑物墙体开裂，若采用条形基础，建议在基础顶面设置一道钢筋混凝土封闭地圈梁。

6）如果用天然地基浅基础，在基槽开挖后，应及时验槽。若发现新问题，当场妥善处理。如在冬、夏季施工，应采取必要措施，以防止基槽冰冻或雨水泡槽，形成隐患。

清华大学基础工程技术公司

钻探负责人：×××

试验负责人：×××

工程主持人：×××

审　批　：×××

××××年××月××日

附：图表部分

1）海淀走读大学理工学院钻孔布置图，详见图1.13。

2）海淀走读大学理工学院地质剖面图，Ⅴ-Ⅴ和Ⅵ-Ⅵ两个剖面，详见图1.14，其余从略。

3）地层岩性及土的物理力学性质综合统计表，详见表1.18。

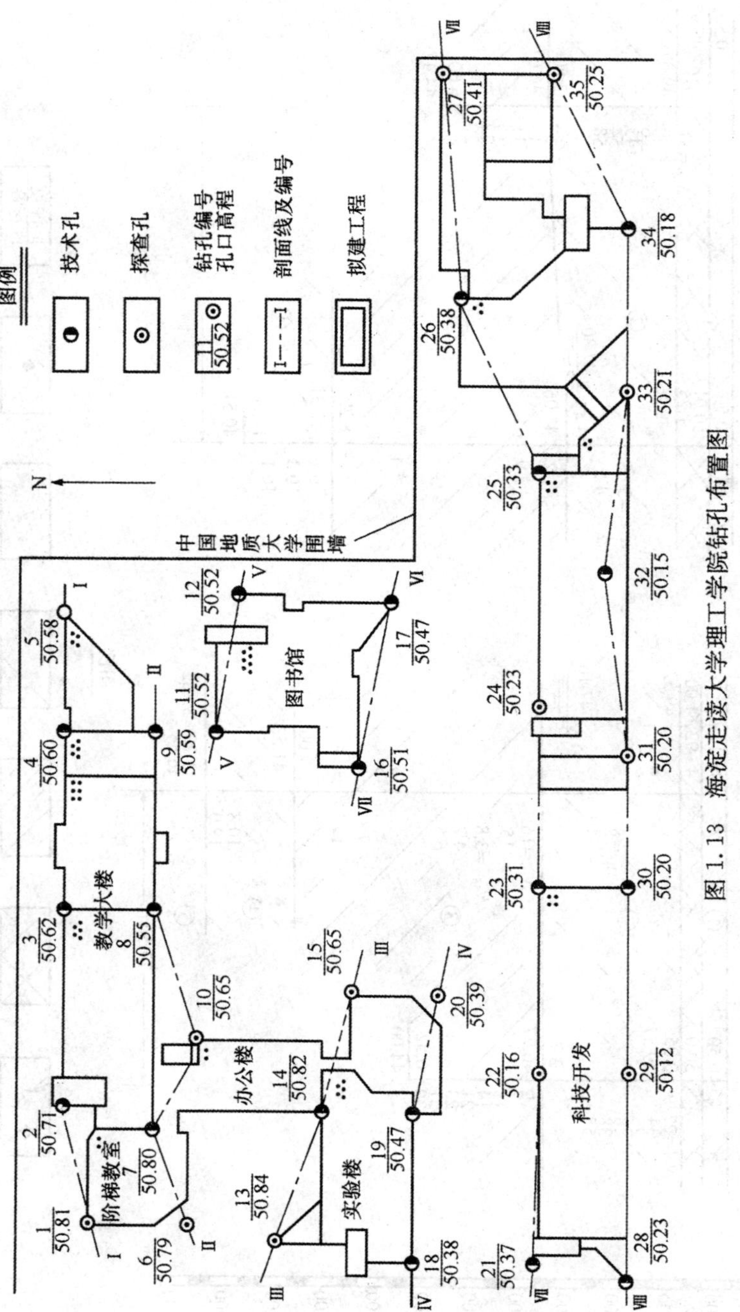

图 1.13 海淀走读大学理工学院钻孔布置图

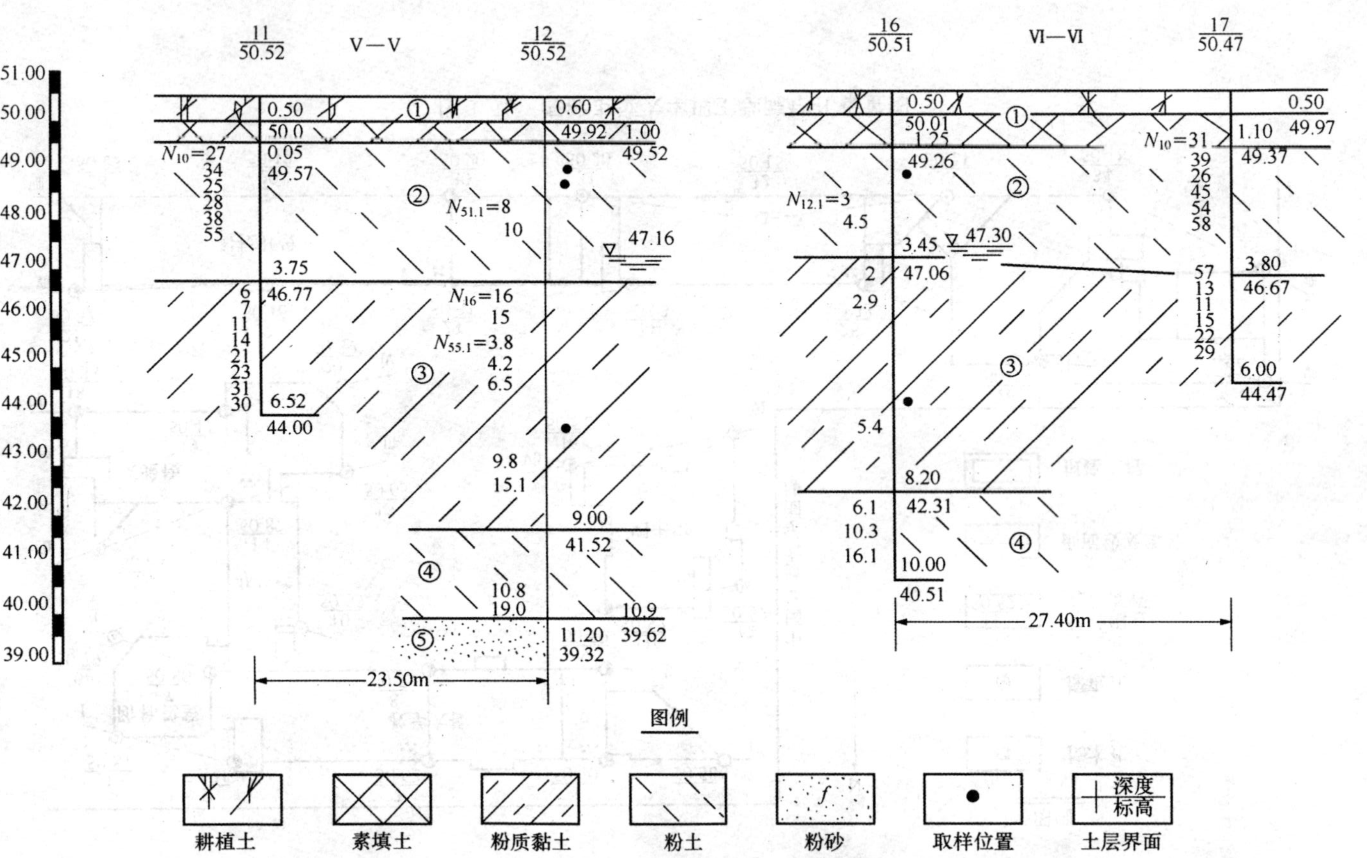

图 1.14 海淀走读大学理工学院地质剖面图

表 1.18　地层岩性及土的物理力学性质综合统计表

工程名称：北京海淀走读大学理工学院　　　　勘察编号××××-××

层号		野外描述								综合统计指标	土质数据																标准贯入		尖锥贯入		静力触探		供沉降分析的E_s'
层号		岩性	色味	密度	湿度	断面状态及稠度	含有物	野外强度	厚度		W/%	ρ/(g·cm³)	d_s	e	D_r	S_r/%	w_p	w_L	I_p	I_L	a_{1-2}	E_s	c	ϕ	K_{20}/(cm/s)	土样数	$N_{63.5}$	组数	N_{10}	组数			
人工填土层	①	耕植土、杂填土、素填土	褐色、褐黄～黄色	松～中密	稍湿～湿	可塑	碎砖、炉渣、瓦块、灰渣、砖屑、礓石	软～中下	0.8～2.55	平均值																			14	24			
										最大值																			29				
										最小值																			5				
新近冲积层	②	粉土	褐黄～黄色	中密～密实	湿	可塑	锰结核、氧化铁、礓石	中～硬	1.05～3.15	平均值	21	2.02		0.61		92.8	20.6	28	7.39	0.001	0.21	7.98	0.18	28.9		13	9.1	17	33	164			
										最大值	23.7	2.06		0.68		98	25.2	30.1	10	0.54	0.23	10.66	0.3	34.2			14		90				
										最小值	19	1.96		0.56		86	16	26.3	3.6	−0.81	0.16	7.19	0.1	24.9			3		10				
	③	粉质黏土	褐黄～灰白～黄色	中密偏软～中密	很湿～饱和	软塑～可塑	氧化铁、米粒状礓石	软～中	4.45～5.7	平均值	23.9	2.01		0.67		97.5	15.6	27.7	12	0.67	0.3	5.77	0.08	8		7	6.6	27	21	136			
										最大值	26.1	2.05		0.73		100	18.1	30	14.2	0.86	0.37	5.58					15.1		64				
										最小值	21.1	1.97		0.59		95	13.6	25.9	10.5	0.43	0.25	4.56					2		6				
	④	粉土	褐黄～黄色	中密	饱和	可塑	氧化铁	中	1.5～1.9	平均值																	11.4	11					
										最大值																	19						
										最小值																	6.1						
	⑤	粉土	黄色	密实	饱和		氧化铁、礓石	硬	>1.20（未穿透）	平均值																	20.4	1					
										最大值																							
										最小值																							

习　题

1.《建筑地基基础设计规范》(GB 50007—2002) 中将建筑地基岩土分为（　　）。

A. 巨粒类土、粗粒类土、细粒类土三大类

B. 碎石土、砂土、粉土、黏性土、软土等五类

C. 岩石、碎石土、砂土、黏性土、人工填土等五类

D. 岩石、碎石土、砂土、粉土、黏性土、人工填土等六类

2. 土颗粒的大小及其级配，通常用粒径级配曲线来表示。级配曲线越平缓表示（　　）。

A. 土粒大小较均匀，级配良好　　B. 土粒大小较均匀，级配不良

C. 土粒大小不均匀，级配良好　　D. 土粒大小不均匀，级配不良

3. 指出下列何项土类不以塑性指数 I_P 来定名？（　　）

A. 黏土　　B. 粉质黏土　　C. 粉土　　D. 砂土

4. 指出下列何项土类不以塑性指数 I_P 来定名？（　　）

A. 粉砂　　B. 粉土　　C. 粉质黏土　　D. 黏土

5. 高层建筑和高耸构筑物，受偏心荷载作用，应以（　　）地基变形特征作为控制。

A. 沉降量　　B. 沉降差　　C. 倾斜　　D. 局部倾斜

6. 在计算地基变形时，由于地基不均匀、建筑物荷载差异大或体型复杂等因素引起的地基变形，对于砌体承重结构，应由（　　）控制。

A. 沉降量　　B. 沉降差　　C. 倾斜　　D. 局部倾斜

7. 在静水或缓慢水流环境中沉积，并经生物化学作用形成，其天然含水量大于液限、天然孔隙比大于或等于1.5的黏性土称为（　　）。

A. 淤泥　　B. 淤泥质土　　C. 软土　　D. 有机土

8. 在静水或缓慢的流水环境中沉积，并经生物化学作用形成，其天然含水量大于液限、天然含水量大于液限而天然孔隙比小于1.5但大于或等于1.0的黏性土或粉土为（　　）。

A. 淤泥　　B. 淤泥质土　　C. 软土　　D. 有机土

9. 下列何种土中最容易发生流土（　　）。

A. 粉质黏土　　B. 黏质粉土　　C. 砂质粉土　　D. 黏土

10. 杂填土的组成物质是（　　）。

A. 碎石土、砂土、黏性土等一种或数种

B. 含有大量工业废料、生活垃圾或建筑垃圾

C. 由水力冲填泥砂而成

D. 符合一定级配要求的砂土

11. 冲填土是指（　　）。

A. 碎石土、砂土、黏性土等一种或数种

B. 含有大量工业废料、生活垃圾或建筑垃圾

C. 由水力冲填泥砂而成

D. 符合一定级配要求的砂土

12. 按照《岩土工程勘察规范》(GB 50021—2009)，有机质含量大于10%、小于等于60%的土称为（　　）。

A. 无机土　　B. 有机质土　　C. 泥炭质土　　D. 泥炭土

13. 土按有机质含量可分为（　　）。

A. 有机质土、泥炭

B. 有机质土、泥炭质土、泥炭

C. 无机土、有机质土、泥炭质土、泥炭

D. 有机质土、无机质土

14. 下列土中有机质含量最高的土是（　　）。

A. 有机土　　B. 有机质土　　C. 泥炭土　　D. 泥炭质土

15. 天然状态下土的重度一般在（　　）kN/m^3 之间。

A. 1.6～2.2　　B. 2.0～2.5　　C. 16～22　　D. 20～25

16. 干重度的表示符号为（　　）。

A. γ_d　　B. γ_{sat}　　C. γ　　D. γ'

17. 根据土的坚硬程度，可将土石分为八类，其中前四类土由软到硬的排列顺序为（　　）。

A. 松软土、普通土、坚土、砂烁坚土

B. 普通土、松软土、坚土、砂烁坚土

C. 松软土、普通土、砂烁坚土、坚土

D. 坚土、砂烁坚土、松软土、普通土

18. 地基发生液化的条件主要有（　　）。

Ⅰ. 土质为疏松或稍密状态的粉砂、细砂及黏性较小的粉土

Ⅱ. 土质为淤泥、淤泥质土

Ⅲ. 土层处于地下水位以下，呈饱和状态

Ⅳ. 遭遇大、中地震

A. Ⅰ、Ⅲ、Ⅳ　　B. Ⅰ、Ⅱ、Ⅳ　　C. Ⅰ、Ⅱ、Ⅲ　　D. Ⅰ、Ⅱ、Ⅲ、Ⅳ

19. 某场地岩土工程勘察报告中有一层土标记为 Q_3^{al+pl}，表示该层土是（　　）。

A. 第三纪上更新世冲洪积物　　B. 第四纪上更新世冲洪积物

C. 第三纪全新世冲洪积物　　D. 第四纪全新世冲洪积物

20. 岩土工程勘察工作是一个逐步深化、循序渐进和分阶段进行的过程。勘察阶段的划分一般与设计阶段相适应，可分为（　　）。

A. 可行性研究勘察、选址勘察、初步勘察、详细勘察四个阶段

B. 可行性研究勘察、选址勘察、初步勘察、施工勘察四个阶段

C. 可行性研究勘察、初步勘察、详细勘察三个阶段

D. 选址勘察、初步勘察、施工勘察三个阶段

第2章

土方工程施工

土石方工程要求标高、断面准确，土体有足够的强度和稳定性，土方量少，工期短，费用省。因此施工前，先要进行调查研究，了解土壤的种类和工程性质、土方工程的施工工期、质量要求和施工条件，以及施工区的地形、地质、水文气象等资料，以此作为合理拟定施工方案，计算土方工程量，计算土壁边坡和支撑，进行施工方法和组织施工的依据。此外，还应完成场地清理、地面水的排除和测量放线等工作。施工中，应及时做好施工排水、土壁临时支撑，严防流沙及塌方等意外事故的发生。

2.1 概　　述

2.1.1 土方工程主要工作内容

土方工程主要工作内容有平整场地、挖基槽、挖基坑、挖土方和回填土等。

2.1.2 土方工程的特点

土方工程面广量大，施工工期长，劳动强度大，建筑工地的场地平整，有时施工面积可达数平方千米。高层建筑大型基坑的开挖，有时深达二三十米。

土方工程施工条件复杂，又多为露天作业，受地区气候条件、地质和水文条件的影响很大，难以确定的因素较多。因此在组织土方工程施工前，必须做好施工组织设计，合理的选择施工方法和机械设备以减轻劳动强度，实行科学管理，对缩短工期、降低工程成本、提高劳动生产率并保证工程质量具有重要意义。

2.2 基坑基槽土方量计算

在土方工程施工前，必须计算土方工程量。各种土方工程的外形有时很复杂，而且不规则。一般情况下，将其划分成一定的几何形状，采用具有一定精度和实际情况相近的方法进行计算。

2.2.1 边坡坡度 i

土方边坡用边坡坡度 i 和边坡系数 m 表示。

边坡坡度是以土方挖土深度 h 与边坡底宽 b 之比表示（图 2.1），即

$$i=\frac{h}{b}=1:m \qquad (2.1)$$

边坡系数 m 是以土方边坡底宽 b 与挖土深度 h 之比表示，即

$$m=\frac{b}{h} \qquad (2.2)$$

土方边坡坡度与土方边坡系数互为倒数。

工程中常以 $1:m$（即边坡坡度 i）表示放坡。

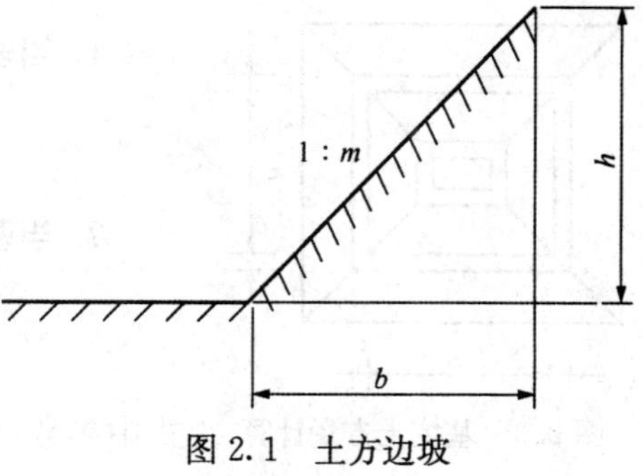

图 2.1　土方边坡

2.2.2　基槽土方量计算

基槽开挖时，两边留有一定的工作面，分放坡开挖和不放坡开挖两种情形，如图 2.2所示。

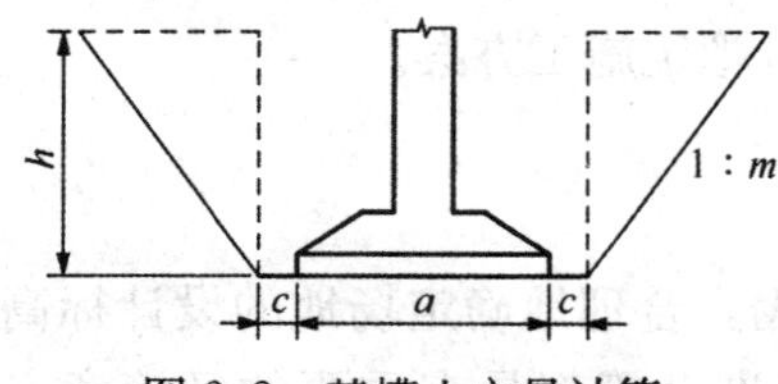

图 2.2　基槽土方量计算

1. 不放坡开挖土方量计算

当基槽不放坡开挖时

$$V=h\cdot(a+2c)\cdot L \qquad (2.3)$$

2. 放坡开挖土方量计算

当基槽放坡时

$$V=h\cdot(a+2c+mh)\cdot L$$

式中，V——基槽土方量，m^3；

h——基槽开挖深度，m；

a——基槽底宽，m；

c——工作面宽，m；

m——坡度系数；

L——基槽长度（外墙按中心线，内墙按净长线），m。

如果基槽沿长度方向断面变化较大，应分段计算，然后将各段土方量汇总即得总土方量，即

$$V=V_1+V_2+\cdots+V_n \qquad (2.4)$$

式中，V_1，V_2，V_3，…，V_n——各基槽段土方量，m^3；

2.2.3　基坑土方量计算

基坑开挖时，四周留有一定的工作面，分放坡开挖和不放坡开挖两种情形，如图 2.3 所示。

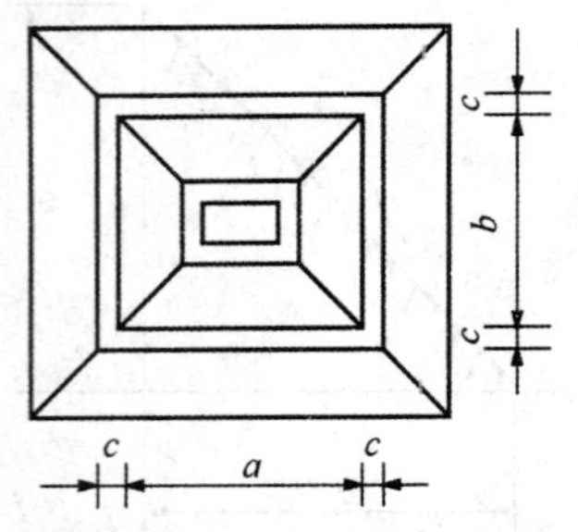

图 2.3 基坑土方量计算

1. 当基坑不放坡开挖时

$$V = h \cdot (a + 2c)(b + 2c) \quad (2.5)$$

2. 当基坑放坡时

$$V = h \cdot (a + 2c + mh)(b + 2c + mh) + \frac{1}{3}m^2h^3 \quad (2.6)$$

式中参数如前。

2.3 场地平整土方量计算

场地平整是将现场平整成施工所要求的设计平面。场地平整前，首先要确定场地设计标高，计算挖、填土方工程量，确定土方平衡调配方案；并根据工程规模、施工期限、土的性质及现有机械设备条件，选择土方机械，拟定施工方案。

2.3.1 场地设计标高的确定

场地设计标高是进行场地平整和土方量计算的依据，合理地确定场地的设计标高，对于减少挖填方数量、节约土方运输费用、加快施工进度等都具有重要的经济意义。如图 2.4 所示，当场地设计标高为 H_0 时，挖填方基本平衡，可将土方移挖作填，就地处理；当设计标高为 H_1 时，填方大大超过挖方，则需要从场外大量取土回填；当设计标高为 H_2 时，挖方大大超过填方，则要向场外大量弃土。因此，在确定场地设计标高时，必须结合现场的具体条件，反复进行技术经济比较，选择一个最优方案。

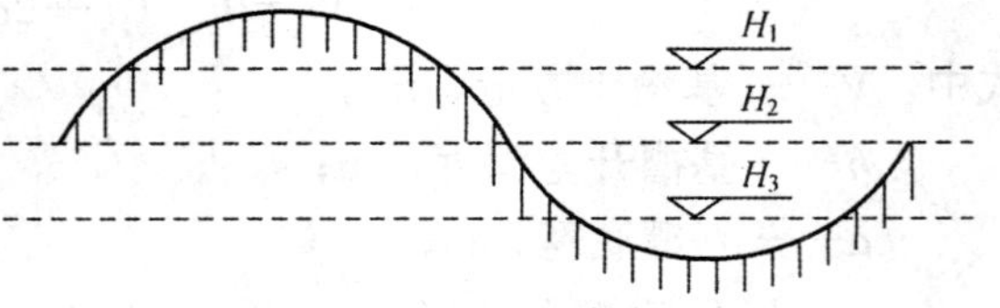

图 2.4 场地不同设计标高的比较

确定场地设计标高时应考虑以下因素：

1）满足建筑规划和生产工艺及运输的要求。

2）尽量利用地形，减少挖填方量。

3）场地内的挖、填方量力求平衡，使土方运输费用最少。

4）有一定的泄水坡度，满足场地排水要求。

5）考虑最高洪水位的影响。

在实际工程中，特别是大型建设项目，设计标高由总图设计规定，在设计图纸上规定出建设项目各单体建筑、道路、广场等设计标高，施工单位按图施工。若设计文件没有规定时，或设计单位要求建设单位先提供场区平整的标高时，则施工单位可根据挖填土方量平衡的原则自行设计。

若设计文件对场地设计标高无明确规定和特殊要求，可参照下述步骤和方法确定。

1. 划分方格网

根据已有地形图（一般用 1/500 的地形图）划分成若干个方格网，如图 2.5 所示。尽量使方方格网与测量的纵横坐标网相对应，方格的边长一般采用 10～40m。

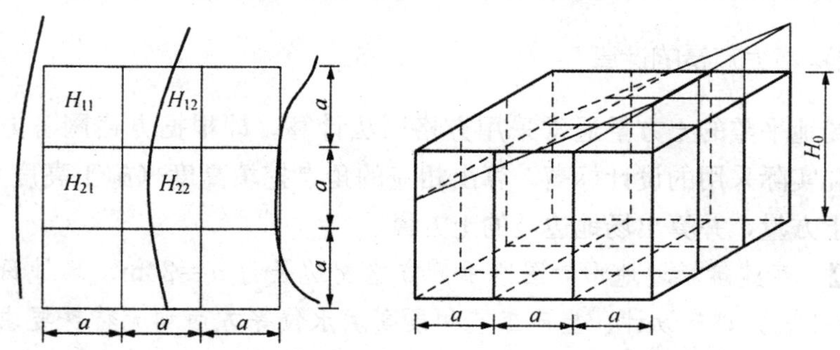

图 2.5　场地设计标高计算简图

2. 计算或测量各方格角点的自然标高

每个方格的角点标高，在地形平坦时，可根据地形图上相邻两条等高线的高程，用插入法求得；当地形起伏大（用插入法有较大误差），或无地形图时，则可在现场用木桩打好方格网，然后用测量的方法求得。

3. 初步计算场地设计标高

初步计算场地设计标高是按照挖填平衡的原则，即场地内挖方总量等于填方总量，其计算公式为

$$H_0 N a^2 = \sum\left(a^2 \frac{H_{11} + H_{12} + H_{21} + H_{22}}{4}\right) \tag{2.7}$$

$$H_0 = \sum\left(\frac{H_{11} + H_{12} + H_{21} + H_{22}}{4N}\right) \tag{2.8}$$

式中，N——方格数。

由图可见，H_{11}是一个方格的角点标高；H_{12}、H_{21}是相邻两个方格公共角点标高；H_{22}则是相邻的四个方格的公共角点标高。如果将所有方格的四个角点标高相加，则类似 H_{11}这样的角点标高加一次，类似 H_{12}这样的角点标高加两次，类似 H_{22}的角点标高要加四次。因此，式（2.8）可改写为

$$H_0 = \frac{\sum H_1 + 2\sum H_2 + 3\sum H_3 + 4\sum H_4}{4N} \tag{2.9}$$

式中，H_1——一个方格网独有的角点标高；

H_2——两个方格网独有的角点标高；

H_3——三个方格网独有的角点标高；

H_4——四个方格网独有的角点标高。

按上述计算的场地设计标高进行场地平整时，则整个场地将处于同一水平面，但实际上由于排水的要求，场地表面均应有一定的泄水坡度。因此，应根据场地泄水坡度的要求（单向泄水或双向泄水），以场地中心点标高为基准，计算出场地内各方格角点实际施工时所采用的设计标高。

2.3.2 场地平整土方量的计算

大面积场地平整的土方量通常采用方格网法计算。即根据方格网各方格角点的自然地面标高和实际采用的设计标高，算出相应的角点挖填高度（施工高度），然后计算每一方格的土方量，并算出场地边坡的土方量。

【例 2.1】 某建筑场地地形如图所示，方格网边长为 $a=20\text{m}$。场地设计泄水坡度 $i_x=3‰$，$i_y=2‰$。建筑设计、生产工艺和最高洪水位等方面均无特殊要求。试确定场地设计标高（不考虑土的可松性影响，如有余土，用以加宽边坡），并计算挖、填土方量（不考虑边坡土方量）。

解 (1) 计算各方格角点的地面标高

各方格角点的地面标高可根据地形图上所标等高线，假定两等高线之间的地面坡度按直线变化，用插入法求得（图 2.6）。如求角点 4 的地面标高（h_4），由图 2.6 得

$$h_x : 0.5 = x : l$$

则

$$h_x = \frac{0.5}{l}x,\ h_4 = 44.00 + h_x$$

为了避免繁琐的计算，通常采用图解法（图 2.7）。用一张透明纸，上面画 6 根等距离的平行线。把该透明纸放到标有方格网的地形图上，将 6 根平行线的最外边两根分别对准 A 点和 B 点，这时 6 根等距的平行线将 A、B 之间的 0.5m 高差分成 5 等分，于是便可直接读出角点 4 的地面标高 $H_4=44.34\text{m}$。其余各角点标高可用图解法求出。本例各方格角点如图 2.8 所示中地面标高各值。

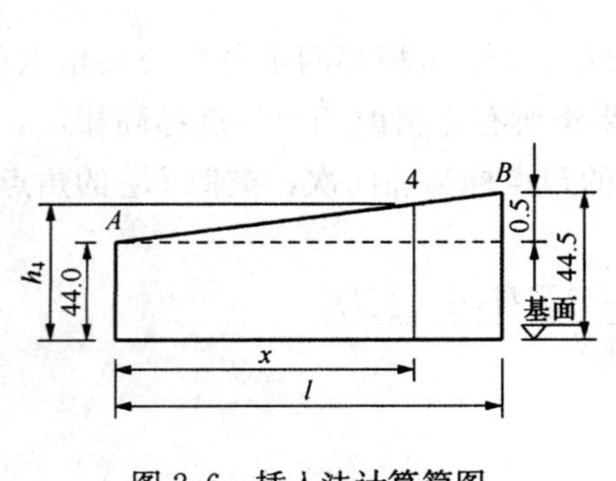

图 2.6 插入法计算简图

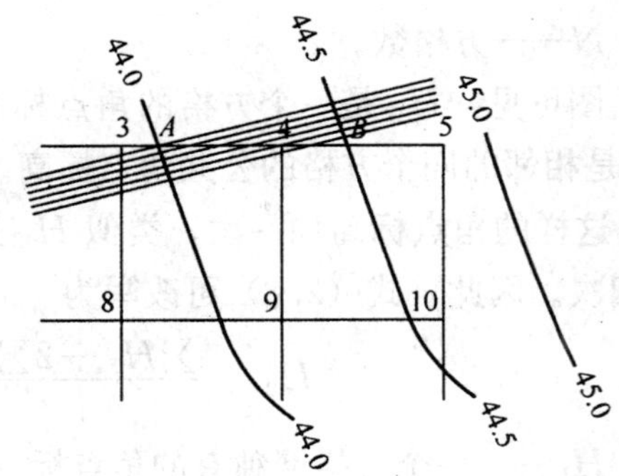

图 2.7 插入法的图解法

(2) 计算场地设计标高 H_0

$$\sum H_1 = 43.24 + 44.80 + 44.17 + 42.58 = 174.79\text{m}$$

$2\sum H_2 = 2 \times (43.67 + 43.94 + 44.34 + 44.67 + 43.67 + 43.23 + 42.90 + 42.94)$
$= 698.72\text{m}$

$3\sum H_3 = 0$

$4\sum H_4 = 4 \times (43.35 + 43.76 + 44.17) = 525.12\text{m}$

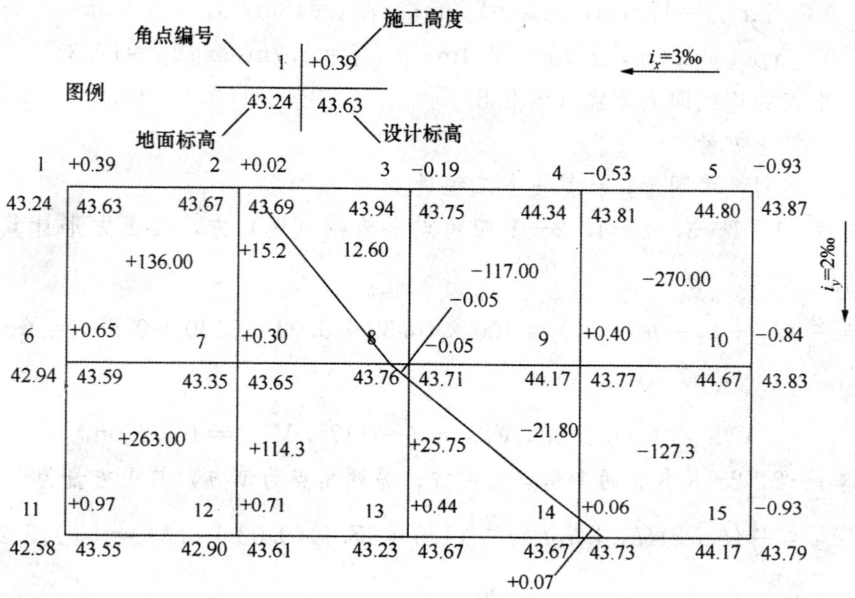

图 2.8　方格网计算土方工程量

由式 (2.9)

$$H_0 = \frac{\sum H_1 + 2\sum H_2 + 3\sum H_3 + 4\sum H_4}{4N} = \frac{174.79 + 698.72 + 525.12}{4 \times 8} = 43.71\text{m}$$

(3) 计算方格角点的设计标高

以场地中心角点为 H_0 (图 2.8)，由已知泄水坡度 i_x 和 i_y，各方格角点设计标高计算

$$H_1 = H_0 - 40 \times 3‰ + 20 \times 2‰ = 43.71 - 0.12 + 0.04 = 43.63\text{m}$$

$$H_2 = H_0 - 20 \times 3‰ + 20 \times 2‰ = 43.71 - 0.06 + 0.04 = 43.69\text{m}$$

$$H_6 = H_0 - 40 \times 3‰ = 43.71 - 0.12 = 43.59\text{m}$$

其余各角点设计标高算法同上，其值见图 2.8 中设计标高值。

(4) 计算角点的施工高度

计算各角点的施工高度为

$$h_1 = 46.63 - 43.24 = +0.39\text{m}$$

$$h_2 = 43.75 - 43.94 = -0.19\text{m}$$

其余各角点施工高度见图 2.8 中施工高度值。

(5) 确定零线

首先求零点，有关方格边线上零点的位置确定。2～3 角点连线零点距角点 2 的距离为

$$x_{2-3}=\frac{0.022\times 20}{0.02+0.19}=1.9\text{m}$$

则
$$x_{3-2}=20-1.9=18.1\text{m}$$

同理求得

$$x_{7-8}=17.1\text{m},\ x_{8-7}=2.9\text{m};\ x_{13-8}=18\text{m},\ x_{8-13}=2.0\text{m}$$

$$x_{14-9}=2.6\text{m},\ x_{9-14}=17.4\text{m};\ x_{14-15}=2.7\text{m},\ x_{15-14}=17.3\text{m}$$

相邻零点的连线即为零线（图 2.8）。

(6) 计算土方量

根据方格网挖填图形，计算土方工程量。

方格 1—1，1—3，1—4，2—1 四角点全为挖（填）方，按正方形计算，其土方量为

$$V_{1-1}=\frac{a^2}{4}(h_1+h_2+h_3+h_4)=100\times(0.39+0.02+0.30+0.65)=(-)136\text{m}^3$$

同理

$$V_{2-1}=(+)263\text{m}^3,\ V_{1-3}=(-)117^3,\ V_{1-4}=(-)270\text{m}^3$$

方格 1—2，2—3 各有两个角点为挖方；另两角点为填方，其土方量为

$$V_{1-2}^{填}=\frac{a}{8}(b+c)(h_1+h_3)=\frac{20}{8}(1.9+17.1)(0.02+0.3)=(+)15.2\text{m}^3$$

$$V_{1-2}^{挖}=\frac{a}{8}(d+e)(h_2+h_4)=\frac{20}{8}(18.1+2.9)(0.19+0.05)=(-)12.6\text{m}^3$$

同理

$$V_{2-3}^{填}=(+)25.75\text{m}^3,\ V_{2-3}^{挖}=(-)21.8\text{m}^3$$

方格网 2—2，2—4 为一个角点填方（或挖方）和三个角点挖方（或填方），其土方量为

$$V_{2-2}^{填}=(a^2-\frac{bc}{2})\frac{h_1+h_2+h_3}{5}=(20^2-2.9\times 2)\frac{0.3+0.71+0.44}{5}=(+)114.3\text{m}^3$$

$$V_{2-2}^{挖}=\frac{bch_4}{6}=\frac{2.9\times 2\times 0.05}{6}=(-)0.05\text{m}^3$$

同理

$$V_{2-4}^{填}=(+)0.07\text{m}^3,\ V_{2-4}^{挖}=(-)127.3\text{m}^3$$

将计算出的土方量代入相应的方格中（图 2.8）。场地各方格土方量总计：挖方 548.75m³，填方 528.55m³。

2.4 土方调配方案

土方量计算完成后，就可以进行土方调配工作。土方调配，就是对挖土的利用、堆弃和填土三者之间的关系进行综合协调处理，其目的在于使土方运输量最小（或土方运输费用最小）的条件下，确定挖填方区土方的调配方向，数量及平均运距。好的土方调配方案，应该考虑工程项目的总体经济效益。

2.4.1　土方调配原则

1）应力求达到挖方与填方基本平衡和就近调配、运距最短。使挖方量与运距的乘积之和尽可能为最小，即土方运输量或费用最小。但有时，仅局限于一个场地范围内的挖填平衡难以满足上述原则，可根据场地和周围地形条件，考虑就近借土或就近堆弃。

2）土方调配应考虑近期施工与后期利用相结合的原则。当工程分期分批施工时，先期工程的土方余土应结合后期工程的需要，考虑其利用的数量和堆放位置，以便就近调配。堆放位置的选择应为后期工程创造良好的工作面和施工条件，力求避免重复挖填和场地混乱。

3）应考虑分区与全场相结合的原则。分区土方的调配，必须配合全场性的土方调配进行。

4）合理布置挖、填方分区线，选择恰当的调配方向、运输线路，使土方机械和运输车辆的性能得到充分发挥。

5）好土用在回填质量要求高的地区。

6）土方调配还应尽可能与大型地下建筑物的施工相结合。如大型建筑物位于填土区时，为了避免重复挖运和场地混乱，应将部分填方区予以保留，待基础施工之后再进行填土。

总之，进行土方调配，必须根据现场具体情况、有关技术资料、工期要求、土方施工方法与运输方案等综合考虑，并按上述原则经计算比较，最后选择经济合理的调配方案。

2.4.2　土方调配区划分

进行土方调配时首先要划分土方调配区，在划分调配区时应注意下列几点：

1）调配区的划分应与房屋或构筑物的位置相协调，满足工程施工顺序和分期分批施工的要求，使近期施工与后期利用相结合。

2）调配区的大小应该满足土方施工用主导机械的技术要求，使土方机械和运输车辆的功效得到充分发挥。例如，调配区的范围应该大于或等于机械的铲土长度，调配区的面积最好和施工段的大小相适应。

3）当土方运距较大或场区内土方不平衡时，可根据附近地形，考虑就近借土或就近弃土，这时每一个借土区或弃土区均可作为一个独立的调配区。

4）调配区的范围应该和土方的工程量计算用的方格网协调，通常可由若干个方格组成一个调配区。

2.4.3　土方调配图表的编制

场地土方调配，需作成相应的土方调配图表，编制的方法如下。

1. 划分调配区

在场地平面图上先划出零线，确定挖填方区；根据地形及地理条件，把挖方区和填方区再适当地划分为若干个调配区，其大小应满足土方机械的操作要求。

2. 计算土方量

计算各调配区的挖填方量，并标写在图上。

3. 计算调配区之间的平均运距

调配区的大小及位置确定后，便可计算各挖填调配区之间的平均运距。当用铲运机或推土机平土时，挖方调配区和填方调配区土方重心之间的距离，通常就是该挖填调配区之间的平均运距。因此，确定平均运距需先求出各个调配区土方的重心，并把重心标在相应的调配区图上，然后用比例尺量出每对调配区之间的平均运距即可。当挖填方调配区之间的距离较远，采用汽车、自行式铲运机或其他运土工具沿工地道路或规定线路运输时，其运距可按实际计算。

4. 进行土方调配

土方最优调配方案的确定，是以线性规划为理论基础的，常用“表上作业法”求得。

5. 绘制土方调配图

根据静止作业法求得的最优调配方案，在场地地形图上绘出土方调配图，图上应标出土方调配方向，土方数量及平均运距，如图 2.9 所示。

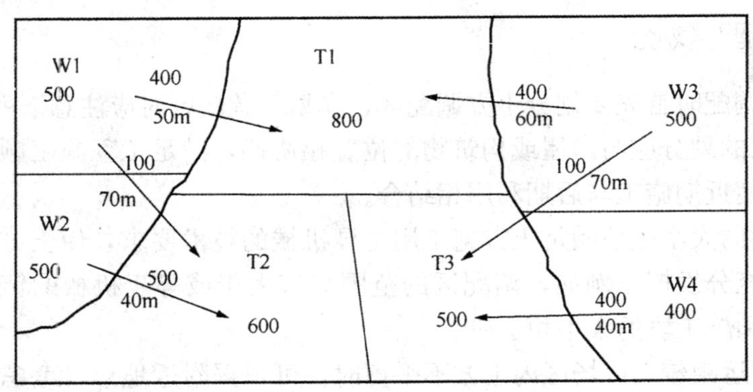

图 2.9　土方调配图

2.5　土方机械化施工简介

土（石）方工程有人工开挖、机械开挖和爆破三种开挖方法。人工开挖只适用于小型基坑（槽）、管沟及土方量少的场所，对大量土方一般均选择机械开挖。当开挖难度很大时，如冻土、岩石土的开挖，也可以采用爆破技术进行爆破。土方工程的施工过程主要包括土方开挖、运输、填筑与压实等。常用的施工机械有推土机、铲运机、

单斗挖土机、装载机等，施工时应正确选用施工机械，以保证施工进度和工程质量。

土方机械化开挖应根据基础形式、工程规模、开挖深度、地质、地下水情况、土方量、运距、现场和机具设备条件、工期要求以及土方机械的特点等合理选择挖方机械，以充分发挥机械效率，节省机械费用，加速工程进度。

2.5.1　土方机械选择要点

1）当地形起伏不大，坡度在 20°以内，挖填平整土方的面积较大，土的含水率适当，平均运距短（一般在 1km 以内）时，采用铲运机较为合适。如果土质坚硬或冬季冻土层厚度超过 100～150mm 时，必须由其他机械辅助翻松再铲运。当一般土的含水率大于 25%，或坚硬的黏土含水率超过 30%时，铲运机要陷车，必须使水疏干后再施工。

2）地形起伏较大的丘陵地带，一般挖土高度在 3m 以上，运输距离超过 1km，工程量较大且又集中时，可采用下述三种方式进行挖土和运土。

①正铲挖土机配合自卸汽车进行施工，并在弃土区配备推土机平整土堆。选择铲斗容量时，应考虑到土质情况、工程量和工作面高度。当开挖普通土，集中工程量在 1.5 万 m^3 以下时，可采用 0.5m^3 的铲斗；当开挖集中工程量为 1.5～55 万 m^3 时，以选用 1.0m^3 的铲斗为宜，此时，普通土和硬土都能开挖。

②用推土机将土推入漏斗，并用自卸汽车在漏斗下承土并运走。这种方法适用于挖土层厚度在 5～6m 以上的地段。漏斗上口尺寸为 3m 左右，由宽 3.5m 的框架支承。其位置应选择在挖土段的较低处，并预先挖平。漏斗左右及后侧土壁应予支撑。

③用推土机预先把土推成一堆，用装载机把土装到汽车上运走，效率也很高。

2.5.2　土方开挖机械选用

开挖基坑时根据下述原则选择机械：

1）土的含水率较小，可结合运距长短、挖掘深浅，分别采用推土机、铲运机或正铲挖土机配合自卸汽车进行施工。当基坑深度在 1～2m，基坑不太长时可采用推土机；深度在 2m 以内长度较大的线状基坑，宜由铲运机开挖；当基坑较大，工程量集中时，可选用正铲挖土机挖土。

2）如地下水位较高，又不采用降水措施，或土质松软，可能造成正铲挖土机和铲运机陷车时，则采用反铲，拉铲或抓铲挖土机配合自卸汽车轻为合适，挖掘深度见有关机械的性能表。

2.6　土方开挖

土方开挖工作是在准备工作完成后，首先应进行房屋定位和标高引测，然后根据基础的底面尺寸、埋置深度、土质好坏、地下水位的高低及季节性变化等不同情况，考虑施工需要，确定是否需要留工作面、放坡、增加排水设施和设置支撑，从而定出挖土边线和进行放线工作，最后进行土方开挖。

2.6.1 土方开挖准备工作

为了保证施工的顺利进行，土方开挖施工前需作好以下各项准备工作：查勘施工现场、熟悉和审查图纸、编制施工方案、清除现场障碍物、平整施工场地、进行地下墓探、作好排水设施、设置测量控制、修建临时设施道路、准备机具、进行施工组织等。

2.6.2 定位放线

1. 基槽放线

根据房屋主轴线控制点，首先将外墙轴线的交点用木桩测设在地面上，并在桩顶钉上铁钉作为标志。房屋外墙轴线测定以后，以外墙轴线为依据，再按照建筑施工平面图中轴线间尺寸，将内部开间所有轴线都一一测出。然后根据边坡系数及工作面大小计算开挖宽度，最后在中心轴线两侧用石灰在地面上撒出基槽开挖边线。同时在房屋四周设置龙门板，以便于基础施工时复核轴线位置。

2. 柱基放线

在基坑开挖前，从设计图上查对基础的纵横轴线编号和基础施工详图，根据柱子的纵横轴线，用经纬仪在矩形控制网上测定基础中心线的端点，同时在每个柱基中心线上测定基础定位桩，每个基础的中心线上设置四个定位木桩，其桩位离基础开挖线的距离为0.5～1.0m。若基础之间的距离不大，可每隔1～2个或几个基础打一定位桩，但两个定位桩的间距以不超过20m为宜，以便拉线恢复中间柱基的中线。桩顶上钉一钉子，标明中心线的位置。然后按基础施工图上柱基的尺寸和按边坡系数及工作面确定的挖土边线的尺寸，放出基坑上口挖土灰线，标出挖土范围。

大基坑开挖，根据房屋的控制点，按基础施工图上的尺寸和按边坡系数及工作面确定的挖土边线的尺寸，放出基坑四周的挖土边线。

2.6.3 基坑（槽）开挖

土方开挖应遵循“开槽支撑，先撑后挖，分层开挖，严禁超挖”的原则，基坑（槽）开挖有人工开挖和机械开挖，对于大型基坑应优先考虑选用机械化施工，以加快施工进度。开挖基坑（槽）按规定的尺寸合理确定开挖顺序和分层开挖深度，连续地进行施工，尽快地完成。因土方开挖施工要求标高、断面准确，土体应有足够的强度和稳定性，所以在开挖过程中要随时注意检查。

1. 基坑（槽）开挖施工要点

1）施工前必须做好地面排水和降低地下水位工作，地下水位应降低至基坑底以下0.5～1.0m后方可开挖。降水工作应持续至回填完毕。

2）挖出的土除预留一部分用作回填外，其余运到弃土地区，以免妨碍施工。为防

止坑壁滑坡，根据土质情况及坑（槽）深度，在坑顶两边一定距离（一般为 0.8m）内不得堆放弃土，在此距离外堆土高度不得超过 1.5m，否则，应验算边坡的稳定性。在桩基周围、墙基或围墙一侧，不得堆土过高。在坑边放置有动载的机械设备时，也应根据验算结果，离开坑边较远距离，如地质条件不好，还应采取加固措施。

3）为了防止基底土（特别是软土）受到浸水或其他原因的扰动，基坑（槽）挖好后，应立即做垫层或浇筑基础，否则，挖土时应在基底标高以上保留 150～300mm 厚的土层，待基础施工时再行挖去。如用机械挖土，为防止基底土被扰动，结构被破坏，不应直接挖到坑（槽）底，应根据机械种类在基底标高以上留出一定厚度的土层，待基础施工前用人工铲平修整。使用铲运机、推土机时，保留土层厚度为 150～200mm，使用正铲、反铲或拉铲挖土时为 200～300mm。

4）挖土不得超挖（挖至基坑槽的设计标高以下）。若个别处超挖，应用与基土相同的土料填补，并夯实到要求的密实度。如用原土填补不能达到要求的密实度时，应用碎石类土填补，并仔细夯实。重要部位如被超挖时，可用低强度等级的混凝土填补。

5）雨季施工时，基坑槽应分段开挖，挖好一段浇筑一段垫层，并在基槽两侧围以土堤或挖排水沟，以防地面雨水流入基坑槽，同时应经常检查边坡和支撑情况，以防止坑壁受水浸泡造成塌方。

6）基坑开挖时，应对平面控制桩、水平点、基坑平面位置、水平标高、边坡坡度等经常复测检查。

2. 基坑开挖程序

基坑开挖程序一般是：测量放线→分层开挖→排降水→修坡→整平→留足预留土层等。相邻基坑开挖时，应遵循先深后浅或同时进行的施工程序。挖土应自上而下水平分段分层进行，边挖边检查坑底宽度及坡度，不够时及时修整，每 3m 左右修一次坡，至设计标高，再统一进行一次修坡清底，检查坑底宽和标高，要求坑底凹凸不超过 2.0cm。

2.6.4　深基坑土方开挖

深基坑一般采用“分层开挖，先撑后挖”的开挖原则。深基坑土方开挖方法主要有分层挖土、分段挖土、盆式挖土、中心岛式挖土等几种，应根据基坑面积大小、开挖深度、支护结构形式、环境条件等因素选用。

1. 分层挖土

分层挖土是将基坑按深度分为多层进行逐层开挖（图 2.10）。分层厚度，软土地基应控制在 2m 以内；硬质土可控制在 5m 以内为宜。开挖顺序可从基坑的某一边向另一边平行开挖，或从基坑两头对称开挖，或从基坑中间向两边平等对称开挖，也可交替分层开挖，

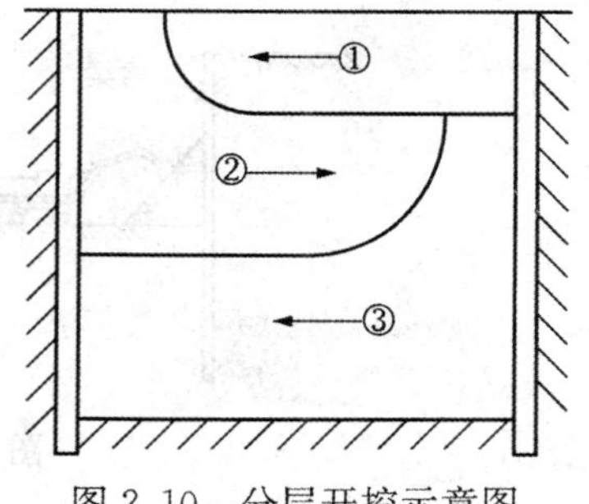

图 2.10　分层开挖示意图

可根据工作面和土质情况决定。

运土可采取设坡道或不设坡道两种方式。设坡道土的坡度视土质、挖土深度和运输设备情况而定，一般为1∶8～1∶10，坡道两侧要采取挡土或加固措施。不设坡道一般设钢平台或栈桥作为运输土方通道。

2. 分段挖土

分段挖土是将基坑分成几段或几块分别进行开挖。分段与分块的大小、位置和开挖顺序，根据开挖场地、工作面条件、地下室平面与深浅施工工期而定。分块开挖，即开挖一块浇筑一块混凝土垫层或基础，必要时可在已封底的坑底与围护结构之间加设斜撑，以增强支护的稳定性。

3. 盆式挖土

盆式挖土是先分层开挖基坑中间部分的土方，基坑周边一定范围内的土暂不开挖，可视土质情况按1∶1～1∶1.25放坡，使之形成对四周围护结构的被动土反压力区，以增强围护结构的稳定性，待中间部分的混凝土垫层、基础或地下室结构施工完成之后，再用水平支撑或斜撑对四周围护；并突击开挖周边支护结构内部分被动土区的土，每挖一层支一层水平横顶撑，直至坑底，最后浇筑该部分结构混凝土。本法优点是对于支护挡墙受力有利，时间效应小，但大量土方不能直接外运，需集中提升后装车外运。

4. 中心岛式挖土

中心岛式挖土是先开挖基坑周边土方，在中间留土墩作为支点搭设栈桥，挖土机可利用栈桥下到基坑挖土，运土的汽车亦可利用栈桥进入基坑运土，可有效加快挖土和运土的速度（图2.11）。土墩留土高度、边坡的坡度、挖土分层与高差应经仔细研究确定。挖土也分层开挖，一般先全面挖去一层，然后中间部分留置土墩，周围部分分层开挖。挖土多用反铲挖土机，如基坑深度很大，则采用向上逐级传递方式进行土方装车外运。整个土方开挖顺序应遵循“开槽支撑，先撑后挖，分层开挖，防止超挖”的原则进行。

深基坑开挖过程中，随着土的挖除，下层土因逐渐卸载而有可能回弹，尤其的基坑挖至设计标高后，如搁置时间过久，回弹更为显著如弹性隆起在基坑开挖和基础工

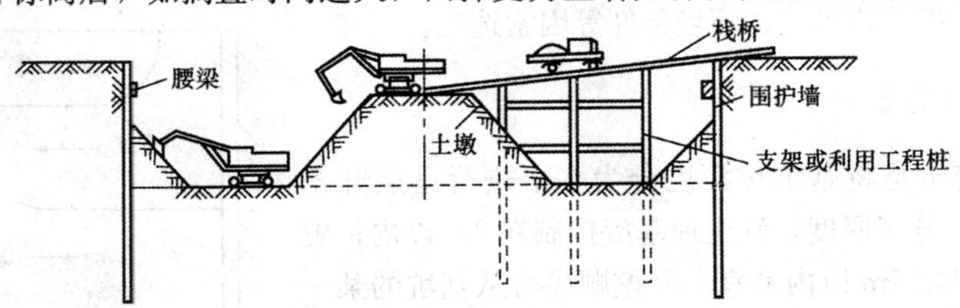

图2.11　中心岛（墩）式挖土示意图

程初期发展很快，它将加大建筑物的后期沉降。因此，对深基坑开挖后的土体回弹，应有适当的估计，如在勘察阶段，土样的压缩试验中应补充卸荷弹性试验等。还可以采取结构措施，在基底设置桩基等，或事先对结构下部土质进行深层地基加固。施工中减少基坑弹性隆起的一个有效方法是把土体中有效应力的改变降低到最小。具体方法有加速建造主体结构，或逐步利用基础的重量来代替被挖去土体的重量。

图 2.12 为某深基坑开挖施工实例，可将分层开挖和盆式开挖结合起来。在基坑正式开挖之前，先将第①层地表土挖运出去，浇筑锁口圈梁，进行场地平整和基坑降水等准备工作，安设第一道支撑（角撑），并施加预顶轴力，然后开挖第②层土到 −4.5m。再安设第二道支撑，待双向支撑全面形成并施加轴力后，挖土机和运土车下坑，在第二道支撑上部（铺路基箱）开始挖第③层土，并采用台阶式接力方式挖土，一直挖到坑底。第三道支撑应随挖随撑，逐步形成。最后用抓斗式挖土机在坑外挖两侧土坡的第④层土。

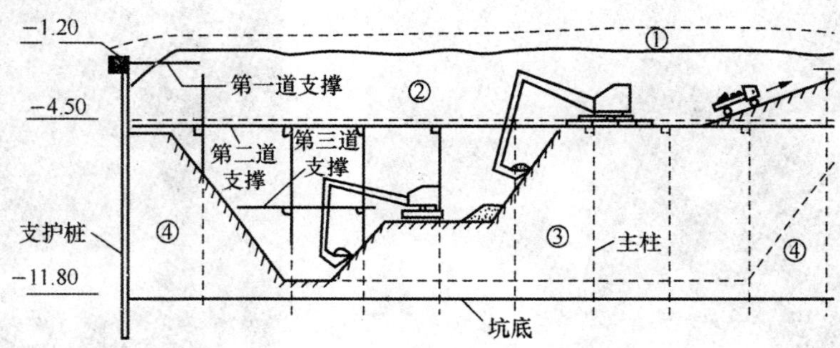

图 2.12　某深基坑开挖施工实例

最后要说明的是，地基开挖至设计标高后，应由施工单位、设计单位、监理单位、质量监督部门等有关人员共同到现场进行检查，鉴定验槽，核对地质资料，检查地基土与工程地质勘查报告、设计图纸要求是否相符，有无破坏土原状结构或发生较大的扰动现象。经检查合格，填写基坑（槽）隐蔽工程验收记录，及时办理交接手续。

2.7　验　　槽

2.7.1　验槽的目的

验槽是基槽开挖后的重要工序，也是一般岩土工程勘察工作最后一个环节。当施工单位挖完基槽并普遍钎探后，由建设单位约请勘察、设计单位技术负责人和施工单位技术负责人，共同到施工工地验槽。进行验槽的主要目的如下。

1. 检验勘察成果是否符合实际

通常勘探孔的数量有限，布设在建筑物外围轮廓线四角与长边的中点。基槽全面开挖后，地基持力层土层完全暴露出来，首先检验勘察成果与实际情况是否一致，勘察成果报告的结论与建议是否正确和切实可行。

2. 解决遗留和新发现的问题

有时勘察成果报告会遗留当时无法解决的问题，例如，某新征地上一幢学生宿舍楼的岩土工程勘察工作时，场地上一住户不让进院内钻孔，成为一个遗留问题，后来在验槽中解决。在验槽中发现新问题是常见的情况，需要各单位负责人当场研究解决。例如，在河北涿鹿县山区林业中学教学行政大楼工地验槽时发现基槽中有大孤石，如图 2.13 所示，地基软硬不均需要处理；又如清华大学研究生 22 号楼，验槽时发现基槽底部有一口直径 2.5m 的大古井，如图 2.14 所示，井内为淤泥，若处理不当，基础可能发生断裂。

图 2.13　涿鹿县林业中学教学行政大楼验槽

图 2.14　清华大学研究生 22 号楼基槽中存在一口大井

大量的工程实践证明，认真验槽，对保证建筑工程质量、防止事故发生起着十分重要的作用。

2.7.2　验槽的内容

1）校核基槽开挖的平面位置与槽底标高是否符合勘察、设计要求　某单位 7 层学生宿舍楼验槽。由于该宿舍楼为 7 层数楼房，设计要求开挖深度 2.2～2.5m，挖至第三层卵石层，相应地基承载力特征值 f_{ak}=250kPa。施工单位误将开挖深度从设计地面算起，只挖到第二层，结果发现“槽底”为黏性土。当时挖土机械已撤走，施工单位要求不再下挖，用修改设计来解决。由于第二层黏性土承载力低，仅有 100kPa，不能满足地基强度与变形要求，验槽中，讲清道理，要求施工单位克服困难，决定必须继续下挖至卵石层后再次验槽。

2）检验槽底持力层土质与勘察报告是否相同　参加验槽的各单位负责人需下到槽底，依次逐段检验，发现可疑之处，用铁铲铲出新鲜土面，用野外土的鉴别方法进行鉴定。

3）发现基槽平面土质显著不均，或局部存在古井、菜窖、坟穴、河沟等不良地基，可用钎探查明其平面范围与深度。

4）检查基槽钎探结果　钎探位置：条形基槽宽度小于 80cm 时，可沿中心线打一排钎探孔；槽宽大于 80cm，可打两排错开孔，钎探孔间距为 1.5～2.5m。深度每 30cm 为一组，通常为 5 组，1.5m 深。

钎探工具可采用轻型圆锥动力触探，钎探数据可反映基槽平面土质的均匀性，而且可以校核地基各点的承载力特征值。

基槽底部土质局部坚硬或局部软弱，这类软硬不均匀的情况经常遇到。例如，北京第一铜管厂办公楼基槽中存在一个直径 9.4m 的大型钢筋混凝土废基础；某单位 21 号楼验槽时发现一个钢筋混凝土废化粪池；西苑挂面厂基槽底部有防空洞的衬砌。至于局部软弱情况更多，这类槽底局部软硬悬殊的情况，均应处理得当，避免严重不均匀沉降，导致墙体开裂等事故。又如上述涿鹿县林业中学原有单层校舍借当地一座寺庙，因地基软硬不均，普遍发生墙体开裂；新建教学行政大楼 3 层半高，由于验槽认真，把直径 $d>1000$mm 的 8 块大孤石全部清除，又把局部标准钎深 $N_{10}<10$ 的软弱土挖除干净，分层压实回填卵石，竣工后使用至今情况良好。

2.7.3　验槽的注意事项

1）验槽前应全部完成合格钎探，提供验槽的定量数据。

2）验槽时间要抓紧，基槽挖好，突击钎探，立即组织验槽。尤其夏季要避免下雨泡槽，冬季要防冰冻，不可拖延时间形成隐患。

3）槽底设计标高若位于地下水位以下较深时，必须做好基槽排水，保证槽底不泡水。如槽底标高在地下水位以下不深时，可先挖至地下水面验槽，验完槽快挖快填，做好垫层与基础。

4）验槽时应验看新鲜土面，清除超挖回填的虚土。冬季冻结的表土似很坚硬，夏季日晒后干土也很坚实，这些都是虚假状态，应用铁铲铲去表层再检验。

5）验槽结果应填写验槽记录，并由参加验槽的各单位负责人签字，作为施工处理的依据，验槽记录存档长期保存。若工程发生事故，验槽记录是分析事故原因的重要线索。

总之，要充分认识到验槽的重要性和面临问题的复杂性，而且时间紧迫，不允许慢慢研究再议，必须当场研究具体措施作出决定。例如上述遇到的钢筋混凝土废化粪池、邻近建筑基础凸入基槽、暖气沟斜贯基槽、军用电缆贯穿基槽、槽底风化岩严重倾向山沟、河流贯穿基槽、局部淤泥杂填土很深、基槽中段软弱两端坚实、基槽中存在古井、坟墓、菜窖、防空洞以及基槽长期积水以及泡软持力层土质等各种各样的问题时，需要及时进行处理，方能保证工程的安全性。

2.8 土方填筑与压实

2.8.1 填筑要求

1. 土料要求

填方土料应符合设计要求，保证填方的强度和稳定性，如设计无特殊要求时，应符合以下规定：

1）碎石类土、砂土和爆破石渣（粒径不大于每层铺土厚的2/3）可用于表层下的填料。

2）含水率符合压实要求的黏性土可作各层填料。

3）淤泥和淤泥质土一般不能用作填料，但在软土地区，经过处理，含水率符合压实要求的，可用于填方中的次要部位。

4）碎块草皮和有机质含量大于5%的土只能用于无压实要求的填方。

5）含有盐分的盐渍土中，仅中、弱两类盐渍土可以使用，但填料中不得含有盐品、盐块或含盐植物的根基。

6）不得使用冻土、膨胀性土作填料。

2. 应分层回填压实

通常方法是用压路机、推土机或羊足辗等机械，在需压实的场地上，按计划与次序往复碾压，分层辅土，分层压实。

2.8.2 填土压实方法

填土压实可采用人工压实，也可采用机械压实，当压实量较大，或工期要求比较紧时，一般采用机械压实。常用的机械压实方法有碾压法、夯实法和振动压实法等。

1. 碾压法

碾压法是利用机械滚轮的压力压实土壤，使之达到所需的密实度，此法多用于大面积填土工程。碾压机械有平碾（压路机）、羊足碾和气胎碾。平碾对砂土、黏性土均可压实；羊足碾需要较大的牵引力，且只宜压实黏性土，因在砂土中使用羊足碾会使土颗粒受到“羊足”较大的单位压力而向四周位移，从而使土的结构遭到破坏；气胎碾在工作时是弹性体，其压力均匀，填土质量较好。此外还可利用运土机械进行碾压，也是较经济合理的压实方案，施工时使运土机械行驶路线能大体均匀地分布在填土面积上，并达到一定重复行驶遍数，使其满足填土压实质量的要求。

平碾压路机是最常用的一种碾压机械，又称光碾压路机，按重量等级分轻型（3～5t）、中型（6～10t）和重型（12～15t）三种；按装置形式的不同又分单轮压路机、双轮压路机及三轮压路机等几种；按作用于土层荷载的不同，分静作用压路和振动压路机两种。平碾压路机具有操作方便、转移灵活、碾压速度较快等优点，但碾轮与土的接触面积

大，单位压力较小，碾压上层密实度大于下层。静作用压路机适用于薄层填土或表面压实、平整场地、修筑堤坝及道路工程；振动平碾适用于填料为爆破石渣、碎石类土、杂填土或粉土的大型填方工程。

碾压机械压实填方时，行驶速度不宜过快；一般平碾控制在 2km/h，羊足碾控制在 3km/h，否则会影响压实效果。

2. 夯实法

夯实法是利用夯锤自由下落的冲击力来夯实土壤，主要用于小面积回填。夯实法分人工夯实和机械夯实两种。夯实机械有夯锤、内燃夯土机和蛙式打夯机，人工夯土用的工具有木夯、石夯等。夯锤是借助起重机悬挂一重锤进行夯土的夯实机械，适用于砂性土、湿陷性黄土、杂填土以及含有石块的填土。

现主要介绍常用的小型打夯机。小型打夯机有冲击式和振动式之分，由于体积小，重量轻，构造简单，机动灵活、实用，操纵、维修方便，夯击能量大，夯实工效较高，在建筑工程上使用很广。但劳动强度较大，常用的有打夯机、电动立夯机等，其技术性能见表 2.1。适用于砂土、粉土和粉质黏土层、基坑（槽）、管沟及各种零星分散、边角部位填方的夯实，以及配合压路机对边线或边角碾压不到之处的夯实。

表 2.1　蛙式打夯机、振动夯实机、内燃打夯机技术性能与规格

项　目	型　号				
	蛙式打夯机 HW-70	蛙式打夯机 HW-201	振动夯实机 HZ2-280	振动夯击机 HZ-400	内燃打夯机 ZH7-120
夯板面积每 cm^2	—	450	2800	2800	550
夯击次数/(次/min)	140～165	140～150	1100～1200	1100～1200	60～70
行走速度/(m/min)	—	8	10～16	10～16	—
夯实起落高度/mm	—	145	300	300	300～500
生产率/(m^3/h)	5～10	12.5	33.6	33.6	18～27
外形尺寸 /mm×mm×mm（长×宽×高）	1180×450×905	1006×500×900	1350×560×700	1205×566×889	434×265×1180
重量/kg	140	125	400	400	120

3. 振动压实法

振动压实法是将振动压实机放在土层表面，借助振动机械使压实机械振动，土颗粒在振动力的作用下发生相对位移而达到紧密状态。这种方法用于振动黏性土效果较好。若使用振动碾进行碾压，可使土受到振动和碾压两种作用，碾压效率高，适用于大面积填方工程。

对密实要求不高的大面积填方，在缺乏碾压机械时，可采用推土机或铲运机结合行驶、推（运）土、平土来压实。对已回填松散的特厚土层，可根据回填厚度和设计对密实度的要求采用重锤夯实或强等机具来夯实。

2.8.3 填土压实要求

1. 密实度要求

填方的压实质量通常以压实系数 λ_c 表示。压实系数为土的控制（实际）干土密度 ρ_d 与最大干土密度 ρ_{dmax} 的比值。最大干土密度 ρ_{dmax} 是在最优含水率状态下，通过标准的击实方法确定的。密实度要求一般根据工程结构性质、使用要求以及土的性质确定，如设计未作规定，可参考表 2.2 数值。

表 2.2 压实填土的质量控制

结构类型	填土部位	压实系数 λ_c	控制含水率/%
砌体承重结构和框架结构	在地基主要受力层范围内	≥0.97	$w_{op}\pm2$
	在地基主要受力层范围以下	≥0.95	
排架结构	在地基主要受力层范围内	≥0.96	$w_{op}\pm2$
	在地基主要受力层范围以下	≥0.94	

注：1）压实系数 λ_c 为压实填土的控制干密度 ρ_d 与最大干密度 ρ_{dmax} 的比值，w_{op} 为最优含水率。

2）地坪垫层以下及基础底面标高以上的压实填土，压实系数不应小于 0.94。

压实填土的最大干密度 ρ_{dmax}（t/m^3）宜采用击实试验确定。当无试验资料时，可按下式计算

$$\rho_{dmax}=\eta\times\frac{\rho_w d_s}{1+0.01w_{op}d_s} \tag{2.10}$$

式中，η——经验系数，对于黏土取 0.95，粉质黏土取 0.96，粉土取 0.97；

ρ_w——水的密度，t/m^3；

d_s——土粒相对密度；

w_{op}——最优含水率以小数计，%，可按当地经验或取 w_p+2（w_p 为土的塑限），或参考相关表格取用。

2. 一般要求

1）填土应尽量采用同类土填筑，并宜控制土的含水率在最优含水率范围内。当采用不同的土填筑时，应按土类有规则地分层铺填，将透水性大的土层置于透水性较小的土层之下，不得混杂使用，边坡不得用透水性较小的土封闭，以利水分排除和基土稳定，并避免在填方内形成水囊和产生滑动现象。

2）填土应从最低处开始，由下向上整个宽度分层铺填碾压或夯实。

3）在地形起伏之处，应做好接槎，修筑 1∶2 阶梯形边坡，每台阶高可取 50cm、宽 100cm。分段填筑时每层接缝处应作成大于 1∶1.5 的斜坡，碾迹重叠 0.5～1.0m，

上下层错缝距离不应小于 1m。接缝部位不得在基础、墙角、柱墩等重要部位。

4）填土应预留一定的下沉高度，以备在行车、堆重或干湿交替等自然因素作用下，土体逐渐沉落密实。预留沉降量根据工程性质、填方高度、填料种类、压实系数和地基情况等因素确定。当土方用机械分层夯实时，其预留下沉高度（以填方高度的百分数计）：对砂土为 1.5%；对粉质黏土为 3%～3.5%。

2.8.4　影响填土压实质量的因素

填土压实的影响因素较多，主要有压实功、土的含水率以及每层铺土厚度。

1. 压实功的影响

填土压实后的密度与压实机械在其上所施加的功有一定的关系。以某土样为例，土的密度与所耗的功的关系如图 2.15 所示。当土的含水率一定，在开始压实时，土的密度急剧增加，待到接近土的最大密度时，压实功虽然增加许多，而土的密度则变化甚小。实际施工中，对于砂土只需碾压或夯击 2～3 遍，对粉土只需 3～4 遍，对粉质黏土或黏土只需 5～6 遍。此外，松土不宜用重型碾压机械直接碾压，否则土层有强烈起伏现象，效率不高。如果先用轻碾压实，再用重碾压实，就会取得较好效果。

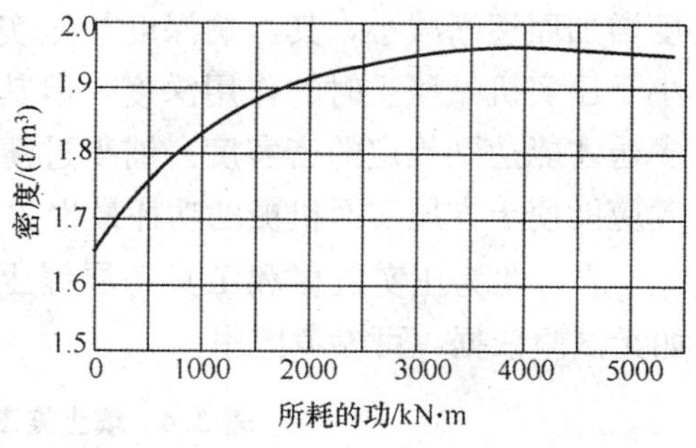

图 2.15　土的密度与所耗的功的关系

2. 含水率的影响

填土土料含水率的大小直接影响到压实质量，在压实前应先试验，以得到符合密实度要求条件下的最优含水率和最少夯实（或碾压）遍数。含水率过小，压实困难；含水率过大，则易成橡皮土。各种土的最优含水率和最大密实度参考数值见表 2.3。黏性土料施工含水率与最优含水率之差可控制在－4%～＋2%范围内（使用振动碾时，可控制在－6%～＋2%范围内）。

表 2.3　土的最优含水率和最大干密度参考

项次	土的种类	变动范围	
		最优含水率（重量比）/%	最大干密度/(t/m³)
1	砂土	8～12	1.80～1.88
2	黏土	19～23	1.58～1.70
3	粉质黏土	12～15	1.85～1.95
4	粉土	16～22	1.61～1.80

注：1）表中土的最大干密度应以现场实际达到的数字为准。

2）一般性的回填，可不作此项测定。

当含水率小时，亦可采取增加压实遍数或使用大功率压实机械等措施。

在气候干燥时，须采取加速挖土、运土、平土和碾压过程，以减少土的水分散失。

当填料为碎石类土（充填物为砂土）时，碾压前应充分洒水湿透，以提高压实效果。

3. 铺土厚度和压实遍数

填土每层铺土厚度和压实遍数视土的性质、设计要求的压实系数和使用的压（夯）实机具性能而定，一般应进行现场压实试验确定。土在压实功的作用下，其应力随深度增加而逐渐减小，其影响深度与压实机械、土的性质和含水率等有关。铺土厚度应小于压实机械压土时的作用深度，但其中还有最优土层厚度问题，铺得过厚，要压很多遍才能达到规定的密实度。铺得过薄，则也要增加机械的总压遍数。最优的铺土厚度应能使土方压实而机械的功耗最少。

表 2.4 为压实机械和工具每层铺土厚度与所需的碾压（夯实）遍数的参考数值，如无试验依据，可参考应用。

表 2.4 填土施工时的分层厚度及压实遍数

压实机具	分层厚度/mm	每层压实遍数
平碾	250～300	6～8
羊足碾	200～350	8～16
蛙式打夯机	200～250	3～4
推土机	200～300	6～8
拖拉机	200～300	8～16
振动压实机	250～350	3～4
柴油打夯机	200～250	3～4
人工打夯	不大于 200	3～4

注：人工打夯时，土块粒径不应大于 50mm。

习　题

1. 基坑开挖应遵循（　　）的原则。

A. “开槽支撑、先撑后挖、分层开挖、严禁超挖”

B. “开槽支撑、先挖后撑、分层开挖、严禁超挖”

C. “开槽支撑、先撑后挖、分层开挖、严禁少挖”

D. “开槽支撑、先挖后撑、分层开挖、严禁少挖”

2. 土方施工中计算运输工具数量需要使用哪个可松性系数？

A. 最初可松性系数　　　　B. 最终可松性系数

C. A+B　　D. 都不需要

3. 下列情况中，计算土的体积用最终可松性系数的是（　　）。

A. 计算挖出土的运输车辆　　B. 计算回填土的土方量

C. 计算挖土工程量　　D. 计算挖土机械工作数量

4. 下列何种推土机作业方式不能提高推土机工作效率？（　　）

A. 上坡推土法　　B. 下坡推土法

C. 槽形推土法和并列推土法　　D. 分批集中，一次推送法

5. 在较硬的土质中，用推土机进行挖、运作业，较适宜的施工方法是（　　）。

A. 下坡推土法　　B. 并列推土法

C. 分批集中，一次推送法　　D. 沟槽推土法

6. 场地平整土方量计算中，常将场地进行方格网划分。一般网格边长采用（　　）。

A. 1～2m　　B. 10～20m　　C. 30～40m　　D. 100～200m

7. 平整场地的表面坡度应符合设计要求，如设计无要求时，坡度不应小于（　　）。

A. 2%　　B. 5%　　C. 2‰　　D. 5‰

8. 基槽（坑）开挖时土方堆置地点，离槽（坑）边一般应在（　　）以外，堆置高度不宜超过 1.5m 以免影响土方开挖或塌方。

A. 1.0m　　B. 1.5m　　C. 2.0m　　D. 2.5m

9. 某室内填土工程，填土料有黏性土和砂卵石两种，填土时应（　　）。

A. 先分层填筑砂卵石，后填筑黏性土

B. 先填筑黏性土，后填筑砂卵石

C. 两种土料混合回填

D. 可不分先后顺序回填

10. 影响土压实的主要因素是（　　）。

A. 压实功　　B. 土的含水量

C. 每层铺土厚度　　D. 以上三者

11. 对填土压实质量无影响的因素是（　　）。

A. 压实功　　B. 土的含水量

C. 土的可松性　　D. 每层铺土厚度

12. 多用于场地清理和平整、开挖深度 1.5m 以内的基坑的土方机械为（　　）。

A. 铲运机　　B. 推土机

C. 正铲挖土机　　D. 反铲挖土机

13. 在土方工程中，对于大面积场地平整、开挖大型基坑、填筑堤坝和路基等，宜首先选择的机械为（　　）。

A. 挖土机　　B. 推土机　　C. 铲运机　　D. 选用 A 和 B

14. 能综合完成全部土方施工工序（挖土、运土、卸土和平土），并常用于大面积场地平整的土方施工机械是（　　）。

A. 铲运机　　B. 推土机

C. 正铲挖土机　　D. 反铲挖土机

15. 正铲挖土机适用于挖掘（　　）的土壤。

A. 停机面以上　　B. 停机面以下

C. 都可以　　D. 都不行

16. 反铲挖土特点是（　　）。

A. 前进向上，强制切土　　B. 前进向上，自重切土

C. 后退向下，强制切土　　D. 直上直下，自重切土

17. 抓铲挖土特点是（　　）。

A. 前进向上，强制切土　　B. 前进向上，自重切土

C. 后退向下，强制切土　　D. 直上直下，自重切土

18. 地下连续墙挖土方工程，深度 12m，采用坑上挖土方，应使用的挖土机械是（　　）。

A. 正铲挖土机　　B. 反铲挖土机

C. 抓铲挖土机　　D. 拉铲挖土机

19. 在填土压实施工中，适用于大面积非黏性土回填压实的方法是（　　）。

A. 振动压实法　　B. 内燃夯实法

C. 羊足碾碾压法　　D. 蛙式打夯机夯实法

20. 对于渗透系数小（$<10^{-6}$cm/s）的黏性土，宜采用下列哪种井点降水？（　　）

A. 管井井点　　B. 深井井点　　C. 轻型井点　　D. 电渗井点

第3章

基坑工程施工

随着经济的发展，城市化步伐的加快，为满足日益增长的市民出行、轨道交通换乘、商业、停车等功能的需要，在用地愈发紧张的密集城市中心，结合城市建设和改造，开发大型地下空间已成为一种必然，诸如高层建筑多层地下室、地下铁道及地下车站、地下道路、地下停车库、地下街道、地下商场、地下变电站、地下仓库、地下民防工事以及多种地下民用和工业设施等。地下空间开发规模越来越大，如上海市地下空间开发面积达10万～30万m^2的地下综合项目近年来多达几十个，基坑开挖面积一般可达2万～6万m^2，如上海仲盛广场基坑开挖面积为5万m^2；天津市117大厦基坑面积为9.6万m^2；上海虹桥综合交通枢纽工程开挖面积达35万m^2等。基坑的深度也越来越深，如苏州东方之门最大挖深22m；天津津塔挖深23.5m；上海世博500kV地下变电站挖深34m；上海地铁四号线董家渡修复基坑则深达41m。这些深大基坑通常都位于密集城市中心，常常紧邻建筑物、交通干道、地铁隧道及各种地下管线等，施工场地紧张、施工条件复杂、工期紧迫。所有这些导致基坑工程的设计和施工的难度越来越大，重大恶性基坑事故不断发生，工程建设的安全生产形势越来越严峻。

3.1 概 述

3.1.1 基坑工程的作用

基坑工程的最基本作用是为了给地下工程的顺利施工创造条件。

从地表面开挖基坑的最简单办法是放坡大开挖，既经济又方便，在空旷地区应优先采用。但经常由于场地的局限性，在基坑平面以外没有足够的空间安全放坡，人们不得不采用附加结构体系的开挖支护系统，以保证施工的顺利进行，这就形成了基坑工程中的大开挖和支护系统两大工艺体系，前者为土力学中一个经典课题，后者是20世纪50年代以来各国岩土工程师和土力学家们面临的一个重要基础工程课题。

大多数基坑工程是由地面向下开挖的一个地下空间。基坑四周一般为垂直或有一定坡度的挡土结构，挡土结构一般是在坑底下有一定插入深度的桩、板、墙结构，常用材料为混凝土、钢筋混凝土及钢材等，可以是钢板桩、柱列式灌注桩、水泥土搅拌桩、地下连续墙等。根据基坑深度的不同，板墙可以是悬臂的，但更多的是单撑和多撑式（单锚式或多锚式）结构，支撑的目的是为挡土结构提供支承点，以控制墙体的变形和内力，从而达到经济合理的工程要求。支撑的类型可以是基坑内部受压体系或基坑外部受拉体系，前者为直撑或斜撑组合的受压杆件体系，也有些做成在中间留出较大空间的周边桁架式体系，后者为锚固端在基坑周围地层中的受拉锚杆体系，可提供适于地下结构施工的大空间。

高层、超高层建筑物和城市地下空间的开发利用与发展促进了基坑工程的设计和施工的进步。基坑在早期一直是作为一种地下工程施工措施而存在的，它是施工单位为了便于地下工程敞开开挖施工而采用的临时性的施工措施，正如要浇捣钢筋混凝土构件必须要立模板一样。但随着基坑的开挖越来越深，面积越来越大，基坑围护结构的设计和施工越来越复杂，所需要的理论和技术越来越高，远远超越了作为施工辅助措施的范畴，施工单位没有足够的技术力量来解决复杂的基坑稳定、变形和环境保护问题，研究和设计单位的介入解决了基坑工程的计算理论和设计问题，由此逐步形成了一门独立的学科分支，即基坑工程学。

为了给地下工程的敞开开挖创造条件，基坑围护结构体系必须满足如下几个方面的要求：

1）适度的施工空间　围护结构能起到挡土的作用，为地下工程的施工提供足够的作业场地。

2）干燥的施工空间　采取降水、排水、隔水等各种措施，保证地下工程施工的作业面在地下水位面以上，方便地下工程的施工作业。当然，也有少量的基坑工程为了基坑稳定的需要，土方开挖采用水下开挖，通过水下浇注混凝土底板封底，然后排水，创造干燥的工程作业条件。

3）安全的施工空间　在地下工程施工期间，应确保基坑本体的安全和周边环境的安全。基坑工程为地下工程的施工提供作业场地的特点，决定了基坑支护结构的临时性，地下工程施工结束就意味着支护结构的使命结束。为了节省费用，人们尝试将基坑支护结构的部分或者全部作为主体结构的一部分，将围护结构做成地下室的外墙的一部分或全部，采用分离式、重合式、复合式等多种方式与地下室外墙结合在一起或独立作为地下室的外墙。支护结构作为主体结构的一部分或全部，就改变了围护结构的临时性的特点，必须满足主体结构作为永久性结构的要求，要按永久性结构的要求处理，在强度、变形、防渗、耐久性等方面的要求均要提高。

3.1.2　基坑工程的特点

基坑工程具有如下特点。

1. 安全储备小，风险大

一般情况下，基坑工程作为临时性措施，基坑围护体系在设计计算时有些荷载（如地震荷载）不加考虑。相对于永久性结构而言，基坑工程在强度、变形、防渗、耐久性等方面的要求较低一些，安全储备要求可小一些，加上建设方对基坑工程认识上的偏差，为降低工程费用，对设计提出一些不合理的要求，实际的安全储备可能会更小一些。因此，基坑工程具有较大的风险性，必须要有合理的应对措施。

2. 制约因素多

基坑工程与自然条件的关系密切，设计施工中必须全面考虑气象、工程地质及水

文地质条件及其在施工中的变化，充分了解工程所处的工程地质及水文地质、周围环境与基坑开挖的关系及相互影响。基坑工程作为一种岩土工程，受到工程地质和水文地质条件的影响很大，区域性强。我国幅员辽阔，地质条件变化很大，有软土、砂性土、砾石土、黄土、膨胀土、红土、风化土、岩石等，不同地层中的基坑工程所采用的支护结构体系差异很大，即使是在同一个城市，不同的区域也有差异，因此，支护结构体系的设计、基坑的施工均要根据具体的地质条件因地制宜，不同地区的经验可以参考借鉴，但不可照搬照抄。

另外，基坑工程支护结构体系除受地质条件制约以外，还受到相邻的建筑物、地下构筑物和地下管线等的影响。周边环境的容许变形量、重要性等也会成为基坑工程设计和施工的制约因素，甚至成为基坑工程成败的关键。因此，基坑工程的设计和施工应根据基本的原理和规律灵活应用，不能简单引用。基坑支护开挖所提供的空间是为主体结构的地下室施工所用，因此任何基坑设计，在满足基坑安全及周围环境保护的前提下，要合理地满足施工的易操作性和工期要求。

3. 计算理论不完善

基坑工程作为地下工程，所处的地质条件复杂，影响因素众多，人们对岩土的力学性质了解还不深入，很多设计计算理论，如岩土压力、岩土的本构关系等，还不完善，还是一门发展中的学科。

作用在基坑围护结构上的土压力不仅与位移的大小、方向有关，还与时间有关。目前，土压力理论还很不完善，实际设计计算中往往采用经验取值，或者按照朗肯土压力理论或库仑土压力理论计算，然后再根据经验进行修正。在考虑地下水对土压力的影响时，是采用水土压力合算还是分算更符合实际情况，在学术界和工程界认识还不一致，各地制定的技术规程或规范中的规定不尽相同。至于时间对土压力的影响，要考虑土体的蠕变性，这在实际应用中还较少顾及。

实践发现，基坑工程具有明显的时空效应，基坑的深度和平面形状对基坑围护体系的稳定性和变形有较大的影响，土体所具有的流变性对作用于围护结构上的土压力、土坡的稳定性和围护结构变形等有很大的影响。这种规律尽管已被初步地认识和利用，形成了一种新的设计和施工方法，但离完善还有较大的差距。

岩土的本构模型目前已多得数以百计，但真正能获得实际应用的模型寥寥无几，即使是获得了实际应用，与实际情况也还是有较大的差距。

基坑工程的设计计算理论的不完善，直接导致了工程中的许多不确定性，因此要和监测、监控相配合，更要有相应的应急措施。

4. 对综合性知识、经验要求高

基坑工程的设计和施工不仅需要岩土工程方面的知识，也需要结构工程方面的知识。同时，基坑工程中设计和施工是密不可分的，设计计算的工况必须和施工实际的工况一致才能确保设计的可靠性。所以设计人员必须了解施工，施工人员也必须了解设计。设计计算理论的不完善和施工中的不确定因素会增加基坑工程失效的风险，所以，需要设计施工人员具有丰富的现场实践经验。

从事基坑工程的设计施工人员需要具备及综合运用以下各方面知识。

（1）岩土工程知识和经验

按工程需要提出勘察任务，并能对地质勘探报告提供的描述和各类参数进行研究、分析以合理选用参数进行支护结构的土压力计算，对基坑开挖带来的环境影响进行较为准确的预估，以及对地质条件变化带来的问题做出正确的判断和处理。

（2）建筑结构和力学知识

能够了解主体结构的设计要求，掌握其与基坑围护结构的相互关系，处理好临时性围护结构与永久性主体结构的相互关系以及围护结构和支撑作永久性结构的技术问题。熟练应用钢筋混凝土结构和钢结构的设计理论和方法，设计各类支撑/锚杆体系。

（3）施工经验

熟悉各种地基加固、防水、降水等特种工艺的施工方法、施工流程及相关设备的选择，能够对各种支护方案进行质量、工期、造价的对比。

（4）工程所在地的施工条件和经验

根据各地区地质、环境、施工条件的特点因地制宜选择合理的设计施工方案，在支护结构设计计算时，要充分吸取当地施工技术以及工程成功和失败的经验教训。

5. 考虑环境效应

基坑开挖必将引起基坑周围地下水位的变化和应力场的改变，导致周围地基中土体的变形，对邻近基坑的建筑物、地下构筑物和地下管线等产生影响，影响严重的将危及相邻建（构）筑物、地下构筑物和地下管线的安全和正常使用，必须引起足够的重视。

另外，基坑工程施工产生的噪声、粉尘、废弃的泥浆、渣土等会对周围环境产生影响，大量的土方运输也会对交通产生影响，因此，必须考虑基坑工程的环境效应。

3.1.3 施工的基本技术要求

1. 环境保护

基坑开挖卸载带来地层的沉降和水平位移会给周围建筑物、构筑物、道路、管线及地下设施带来影响。因此，在基坑围护结构、支撑及开挖施工设计时，必须对周围环境进行周密调查，采取措施将基坑施工对周围环境的影响限制在允许范围内。

2. 风险管理

在地下结构施工的过程中，均存在着各种风险，必须在施工前进行风险界定、风险识别、风险分析、风险评价，对各种等级的风险分别采取风险消除、风险降低、风险转移和风险自留的处置方式解决。在施工中进行动态风险评估、动态跟踪、动态处理。

3. 安全控制

在施工过程中，可以采用安全监控手段、安全管理体系、应急处置措施来确保基坑工程的安全，为地下结构的施工创造一个安全的施工环境，减少工程事故。

4. 工期保证

采用合理的施工组织设计，提高施工效率，协调与主体结构的施工关系，满足主体结构施工工期要求。

5. 信息化施工

施工中充分利用信息化手段，建立信息化施工管理体系，通过对现场施工监测数据的实时分析和预测，动态调整设计和施工工艺。同时，对工程安全状态实时评估，及时采取预防措施，确保基坑工程安全。

3.1.4　基坑工程施工

基坑工程根据其施工、开挖方法可分为无支护放坡开挖与有支护开挖两种方法。

1. 无支护基坑施工

无支护放坡开挖是在施工场地处于空旷环境、周边无需要保护的建（构）筑物和地下管线条件下的一种普遍常用的基坑开挖方法，一般包括以下内容：降水工程、土方开挖、地基加固及土坡护面。在无支护放坡开挖施工中需重点关注边坡稳定和变形。

（1）边坡稳定

边坡的稳定与边坡的坡度、坡高以及水有密切的关系。坡度由计算决定，但要注意临时性边坡和永久性边坡的差异，临时性边坡所用的计算参数需采用岩土的长期强度，因而同等条件下，临时性边坡的坡度要缓一些；比较高的边坡，一般需采用台阶放坡，中间可以设置一个或多个较宽的台阶提高边坡的稳定性，在一定的坡度比条件下要注意台阶的均匀性，特别是接近坡顶不能出现较陡的台阶，以免出现局部失稳引发整体失稳。地下水的处理至关重要，一般需要采用各种降水措施降低坡体内的地下水位、减少渗流力，提高坡体的稳定性；根据需要，降低基坑底部承压水层的承压水的压力，防止出现管涌、流砂、底板失稳等破坏情况；地表水的处理也很重要，采用截水沟、边坡护面等方法，防止地表水、雨水等进入坡体；根据计算，必要时可采用各种地基加固方法提高边坡的稳定性。

（2）边坡变形

在施工过程中要关注边坡的变形问题，一方面是解决环境保护的问题，放坡开挖时边坡的变形一般比较大；另一方面是通过变形发展规律，观察、预测边坡稳定性。可以在边坡上设置变形监测点，通过对监测数据的分析来预测变形对周边环境的影响和边坡的稳定性。

2. 有支护基坑施工

有支护的基坑工程一般包括以下内容：围护结构、支撑/锚杆体系、土方开挖、降水工程、地基加固、监测、环境保护及安全风险管理。

有支护基坑施工较为复杂，关注点也比较多，如：围护结构的质量，降水的方式和效果，地基加固、超挖、超载、时空效应规律的利用，支撑/锚杆、围檩、垫层、监测、环境保护、安全风险管理等。

围护结构质量所出现的主要问题是施工缺陷所产生的渗漏问题，在高地下水位地区，渗漏可能造成周边的环境影响或破坏，尤其在富含水的砂质地层中，渗漏所产生的流砂可能会导致灾害性的环境破坏和基坑的失稳。合理的降水方案可造就良好的施工环境、解决水对基坑安全的不利影响，但要注意降水引发沉降的副作用；合理的地基加固可有效地控制基坑的稳定和变形，但须在加固费用和加固效果上取得平衡。基坑施工中超挖、超载导致的基坑失稳的事故非常多，必须重点关注；充分利用时空效应规律可以比较经济地解决基坑施工变形控制的难题；对支撑/锚杆和围檩施工中常见问题的关注可有效地减少基坑事故；施工中尽可能利用垫层的临时支撑作用可有效地降低基坑在最危险工况条件下的失效风险。施工监测在基坑施工中的重要性不言而喻，但如何有效地保证监测数据的准确性和及时性，如何对监测数据进行充分科学地分析，对指导基坑工程的施工至关重要。基坑施工中的环境保护和安全风险管理也是需要重点关注的环节。

3.1.5 环境保护

城市基坑工程通常处于建筑物、重要地下构筑物和生命线工程的密集地区，为了保护这些已建建筑物和构筑物的正常使用和安全运营，需要严格控制基坑工程施工产生的位移，使位移传递距离在周边环境安全或正常使用的范围之内，变形控制和环境保护往往成为基坑工程成败的关键，变形在控制设计限值方面往往起着主导作用。现在基坑工程的设计已逐步从强度控制设计向变形控制设计过渡，当然，还有很多困难有待解决。

基坑工程的变形和对环境的影响主要由围护结构的刚度、支撑或锚杆的刚度及基坑内土体的刚度等决定。为了满足变形要求，可以增加支护结构的刚度，如增加围护结构和支撑/锚杆的尺寸、改变材质、加密支撑/锚杆等，但有时更经济有效的办法是在基坑底部进行地基处理，用搅拌桩、旋喷桩、注浆等地基加固措施改善土体刚度和强度等性质。在上海淤泥质黏土夹薄层粉砂或黏性土与砂性土互层中，降水措施也是一种经济合理的地基加固方法，当然也是一种有效的控制变形方法。

近年来大量的基坑工程施工实践发现，采用合理的施工组织设计，控制基坑内土体开挖的空间位置、开挖次序、开挖土体的分块大小以及控制支撑或锚杆安装的时间可以有效地控制基坑变形的大小，刘建航、刘国彬等人提出了时空效应的概念，考虑土体流变和结构安装时间因素和土体开挖工序的地层空间因素的耦合作用，研究了其机理，并且采用理论导向、量测定量、经验判断，精心施工的原则，总结出了一套考

虑时空效应的设计和施工方法，得到一系列施工参数，用以指导现场施工，取得了较好的控制变形的效果。

基坑周围的环境保护可以从位移源头控制、位移的传递途径和保护对象三方面着手。位移源头的控制包括：支护结构刚度加强、优化支撑位置、基坑内加固、时空效应法、被动区压力控制注浆、信息化施工控制等方法；位移的传递途径的控制包括：隔断桩（墙）、循踪补偿注浆、主动区压力控制注浆等方法；保护对象的控制包括：地下管线的跟踪注浆、建筑物纠偏、建筑物地基加固、结构补强、基础托换、水平注浆等方法。

3.1.6　安全风险管理

在工程建设中所发生的重大事故，以地下工程居多，地下工程事故中又主要是与基坑工程相关的事故。基坑工程由于其固有的特性加上人们认识上存在的偏差，使得其事故发生率居高不下。

从技术的角度来看，一个基坑工程事故的诱发因素有很多，如工程地质勘察有误或失真、设计失误或漏项、执行的规范或设计存在问题、工程施工方案有误、施工设备故障、人员决策或操作失误、施工质量不能满足标准要求、施工工期延误、认识水平或科技水平不足、自然灾害等。可以分为施工前留下的隐患和施工中产生的隐患，也可以称为施工前和施工中的风险。

从工程事故统计的角度来看，经过深入地研究和探索，并受到航空领域的事故研究成果的启发，发现基坑工程领域的事故也具有和航空领域事故同样的规律，即符合海恩法则。按照国际航空领域事故遵循的“海恩法则”，即一起重大的飞行安全事故背后至少有 29 起事故征兆、300 起事故苗头和 3000 起事故隐患等。在这一点上，事故有了一个共同的特点，一个事故可能是众多事故隐患中一个或多个事故隐患发展起来的，绝大多数事故都是由小小的安全隐患引发的。任何一个微小的漏洞或者安全隐患都有可能引发严重的事故。

我国专家据对基坑工程安全风险特性的深入研究，逐步形成如下安全风险管理思路：对施工前各个阶段进行详细的风险评估，对评估出的风险进行处置（消除、降低、转移、自留），规避施工前各个阶段产生的风险；在施工中，对施工前自留的风险和施工中新产生的风险进行动态风险评估和跟踪，采用一系列的安全管理措施，将事故隐患消灭在萌芽状态，将事故发生的概率降到最低。

根据基坑工程安全风险管理思路，建立起主动控制和被动控制相结合的环环相扣的多重防御体系。将施工前的风险管理和施工中的动态风险评估和安全管控结合起来，形成一整套基坑工程安全管理体系，在这个系统中，环环相扣，互相依存，缺一不可，缺一个环节，增一份风险。

长期的工程实践证明，绝大多数事故都是由小小的安全隐患引发的。任何一个微小的漏洞或者安全隐患都有可能引发严重的事故。需要多管齐下，不留短板。

3.1.7　信息化施工

在施工过程中加强对监测数据与各种工程现象及施工工况的关联分析，充分利用现有的分析理论和计算工具，分析和预测各种规律和发展趋势，优化施工工艺，降低工程费用，减少对周围环境的影响，确保工程安全。

3.1.8 支护结构的破坏类型

支护结构体系在水土压力和周围环境的作用下，可能发生破坏。由于桩墙和支撑或拉锚类型不同，所发生的破坏类型也不同。支护结构体系破坏形式很多，破坏原因往往是由多方面综合因素造成的，如图 3.1 所示。归纳起来，基坑失稳可分为两种主要的类型：

1）因基坑土体的强度不足、地下水的渗流作用而造成基坑失稳。包括基坑侧壁土体整体滑动失稳；基底隆起；地层因承压水作用引起的管涌、渗漏等。

2）因支护结构（包括桩、墙、支撑系统等）的强度、刚度或稳定性不足，引起支护结构系统破坏，造成基坑倒塌。

常见的破坏形式有以下几种（图 3.1）：

1）拉锚系统破坏。

2）管涌、隆起等破坏。

3）板柱弯曲破坏。

4）整体滑动破坏。

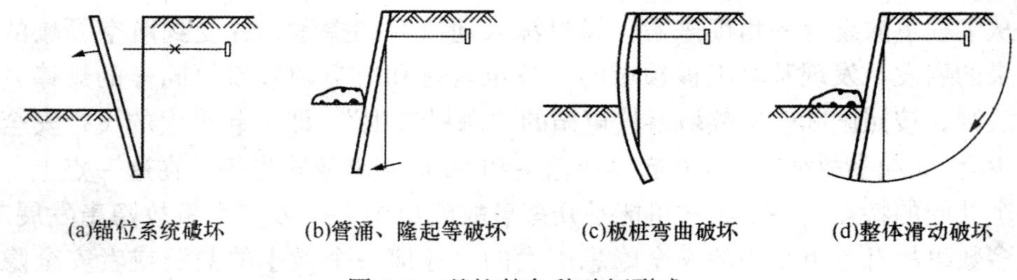
(a)锚位系统破坏　(b)管涌、隆起等破坏　(c)板桩弯曲破坏　(d)整体滑动破坏

图 3.1　基坑的各种破坏形式

3.1.9 基坑的安全等级

我国《建筑基坑支护技术规程》（JGJ 120—1999）对基坑工程支护侧壁安全等级及重要性系数作出原则性规定，见表 3.1。

表 3.1　基坑侧壁安全系数 γ_0

安全等级	破坏后果	安全系数 γ_0
一级	支护结构破坏、土体失稳或过大变形对基坑周边环境及地下结构施工影响很严重	1.10
二级	支护结构破坏、土体失稳或过大变形对基坑周边环境及地下结构施工影响一般	1.00
三级	支护结构破坏、土体失稳或过大变形对基坑周边环境及地下结构施工影响不大	0.90

根据我国《建筑地基基础工程施工质量验收规范》（GB 50202—2002），验收基坑工程时，将基坑工程分为三级。

符合下列情况之一的，属于一级基坑工程。

1）支护结构作为主体结构的一部分的。

2）基坑开挖深度大于、等于 10m 的。

3）基坑边开挖深度范围内有历史文物，附近有近代优秀建筑、重要管线等需要严加保护的。

开挖深度小于 7m，且周围环境无特别要求的，属三级基坑工程。

除一级和三级以外的基坑工程均属于二级基坑工程。

3.2 土钉墙支护技术

3.2.1 土钉墙的概念

土钉墙是近 30 多年发展起来的用于土体开挖时保持基坑侧壁或边坡稳定的一种挡土结构，主要由密布于原位土体中的细长杆件——土钉、黏附于土体表面的钢筋混凝土面层及土钉之间的被加固土体组成，是具有自稳能力的原位挡土墙，可抵抗水土压力及地面附加荷载等作用力，从而保持开挖面稳定。这是土钉墙的基本形式。

复合土钉墙是近 10 多年来在上钉墙基础上发展起来的新型支护结构，由土钉墙与各种隔水帷幕、微型桩及预应力锚杆等构件结合构成，根据工程具体条件选择与其中一种或多种组合，形成了复合土钉墙。本书中“土钉墙”一词一般指基本型，在不会产生歧义的情况下有时也泛指复合型。

3.2.2 土钉墙的基本结构

除了被加固的原位土体外，土钉墙由土钉、面层及必要的防排水系统组成，其结构参数与土体特性、地下水状况、支护面角度、周边环境（周边建筑物、市政管线等）、使用年限、使用要求等因素相关。

1. 土钉类型

土钉即置放于原位土体中的细长杆件，是土钉墙支护结构中的主要受力构件。常用的土钉有以下几种类型。

（1）钻孔注浆型

先用钻机等机械设备在土体中钻孔，成孔后置入杆体（一般采用 HRB335 带肋钢筋制作），然后沿全长注水泥浆。钻孔注浆钉几乎适用于各种土层，抗拔力较高，质量较可靠，造价较低，是最常用的土钉类型。

（2）直接打入型

在土体中直接打入钢管、角钢等型钢、钢筋、毛竹、圆木等，不再注浆。由于打入式土钉直径小，与土体间的黏结摩阻强度低，承载力低，钉长又受限制，所以布置较密，可用人力或振动冲击钻、液压锤等机具打入。直接打入土钉的优点是不需预先钻孔，对原位土的扰动较小，施工速度快，但在坚硬黏性土中很难打入，不适用于服务年限大于 2 年的永久支护工程，杆体采用金属材料时造价稍高，国内应用很少。

(3) 打入注浆型

在钢管中部及尾部设置注浆孔成为钢花管，直接打入土中后压灌水泥浆形成土钉。钢花管注浆土钉具有能够直接打入钉的优点且抗拔力较高，特别适合于成孔困难的淤泥、淤泥质土等软弱土层、各种填土及砂土，应用较为广泛，缺点是造价比钻孔注浆土钉略高，防腐性能较差，不适用于永久性工程。

2. 面层及连接件

(1) 面层

土钉墙的面层不是主要受力构件。面层通常采用钢筋混凝土结构，混凝土一般采用喷射工艺而成，也采用现浇，或用水泥砂浆代替混凝土。

(2) 连接件

连接件是面层的一部分，不仅要把面层与土钉可靠地连接在一起，也要使土钉之间相互连接。面层与土钉的连接方式大体有钉头筋连接及垫板连接两类，土钉之间的连接一般采用加强筋。

3. 防排水系统

地下水对土钉墙的施工及长期工作性能有着重要影响，土钉墙要设置防排水系统。

3.2.3 土钉墙的特点

与其他支护类型相比，土钉墙具有以下一些特点或优点：

1) 能合理利用土体的自稳能力，将土体作为支护结构不可分割的部分，结构合理。

2) 结构轻型，柔性大，有良好的抗震性和延性，破坏前有变形发展过程。1989 年美国加州 7.1 级地震中，震区内有 8 个土钉墙结构估计遭到约 0.4g 水平地震加速度作用，其中 3 个位于震中 33km 范围内，均未出现任何损害迹象。2008 年 5 月 12 日四川汶川 8.0 级大地震中，据目前调查发现，路堑或路堤采用土钉或锚杆结构支护的道路尚保持通车能力，土钉或锚杆支护结构基本没有破坏或有轻微破坏，其抗震性能远远高于其他支护结构。

3) 密封性好，完全将土坡表面覆盖，没有裸露土方，阻止或限制了地下水从边坡表面渗出，防止了水土流失及雨水、地下水对边坡的冲刷侵蚀。

4) 土钉数量众多，靠群体作用，即便个别土钉有质量问题或失效对整体影响不大。有研究表明：当某条土钉失效时，其周边土钉中，上排及同排的土钉分担了较大的荷载。

5) 施工所需场地小，设备移动灵活，支护结构基本不单独占用空间，能贴近已有建筑物开挖，这是桩、墙等支护形式难以做到的，故在施工场地狭小、建筑距离近、大型护坡施工设备没有足够工作面等情况下，显示出独特的优越性。

6) 施工速度快。土钉墙随土方开挖施工，分层分段进行，与土方开挖基本能同步，不需养护或单独占用施工工期，故多数情况下施工速度较其他支护结构快。

7) 施工设备及工艺简单，不需要复杂的技术和大型机具，施工对周围环境干

扰小。

8）由于孔径小，与桩等施工方法相比，穿透卵石、漂石及填石层的能力更强一些；且施工方便灵活，开挖面形状不规则、坡面倾斜等情况下施工不受影响。

9）边开挖边支护便于信息化施工，能够根据现场监测数据及开挖暴露的地质条件及时调整土钉参数，一旦发现异常或实际地质条件与原勘察报告不符时能及时相应调整设计参数，避免出现大的事故，从而提高了工程的安全可靠性。

10）材料用量及工程量较少，工程造价较低。据国内外资料分析，土钉墙工程造价比其他类型支挡结构一般低 1/3～1/5。

3.2.4　土钉墙适用条件

土钉墙适用于地下水位以上或经人工降水后的人工填土、黏性土和弱胶结砂土的基坑支护边坡加固。不适合以下土层：

1）含水丰富的粉细砂、中细砂及含水丰富且较为松散的中粗砂、砾砂及卵石层等

2）丰富的地下水易造成开挖面不稳定且与喷射混凝土面层黏结不牢固的砂层；缺少黏聚力的、过于干燥的砂层及相对密度较小颗粒较为均匀的砂层　通常没有足够的自稳时间，易于流鼓破坏。

3）膨胀土　水分渗入后会造成土钉的荷载加大，易产生超载破坏。

4）强度过低的土，如新近填土等　新近填土往往无法为土钉提供足够的锚固力，且自重固结等原因增加了土钉的荷载，易使土钉墙结构产生破坏。

除了地质条件外，土钉墙不适于以下条件：

1）对变形要求较为严格的基坑　土钉墙属于轻型支护结构，土钉、面层的刚度较小，支护体系变形较大。土钉墙不适合用于一级基坑支护。

2）较深的基坑　通常认为，土钉墙不适用于深度不大于 12m 的基坑支护。

3）建筑物地基为灵敏度较高的土层　土钉易引起水土流失，在施工过程中对土层有扰动，易引起地基沉降。

4）对用地红线有严格要求的场地　土钉沿基坑四周几乎近水平布设，需占用基坑外的地下空间，一般都会超出红线。如果不允许超红线使用或红线外有地下室等结构物，则土钉无法施工或长度太短很难满足安全要求。随着《中华人民共和国物权法》的实施，人们对地下空间的维权意识越来越强，这将影响土钉墙的使用。

3.2.5　土钉墙施工质量控制及检测要点

1. 土钉墙施工流程

土钉墙的施工流程一般为：

开挖工作面→修整坡面→喷射第一层混凝土→土钉定位→钻孔→清孔→
制作、安装土钉→浆液制备、注浆→加工钢筋、绑扎钢筋网→安装泄水管→
喷射第二层混凝土→养护→开挖下一层工作面，重复以上工作直到完成

打入钢管注浆型土钉没有钻孔清孔过程，直接用机械或人工打入。

2. 土钉成孔

应根据地质条件、周边环境、设计参数、工期要求、工程造价等综合选用适合的成孔机械设备及方法。

钻孔注浆土钉成孔方式可分为人工洛阳铲掏孔及机械成孔。机械成孔有回转钻进、螺旋钻进、冲击钻进等方式。

打入式土钉可分为人工打入及机械打入。洛阳铲及滑锤为土钉施工专用工具，锚杆钻机及潜孔锤等多用于锚杆成孔，地质钻机及多功能钻探机等除用于锚杆成孔外，更多用于地质勘察。

洛阳铲是一种传统的造孔工具。因工具及工艺简单、工程成本低、环保，迅速风行全国。一般 2 人操作，有时 3 人，成孔最深可达 15m，成孔直径一般 50～80mm。成孔时人工用力将铲击入孔洞中，使土挤入铲头内，反复几次将土装满，然后旋转一定角度将铲内土与原状土分开，再把铲拉出洞外倒土。铲把一般采用镀锌铁管套丝后螺纹接长。因人工作业，一般适用于素填土、冲洪积黏性土及砂性土，一支洛阳铲每天（8h）可掏孔 30～50m，在风化岩、砂土、软土及杂填土中成孔困难。由于国内人工费不断上涨、劳动力日益短缺，洛阳铲使用率逐渐减少，尤其是 2007 年下半年后，已较少采用。

打入式钢管土钉最早靠人工用大锤打入，效率低、进尺短，后改进为简易滑锤，效率提高很多，一台滑锤每台班可施打钢管土钉 100～150m。滑锤制作简单：将两条轨道固定在支腿高度可调节的支架上，带有限位装置的铁块可以在两条轨道之间滑动，人工将铁块拉向支架尾端，再用力向前快速推进撞击钢管，将之打入土中。待打入钢管通过对中架限位及定位，击入至接近设计长度时，由于对中架阻碍，铁块不能直接击到钢管，中间要加入工具管。滑锤一般 4～6 人操作。目前最常用的打入机具为气动潜孔锤，施工速度快。一台潜孔钻每台班可冲孔或施打钢管土钉 150～250m，机具轻小，人工搬运方便。边坡土钉墙施工时有时采用某类带气动冲击功能的钻探机，如果空压机功率足够大，成孔速度非常快。

成孔方式分干法及湿法两类。需靠水力成孔或泥浆护壁的成孔方式为湿法，不需要时则为干法，孔壁“抹光”会降低浆土的黏结作用，经验表明，泥浆护壁土钉达到一定长度后，在各种土层中能提供的抗拔承载力最大约为 200kN，故湿法成孔或地下水丰富采用回转或冲击回转方式成孔时，不宜采用膨润土或其他悬浮泥浆做钻进护壁，宜采用套管跟进方式成孔。成孔时应做好成孔记录，当根据孔内出土性状判断土质与原勘察报告不符合时，应及时通知相关单位处理。因遇障碍物需调整孔位时，宜将废孔注浆处理。

湿法成孔或干法在水下成孔后孔壁上会附有泥浆、泥渣等，干法成孔后孔内会残留碎屑土渣等，这些残留物会降低土钉的抗拔力。需分别采用水洗及气洗方式清除。水洗时仍需使用原成孔机械冲清水洗孔，但清水洗孔不能将孔壁泥皮洗净，如果洗孔时间长容易塌孔，且水洗会降低土层的力学性能及与土钉的黏结强度，应尽量少用；气洗孔也称扫孔，使用压缩空气，压力一般 0.2～0.6MPa，压力不宜太大以防塌孔。水洗及气洗时需将水管或风管通至孔底后开始清孔，边清边拔管。

3. 浆液制备及注浆

拌和水中不应含有影响水泥正常凝结和硬化的物质，不得使用污水。一般情况下，适合饮用的水均可作为拌和水。如果拌制水泥砂浆，应采用细砂，最大粒径不大于 2.0mm，灰砂重量比为 1∶1～1∶0.5。砂中含泥量不应大于 5%，各种有害物质含量不宜大于 3%。水泥净浆及砂浆的水灰比宜为 0.1～0.6，水泥和砂子按重量计算。应避免人工拌浆，机械搅拌浆液时间一般不应小于 2min，要拌和均匀。水泥浆应随拌随用，一次拌和好的浆液应在初凝前用完，一般不超过 2h，在使用前应不断缓慢拌动。要防止石块、杂物混入注浆中。

开始注浆前或中途停止超过 30min 时，应用水或稀水泥浆润滑注浆泵及其管路。钻孔注浆土钉通常采用简便的重力式注浆。将金属或 PVC 注浆管插入孔内，管口离孔底 200～500mm，启动注浆泵开始送浆，因孔洞倾斜，浆液可靠重力填满全孔，孔口快溢浆时拔管，边拔边送浆。水泥浆凝结硬化后会产生干缩，在孔口要二次甚至多次补浆。重力式注浆不可太快，防止喷浆及孔内残留气孔。钢管注浆土钉注浆压力不宜小于 0.6MPa，且应增加稳压时间。若久注不满，在排除水泥浆渗入地下管道或冒出地表等情况后，可采用间歇注浆法，即暂停一段时间，待已注入浆液初凝后再次注浆。

为提高注浆效果，可采用稍微复杂一点的压力注浆法，用密封袋、橡胶圈、布袋、混凝土、水泥砂浆、黏土等材料堵住扎口，将注浆管插入至孔底 0.2～0.5m 处注浆，边注浆边向孔口方向拔管，直至注满。因为孔口被封闭，注浆时有一定的注浆压力，约为 0.4～0.6MPa。如果密封效果好，还应该安装一根小直径排气管把孔口内空气排出，防止压力过大。

4. 面层施工顺序

因施工不便及造价较高等原因，基坑工程中不采用预制钢筋混凝土面层，基本上都采用喷射混凝土面层，坡面较缓、工程量不大等情况下有时也采用现浇方法，或水泥砂浆抹面。一般要求喷射混凝土分两次完成，先喷射底层混凝土，再施打土钉，之后安装钢筋网，最后喷射表层混凝土。土质较好或喷射厚度较薄时，也可先铺设钢筋网，之后一次喷射而成。如果设置两层钢筋网，则要求分三次喷射，先喷射底层混凝土，施打土钉，设置底层钢筋网，再喷射中间层混凝土，将底层钢筋网完全埋入，最后敷设表层钢筋网，喷射表层混凝土。先喷射底层混凝土再施打土钉时，土钉成孔过程中会有泥浆或泥土从孔口淌出散落，附着在喷射混凝土表面，需要洗净，否则会影响与表层混凝土的黏结。

5. 安装钢筋网

当配置的钢筋网对喷射混凝土工作干扰最小时，才能获得最密实的喷射混凝土。应尽可能使用直径较小的钢筋。必须采用大直径钢筋时，应特别注意用混凝土把钢筋握裹好。钢筋网一般现场绑扎接长，应当搭接一定长度，通常 150～300mm。也可焊接，搭接长度应不小于 10 倍钢筋直径。钢筋网在坡顶向外延伸一段距离，用通长钢筋压顶固定，喷射混凝土后形成护顶。设置两层钢筋网时，如果混凝土只一次喷射不分三次，则两层网筋位置不应前后重叠，而应错开放置，以免影响混凝土密实。钢筋网与受喷面的距离不应小于两倍最大骨料粒径，一般20～40mm。通常用插入受喷面土体中的短钢筋固定钢筋网，如果采用一次喷射法，应该在钢筋网与受喷面之间设置垫块以形成保护层，短钢筋及限位垫块间距一般0.5～2.0m。钢筋网片应与土钉、加强筋、固定短钢筋及限位垫块连接牢固，喷射混凝土时钢筋网在拌和料冲击下不应有较大晃动。

6. 安装连接件

连接件施工顺序一般为：

土钉置放、注浆→敷设钢筋网片→安装加强钢筋→安装钉头筋→喷射混凝土

加强钢筋应压紧钢筋网片后与钉头焊接，钉头筋应压紧加强筋后与钉头焊接。有一种做法在土钉筋杆置入孔洞之前就先焊上钉头筋。

7. 喷射混凝土工艺类别及特点

喷射混凝土是借助喷射机械，利用压缩空气作为动力，将按设计配合比制备好的拌和料，通过管道输送并以高速喷射到受喷面上凝结硬化而成的一种混凝土。喷射混凝土不是依靠振动来捣实混凝土，而是在高速喷射时，由水泥与骨料的反复连续撞击而使混凝土压密，同时又因水灰比较小（一般0.1～0.45），所以具有较高的力学强度和良好的耐久性。喷射法施工时可在拌和料中方便地加入各种外加剂和外掺料，大大改善了混凝土的性能。

喷射混凝土按施工工艺分为干喷、湿喷及半湿式喷射法三种形式。

1）干喷法　干喷法将水泥、砂、石在干燥状态下拌和均匀，然后装入喷射机，用压缩空气使干集料在软管内呈悬浮状态压送到喷嘴，并与压力水混合后进行喷射，其特点为：能进行远距离压送；机械设备较小、较轻，结构较简单，购置费用较低，易于维护；喷头操作容易、方便；保养容易；水灰比相对较小，强度相对较高；因混合料为干料，喷射速度又快，故粉尘污染及回弹较严重，效率较低，浪费材料较多，产生的粉尘危害工人健康，通风状况不好时污染较严重；拌和水在喷嘴处加入，混凝土的水灰比是由喷射手根据经验及肉眼观察来进行调节的，控制较难，混凝土质量在一定程度上取决于喷射手等作业人员的技术熟练程度及敬业精神。

2）湿喷法　湿喷法将骨料、水泥和水按设计比例拌和均匀，用湿式喷射机压送到喷头处，再在喷头上添加速凝剂后喷出，其特点为：能事先将包括水在内的各种材料准确计量，充分拌和，水灰比易于控制，混凝土水化程度高，故强度较为均匀，质量容易保证；混合料为湿料，喷射速度较低，回弹少，节省材料。

干法喷射时，混凝土回弹度可达15%～50%。采用湿喷技术，回弹率可降低到10%～20%以下，大大降低了机旁和喷嘴外的粉尘浓度，对环境污染少，对作业人员危害较小；生产率高。干式混凝土喷射机一般不超过5m³/h，而使用湿式混凝土喷射机，人工作业时可达10m³/h；采用机械手作业时，则可达20m³/h；不适宜远距离压送；机械设备较复杂，购置费用较高；流料喷射时，常有脉冲现象，喷头操纵较困难；

保养较费事。喷层较厚的软岩和渗水隧道不宜使用。

8. 喷射混凝土材料要求

1）水泥　喷射混凝土应优先选用早强型硅酸盐及普通硅酸盐，因为这两种水泥早期强度较高，且与速凝剂相容性好，能速凝。复合硅酸盐水泥种类较多，也可选用，基坑喷射混凝土目前使用 P. C32.5R 水泥较多。其余要求同一般混凝土用水泥。

2）砂子　喷射混凝土宜选用中粗砂，细度模数大于 2.5。砂子过细，会使干缩增大；砂子过粗，则会增加回弹，且水泥用量增大。砂子中小于 0.075mm 的颗粒不应超过 20%，否则由于骨料周围粘有灰尘，会妨碍骨料与水泥的良好黏结。

3）石子　卵石或碎石均可。混凝土的强度除了取决于骨料的强度外，还取决于水泥浆与骨料的黏结强度，同时骨料的表面越粗糙界面黏结强度越高，因此用碎石比用卵石好。但卵石对设备及管路的磨蚀小，也不像碎石那样因针片状含量多而易引起管路堵塞，便于施工。实验表明，在一定范围内骨料粒径越小、分布越均匀混凝土强度越高，骨料最大粒径减少不仅增加了骨料与水泥浆的黏结面积，而且骨料周围有害气体减少，水膜减薄，容易拌和均匀，从而提高了混凝土的强度。石子的最大粒径不应大于 20mm，工程中常常要求不大于 13mm，粒径小也可减少回弹量。骨料级配对喷射混凝土拌和料的可泵性、通过管道的流动性、在喷嘴处的水化、对受喷面的黏附以及最终产品的表观密度和经济性都有重大影响，为取得最大的表观密度，应避免使用间断级配的骨料。经过筛选后应将所有超过尺寸的大块除掉，因为这些大块常常会引起管路堵塞。

4）外加剂　可用于喷射混凝土的外加剂有速凝剂、早强剂、引气剂、减水剂、增黏剂、防水剂等，国内基坑土钉墙工程中常加入速凝剂或早强剂，湿喷法有时加入引气剂。

加入速凝剂的主要目的是使喷射混凝土速凝快硬，减少回弹损失，防止喷射混凝土因重力作用所引起的脱落，提高对潮湿或含水岩土层的适应性能，以及可适当加大一次喷射厚度和缩短喷射层间的间隔时间。喷射混凝土用的速凝剂一般含有碳酸钠、铝酸钠和氢氧化钙等可溶盐，呈粉末状，速凝剂应符合下列要求：

- 初凝在 3min 以内；
- 终凝在 12min 以内；
- 8h 后的强度不小于 0.3MPa；
- 28d 强度不应低于不加速凝剂的试件强度的 70%。

在要求快速凝结以便尽快喷射到设计厚度、对早期强度要求很高、仰喷作业、封闭渗漏水等情况下宜使用速凝剂。速凝剂虽然加速了喷射混凝土的凝结速度，但也阻止了水在水泥中的均匀扩散，使部分水包裹在凝结的水泥中，硬化后形成气孔，另一部分水泥因而得不到充足的水分进行水化反应而干缩，从而产生裂纹及在不同程度上降低了喷射混凝土的最终强度，故要谨慎使用，使用时掺量要严格控制，且掺入应均匀。喷射混凝土中掺入少量（一般为水泥重量的 0.5%～1%）减水剂后，由于减水剂的吸附和分散作用，可在保持流动性的条件下显著地降低水灰比，提高强度，减少回弹，并明显改善不透水性及抗冻性。

5）骨料含水率及含泥量　骨料含水率过大易引起水泥预水化，含水率过小则颗粒表面可能没有足够的水泥粘附，也没有足够的时间使水与干拌和料在喷嘴处拌和，这两种情况都会造成喷射混凝土早期强度和最终强度的降低。干法喷射时骨料的最佳平均含水量约为5%，低于3%时骨料不能被水泥充分包裹，回弹较多，硬化后密实度低，高于7%时材料有成团结球的趋势，喷嘴处的料流不均，并容易引起堵管。含水率一般控制在5%～7%，低于3%时应在拌和前加水，高于7%时应晾晒使之干燥或向过湿骨料掺入干料，不应通过增加水泥用量来降低拌和料的含水率。骨料中含泥量偏多会带来降低混凝土强度、加大混凝土的收缩变形等系列问题，含泥率过多时须冲洗干净后使用。骨料运输及使用过程中也要防止受到污染。一般允许石子的含泥量不超过3%，砂的含泥量不超过5%。

9. 拌和料制备

1）胶骨比　喷射混凝土的胶骨比即水泥与骨料之比，常为1∶4～1∶4.5。水泥过少，回弹量大，初期强度增长慢；水泥过多，产生粉尘量增多、恶化施工条件，硬化后的混凝土收缩也增大，经济性也不好。水泥用量超过临界量后混凝土强度并不随水泥用量的增大而提高，且强度可能会下降，研究表明这一临界量约为400kg/m^3。水泥用量过多，则混凝土中起结构骨架作用的骨料相对变少，且拌和料在喷嘴处瞬间混合时，水与水泥颗粒混合不均匀，水化不充分，这都会造成混凝土最终强度降低。

2）砂率　即砂子在粗细骨料中所占的重量比，对喷射混凝土施工性能及力学性能有较大影响。拌和料中的砂率小，则水泥用量少，混凝土强度高，收缩小，但回弹损失大，管路易堵塞，湿喷时的可泵性不好，综合权衡利弊，以45%～55%为宜。

3）水灰比　水灰比是影响喷射混凝土强度的主要因素之一。干喷法施工时，预先不能准确地给定拌和料中的水灰比，水量全靠喷射手在喷嘴处调节，一般来说喷射混凝土表面出现流淌、滑移及拉裂时，表明水灰比过大；若表面出现干斑，作业中粉尘大、回弹多，则表明水灰比过小。水灰比适宜时，混凝土表面平整，呈水亮光泽，粉尘和回弹均较少。实践证明，适宜的水灰比值为0.4～0.5，过大或过小不仅降低混凝土强度，也增加了回弹损失。

4）配合比　工程中常用的经验配合比（重量比）有3种，即

水泥∶砂∶石＝1∶2∶2.5；水泥∶砂∶石＝1∶2∶2；水泥∶砂∶石＝1∶2.5∶2

根据材料的具体情况选用。

5）制备作业　干拌法基本上均采用现场搅拌方式，湿拌法在国内以现场搅拌居多，国外采用商品混凝土较为普遍。拌和料应搅拌均匀，搅拌机搅拌时间通常不少于2min，有外加剂时搅拌时间要适当延长。运输、存放、使用过程中要防止拌和料离析，防止雨淋、滴水及杂物混入。为防止水泥预水化的不利影响，拌和料应随拌随用。不掺速凝剂时，拌和料存放时间不应超过2h，掺速凝剂时，存放时间不应超过20min。无论是干喷还是湿喷，配料时骨料、水泥及水的温度不应低于5℃。

10. 喷射作业及养护

喷射前，应将坡面上残留的土块、岩屑等松散物质清扫干净。喷射机的工作风压要

适中，过高则喷射速度快、动能大、回弹多，过低则喷射速度慢、压实力小、混凝土强度低。喷射时喷嘴应尽量与受喷面垂直，喷嘴与受喷面在常规风压下最好距离0.8～1.2m，以使回弹最少及密实度最大。一次喷射厚度要适中，太厚则降低混凝土压实度、易流淌，太薄易回弹，以混凝土不滑移、不坠落为标准，一般以 50～80mm 为宜，加速凝剂后可适当提高，厚度较大时应分层，在上一层终凝后即喷下一层，一般间隔 2～4h。

分层施工一般不会影响混凝土强度。喷嘴不能在一个点上停留过久，应有节奏地、系统地移动或转动，使混凝土厚度均匀。一般应采用从下到上的喷射次序，自上而下的次序易因回弹物在坡脚堆积而影响喷射质量。喷射 2～4h 后应洒水养护，一般养护3～7d。

3.2.6　质量检测要点

土钉墙的试验和检测内容包括：土钉的基本试验、土钉的验收检验、面层的抗压强度试验、面层厚度检查、隔水帷幕的渗透性和强度检验等。

1. 土钉的抗拔力试验

土钉的抗拔力试验包括：基本试验和验收检验。

基本试验的主要目的是确定土钉的极限抗拔力，从而估算不同土层中土钉的界面黏结强度，每一典型土层中均应做一组 3 根，最大测试荷载加至土钉被破坏。

验收检验的目的是检验土钉的实际抗力能否达到设计要求，一般要求按土钉总数量的 1%且不少于 3 根，最大测试荷载一般为抗拔力的 1.0～1.1 倍。试验时应注意：为了消除加载试验时面层的影响，面层需与土钉隔开，且钉头 0.3～0.1 范围内应设置成非黏结段；土钉注浆体需有足够的抗压强度，一般不低于 6～10MPa 或设计强度的 60%～70%；千斤顶需与土钉同轴，偏心会导致测试结果偏大；不同规范对加载分级、终止加载条件及极限抗拔力的判别方法不同，荷载时间位移曲线的绘制方法不同，不能同时采用，很难说哪种方法更趋于合理或严格，这也说明了岩土工作者们对土钉工作机理及工作性能认识上的不一致；土钉靠群体工作，允许部分土钉的抗拔力达不到设计值，但不应低于 90%。

2. 喷射混凝土的厚度及强度

喷射混凝土的厚度可用凿孔法检验，一般要求平均值应不小于设计值，最小厚度不应小于设计厚度的 80%并不应小于 50mm。一般采用试块检验喷射混凝土抗压强度，可采用现场喷射大板后切割出试块或原位抽芯方法制作试块，不宜直接喷射在试模内，因为受回弹料窝积影响，直接喷射在试模内制成的试块强度偏低。

3.2.7　土钉抗拔试验方法

土钉抗拔试验方法要点如下：

1）土钉抗拔试验分为基本试验和验收试验。采用接近于土钉实际工作条件的试验方法，确定土钉抗拔承载能力，为土钉设计和验收提供依据；土钉注浆体强度达到设计强度的 70%或达到 10MPa 时方可进行土钉抗拔试验；加载装置（千斤顶、压力表）

试验前应进行检查；应在有效标定期内，计量仪表（测力计、位移计等）应满足测试要求的精度；试验土钉应与面层混凝土完全脱开，基本试验的土钉应设大于1m的自由段，试验装置应保证土钉与千斤顶同轴；基本试验最大荷载 T_{max} 宜取土钉杆体抗拉承载力标准值 $A_g f_{yk}$，验收试验最大荷载宜取土钉设计抗拔承载力标准值的1.1倍。

2）土钉抗拔力试验采用逐级加荷的方法，加荷等级、测读位移和观测时间应符合下列规定：

- 初始荷载宜取土钉抗拔力标准值的0.1倍；
- 加荷等级与观测时间宜按表3.2规定进行；
- 在每级加荷等级观测时间内，测读土钉头位移不应少于3次；
- 达到要求试验荷载后，观测10min，卸荷到 $0.1T_u$ 并测读土钉头位移。

表3.2　土钉基本试验加荷等级与观测时间

加荷等级	$0.1T_{max}$	$0.3T_{max}$	$0.5T_{max}$	$0.7T_{max}$	$0.8T_{max}$	$0.9T_{max}$	$1.0T_{max}$	$1.1T_{max}$
观测时间/min	3	3	5	5	5	10	10	3

3）试验结果宜按每级荷载对应的土钉头位移制表整理，并绘制土钉荷载位移（Q-S）曲线；达到下述条件之一时终止试验：

- 后一级荷载产生的位移量达到或超过前一级产生位移量的3倍时；
- 土钉头位移不稳定（在观测时间内位移增幅大于1mm，延长观测时间，一小时内位移速率大于0.1mm/min）；
- 土钉杆体断裂；
- 加载至最大试验荷载且位移稳定。

4）土钉验收试验数量应为土钉总数的1%，且不少于3根。验收试验合格标准为：土钉极限抗拔力取终止试验时的前一级荷载；土钉抗拔力平均值应不小于土钉设计抗拔承载力标准值，土钉抗拔力最小值不小于土钉抗拔承载力标准值的0.9倍。

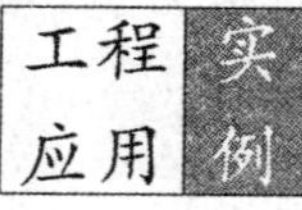

深圳市金稻田国际广场基坑支护

1. 工程及地质概况

金稻田国际广场位于深圳市福田区益田路与滨河大道交叉处西南侧，由六幢22～32层建筑组成，设置地下室三层，基坑周长约为467m，平均开挖深度为13.65m。场地四周均为市政道路，基坑东侧与市政道路之间有约12m宽的绿地，其余三侧与市政道路紧邻，绿地及市政道路下埋有各种市政管线。基坑东侧采用放坡十土钉墙支护，其余三侧采用锚杆复合土钉墙支护。下面只介绍东侧支护情况。

东侧地质条件单一，基坑开挖范围内只有残积粉质黏土层：褐红、褐黄、灰白等色，由花岗岩风化残积而成，原岩结构清晰可辨，残留约20%～30%石英颗粒，偶夹花岗岩风化残余岩体，局部见石英脉和细粒花岗岩等岩脉穿插，湿～稍湿，硬塑状态，$\gamma=17.7\text{kN/m}^3$，$c=25\text{kPa}$，$\varphi=22°$。残积土以下为风化

花岗岩层。

2. 设计概况

设计方案如图 3.2（a）所示。基坑高度 13.65m，坡率约 1∶0.44，采用 ϕ20～ϕ25 硬度 HRB335 级钢筋注浆土钉，钻孔直径 80mm、倾角 15°，土钉长度如图所示，间距 1.4m×1.4m，表面挂钢筋网 ϕ6@250×250，喷射混凝土 C20 厚 100，取地面超载 10kPa（计算变形时取零），钉土黏结强度取 60kPa，土体泊松比 0.25，变形模量 15MPa，土钉变形模量 5000MPa，变形计算深度取坑底。计算结果：稳定安全系数 1.29，水平位移 41.6mm。

3. 施工概况及监测成果

基坑东侧变形监测点布置如图 3.2（b）所示。该基坑于 2002 年 11 月初开挖，2003 年 1 月初挖到底，此段期间的位移曲线如图 3.2（c）所示，最大位移为 36.5mm，出现在基坑中部。至 2003 年 9 月基坑回填，最大位移为 40.6mm。

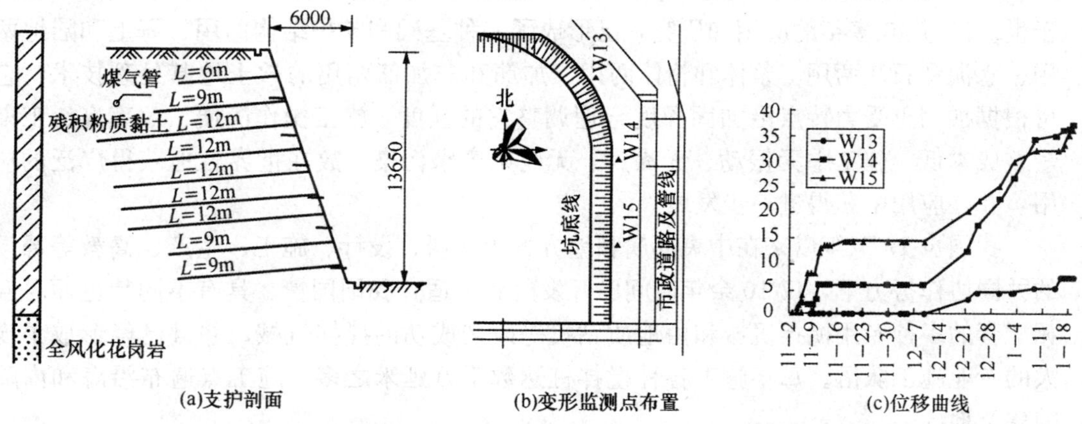

图 3.2　基坑东侧支护方案、变形监测点布置及位移曲线

3.3 水泥土重力式围护墙支护

3.3.1 简述

1. 水泥土重力式围护墙的概念

水泥土重力式围护墙是以水泥系材料为固化剂，通过搅拌机械采用喷浆施工将固化剂和地基土强行搅拌，形成连续搭接的水泥土柱状加固体挡墙。

1996 年 5 月在日本东京召开的第二届地基加固国际会议上，这种加固法被称为 DMM 法（deep mixing method）。我国《建筑地基处理技术规范》（JGJ 79—2002）称之为深层搅拌法（简称“湿法”），并启用了“水泥土”这一专用名词。上海市《地基处理技术规范》（DBJ 08-40—1994）称之为水泥土搅拌法。本书将采用这种加固法、连续搭接施工所形成的挡土墙定名为水泥土重力式围护墙。

将水泥系材料和原状土强行搅拌的施工技术，近年来得到大力发展和改进，加固深度和搅拌密实性、均匀性均得到提高。目前常用的施工机械包括：双轴水泥土搅拌机、三轴水泥土搅拌机、高压喷射注浆机。由于施工工艺的不同，形成目前常用的水泥土重力式围护墙。水泥土搅拌桩是指利用一种特殊的搅拌头或钻头，在地基中钻进至一定深度后，喷出固化剂，使其沿着钻孔深度与地基土强行拌和而形成的加固土桩体。固化剂通常采用水泥浆体或石灰浆体。

高压喷射注浆是指将固化剂形成高压喷射流，借助高压喷射流的切削和混合，使固化剂和土体混合，达到加固土体的目的。高压喷射注浆有单管、二管和三管法等，固化剂通常采用水泥浆体。

2. 水泥土的发展与现状

搅拌桩最早于20世纪50年代初问世于美国。但自20世纪60年代以后的发展直到现在，不论在施工机械、质量检测、设计方法、工程应用等方面均以日本和瑞典领先于世。经过40多年的应用和研究，已形成了一种基础和支护结构两用、海上和陆地两用、水泥和石灰两用、浆体和粉体两用、加筋和非加筋两用的软土地基处理技术，它可根据加固土受力特点沿加固深度合理调整它的强度，施工操作简便、效率高、工期短、成本低，施工中无振动、无噪声、无泥浆废水污染，故在世界各地获得广泛的应用，并在应用中获得进一步发展。

我国自1977年以来在中央部属和地方各级科研、设计、施工、生产、高教等部门的共同协作努力下，仅10余年时间已开发研制出适合我国国情、具有不同特色而且互相配套的多种专用搅拌机械和由地质钻机等改装成功的搅拌机械，并且已经形成了庞大的专业施工队伍。每年施工各种搅拌桩达数千万延米之多，施工点遍布沿海和内陆的软土地区。

3. 水泥土重力式围护墙的应用

搅拌桩在我国应用的前10年中，其主要用途是用于构成复合地基以支承建筑物或结构物。将搅拌桩用于基坑工程，虽在其发展初期已有成功的实例，但大量应用则是20世纪90年代初随着我国各地高层建筑和地下设施大量兴建而迅速兴起的，其中尤以上海及沿海各地为多。与此同时，在设计中利用弹塑性有限元分析、土工离心模拟试验等方法，结合基坑开挖现场监测，对搅拌桩重力式围护墙的稳定和变形特性进行了深入的研究。通过20多年的应用与研究，搅拌桩重力式围护墙的结构、计算和构造等均有了较大的发展，也出现了一些新的水泥土与其他受力构件相结合的结构形式。

随着改革开放政策的深化和经济建设的发展，我国的搅拌桩技术适应国情特点，不断登上新的台阶。大功率的三轴搅拌机，已经得到广泛应用。

3.3.2 水泥土重力式围护墙的类型与适用范围

1. 水泥土重力式围护墙的类型

水泥土重力式围护墙的类型主要包括采用搅拌桩、高压喷射注浆等施工设备将水泥等固化剂和地基土强行搅拌，形成连续搭接的水泥土柱状加固体挡墙。

根据搅拌机械的类型，由于其搅拌轴数的不同，搅拌桩的截面主要有双轴和三轴两类，前者由双轴搅拌机形成，后者由三轴搅拌机形成。国外尚有用 4、6、8 搅拌轴等形成的块状大型截面，以及单搅拌轴同时作垂直向和横向移动而形成的长度不受限制的连续一字形大型截面。此外，搅拌桩还有加筋和非加筋（或加劲和非加劲）之分。目前在我国除型钢水泥土搅拌墙为加筋（劲）工法外，其余各种工法均为非加筋（劲）工法。

近些年来，以水泥土为主体的复合重力式围护墙得到了一定的发展，主要有水泥土结合钢筋混凝土预制板桩、钻孔灌注桩、型钢、斜向或竖向土锚等结构形式。

水泥土重力式围护墙按平面布置区分可以有：满堂布置、格栅形布置和宽窄结合的锯齿形布置等形式，常见的布置形式为格栅形布置。

水泥土重力式围护墙按竖向布置区分可以有等断面布置、台阶形布置等形式，常见的布置形式为台阶形布置。

2. 水泥土重力式围护墙的特点

水泥土重力式围护墙是无支撑自立式挡土墙，依靠墙体自重、墙底摩阻力和墙前基坑开挖面以下土体的被动土压力稳定墙体，以满足围护墙的整体稳定、抗倾稳定、抗滑稳定和控制墙体变形等要求。

水泥土重力式围护墙可近似看作软土地基中的刚性墙体，其变形主要表现为墙体水平平移、墙顶前倾、墙底前滑以及几种变形的叠加等。

水泥土重力式围护墙的破坏形式主要有以下几种：

1）由于墙体入土深度不够，或由于墙底土体太软弱，抗剪强度不够等原因，导致墙体及附近土体整体滑移破坏，基底土体隆起，如图 3.3（a）所示。

2）由于墙体后侧发生挤土施工、基坑边堆载、重型施工机械作用等引起墙后土压力增加、或者由于墙体抗倾覆稳定性不够，导致墙体倾覆，如图 3.3（b）所示。

3）由于墙前被动区土体强度较低、设计抗滑稳定性不够，导致墙体变形过大或整体刚性移动，如图 3.3（c）所示。

4）当设计墙体抗压强度、抗剪强度或抗拉强度不够，或者由于施工质量达不到设计要求时，导致墙体压、剪或拉等破坏，如图 3.3（d）～（f）所示。

3. 水泥土重力式围护墙的适用范围

（1）基坑开挖深度

采用水泥土重力式围护墙的基坑开挖深度起先一般不超出 5m，自 20 世纪 90 年代起，陆续出现开挖深度超出 6m 的基坑。1993 年底施工的某商厦的基坑开挖深度达 9.5m（部分达 12.1m），平面面积达 12 900m^2。基坑开挖越深，面积越大，墙体侧向位移越难以控制，水泥土重力式围护墙开挖深度超出 7m 的基坑工程，墙体最大位移可能达到 20cm 以上，使工程的风险相应增加。鉴于目前施工机械、工艺和控制质量的水平，开挖深度不宜超出 7m。

由于水泥土重力式围护墙侧向位移控制能力在很大程度上取决于桩身的搅拌均匀

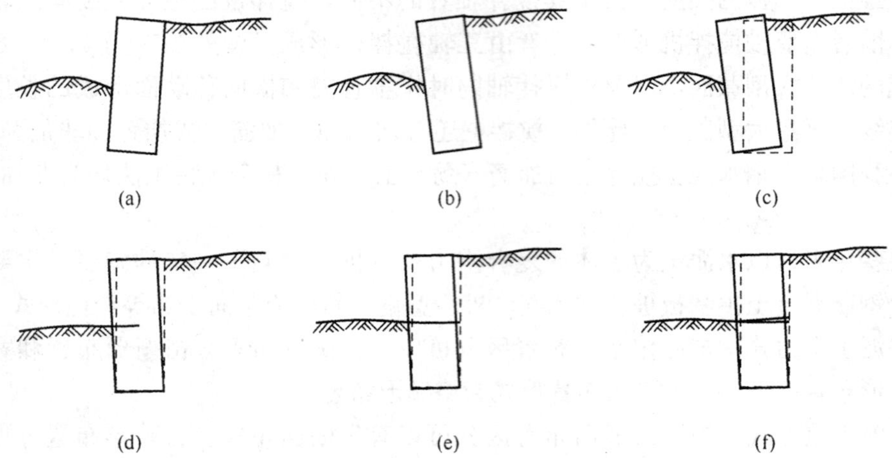

图 3.3　水泥土重力式围护墙的破坏形式

性和强度指标，相比其他基坑围护墙体来说，位移控制能力较弱。因此，在基坑周边环境保护要求较高的情况下，若采用水泥土重力式围护墙，基坑深度应控制在 5m 范围以内，以降低工程的风险。

（2）土质条件

国内外试验研究和工程实践表明，水泥土搅拌桩和高压喷射注浆均适用于加固淤泥质土、含水率较高而地基承载力小于 120kPa 的黏土、粉土、砂土等软土地基。对地基承载力较高、黏性较大或较密实的黏土或砂土，可采用先行钻孔套打、添加外加剂或其他辅助方法施工。

当土中含高岭石、多水高岭石、蒙脱石等矿物时，加固效果较好；土中含伊里石、氯化物和水铝英石等矿物时，加固效果较差，土的原始抗剪强度小于 20～30kPa 时，加固效果也较差。

水泥土搅拌桩当用于泥炭土或土中有机质含量较高，酸碱度（pH）较低（pH<7）及地下水有侵蚀性时，宜通过试验确定其适用性。

当地表杂填土层厚度大或土层中含直径大于 100mm 的石块时，宜慎重采用搅拌桩。

（3）环境条件

水泥土重力式围护墙在整个施工过程中对环境可能产生两个方面的影响：

1）水泥土重力式围护墙的体量一般较大，搅拌桩施工过程中由于注浆压力的挤压作用，周边土体会产生一定的隆起或侧移；

2）基坑开挖阶段围护墙体的侧向位移较大，会使坑外一定范围的土体产生沉降和变位。

因此，在基坑周边距离 1～2 倍开挖深度范围内存在对沉降和变形较敏感的建（构）筑物时，应慎重选用水泥土重力式围护墙。

3.3.3　水泥土的物理性质和力学特性

加固土的物理性质和力学特性，与天然地基的土质、含水率、有机质含量等因素

以及所采用固化剂的品种、掺入比、外掺剂等因素有关，也与搅拌方法、搅拌时间、操作质量等因素有关。

1. 物理性质

(1) 重度

水泥土的重度主要与被加固土体的性质、水泥掺入比及所用的水泥浆有关。水泥土重度室内试验结果表明，当水泥掺入比为5%～20%、水灰比为0.45～0.5时，水泥土较被加固的土体重度增加约1%～3%左右。

(2) 含水率和孔隙比

与天然软土相比，水泥土的含水率和孔隙比有不同程度的降低。一般地说，天然软土含水率越大或水泥掺入比越大，则水泥土加固体的含水率降低幅度越大。

(3) 液限与塑限

不同含水率的软土用不同的水泥掺入比加固后，其液限将稍有降低，而其塑限则有较大提高。

2. 力学特性

(1) 无侧限抗压强度

水泥土的无侧限抗压强度在0.3～4.0MPa之间，大约比天然软土强度提高数十倍到数百倍，主要受以下诸多因素的影响。

1) 土质　加固土的强度随水泥掺入比的增加和龄期的加长而增长，但有不同的增长幅度，一般初始性质较好的土加固后强度增量较大，初始性质较差的土加固后强度增量较小。

2) 龄期　水泥土的抗压强度随其加固龄期而增长。这一增长规律具有两个特点：

• 它的早期（例如7～14d）强度增长不甚明显，对于初始性质差的土尤其如此；

• 强度增长主要发生在龄期28d后，并且持续增长至120d，其趋势才减缓，这同混凝土的情况不一样。由此应合理利用水泥土的后期强度。

3) 水泥掺入比　水泥掺入比通常指水泥掺入重量与被加固土天然重度之比（%）。试验表明水泥土的强度随水泥掺入比的增加而增长。其特点是随水泥掺入比的增加，水泥土的后期强度增长幅度加大。

在实际应用中，当水泥掺入比小于7%时，加固效果往往不能满足工程要求，而当掺入比大于15%时，加固费用偏高。因此，规定双轴搅拌桩水泥的掺入比以7%～15%为宜，一般双轴搅拌桩施工的水泥土重力式围护墙体的水泥掺量为12%～15%。

4) 土的含水率　天然土的含水率越小，加固后水泥土的抗压强度越高。含水率对强度的影响还与水泥掺入比有关，水泥掺入比越大，则含水率对强度的影响越大。反之，水泥掺入比较小时，含水率对强度的影响不甚明显。

5) 土的化学性质　土的化学性质，如酸碱度（pH）、有机质含量、硫酸盐含量等对加固土强度的影响甚大。酸性土（pH＜7）加固后的强度较碱性土为差，且pH值越低，强度越低。

土的有机质或腐殖质会使土具有酸性，并会增加土的水溶性和膨胀性，降低其透水性，影响水泥水化反应的进行，从而会降低加固土的强度。

在实际工程中，当土层局部范围遇到pH偏低的情况时，可在水泥中掺入少量石膏$CaSO_4$，即可使土的pH明显提高。

6）水泥品种与强度等级　水泥搅拌桩可以采用不同品种的水泥，如普通硅酸盐水泥、矿渣水泥、火山灰水泥等。其强度等级一般也不受限制。但水泥的品种和强度等级对水泥土的强度有一定影响。

一般在其他条件均相同时，普通水泥的强度等级每提高一级，可使水泥土强度有一定的提高。

7）外掺剂　固化剂中常选用某些工业废料或化学品作为外掺剂，因它们分别具有改善土性、提高强度、节约水泥、促进早强、缓凝或减水等作用，所以掺加外掺剂是改善水泥土加固体的性能和提高早期强度的有效措施，常用的外掺剂有碳酸钙、氯化钙、三乙醇胺、木质素磺酸钙等，但相同的外掺剂以不同的掺量加入不同的土类或不同的水泥掺入比，会产生不同的效果。

粉煤灰是具有较高的活性和明显的水硬性的工业废料，可作为搅拌桩的外掺剂。室内试验表明，用10%的水泥加固淤泥质黏土，当掺入占土重5%～10%的粉煤灰时，其90d龄期强度比不掺入粉煤灰时提高45%～85%，而且其早期强度增长十分明显。

在水泥中掺入相当于水泥重量2%的石膏（$CaSO_4$）可使水泥土强度提高20%左右，并具有早强作用。但石膏掺量不能过大，否则会使水泥土变成脆性。

（2）抗剪和抗拉强度

水泥土的抗剪强度随抗压强度的增大而提高，但随着抗压强度增大，两者的比值减小。一般地说，当无侧限抗压强度$q_u=0.5\sim4.0$MPa时，其黏聚力$c=0.1\sim1.1$MPa，内摩擦角ϕ约在20°～30°之间。

水泥土的抗拉强度σ_t与无侧限抗压强度q_u的关系：当$q_u<1.5$MPa时，σ_t约等于0.2MPa。

（3）变形特性

水泥土与未加固土典型的应力应变关系的比较表明，水泥土的强度虽较未加固土增加很多，但其破坏应变量ε_f却急剧减小。因此设计时对加固土的抗剪强度不宜考虑最大值，而应考虑相对于桩体破坏应变量的适当值。水泥土无侧限抗压强度越大，破坏应变量越小。当$q_u>0.4$MPa时，$\varepsilon_f<2\%$；当$q_u<0.4$MPa时，ε_f约为2%～10%。

水泥土的变形模量与无侧限抗压强度q_u有关，但其关系尚无定论。国内的研究认为：当$q_u=0.5\sim4.0$MPa时，$E=(100\sim150)q_u$。

（4）渗透系数

水泥土的渗透系数k随着加固龄期的增加和水泥掺入比的增加而减小，对于k值为10^{-5}cm/s的软土用10%的水泥加固一个月后，k值可减小到10^{-7}cm/s以下，它的抗渗性能明显改善。

（5）负温对强度的影响

试验表明，负温一般并不影响水泥搅拌桩施工，但它会使水泥土化学反应停滞而

推迟搅拌桩强度的发展。

(6) 现场桩体强度与室内试块强度的差别

通过对有关试验资料鉴别分析，目前认为在一般情况下，现场桩体强度比室内试块强度大约低 25%～35%。

(7) 水泥土强度的长期稳定性

由于水泥的化学性质甚为稳定，故水泥土强度的长期稳定性应无问题。根据近几年的工程实测结果分析，10 年龄期和 1 年龄期水泥土搅拌桩的强度基本相同。

3.3.4 水泥土重力式围护墙的构造要求

1. 水泥土重力式围护墙的平面布置

水泥土重力式围护墙的墙体宽度可按经验确定，一般墙宽 B 可取开挖深度 h_0 的 0.7～1.0 倍；平面布置有满堂布置、格栅形布置和宽窄结合的锯齿形布置等，常用的平面布置形式为格栅形布置，可节省工程量。

双轴搅拌桩水泥土重力式围护墙平面布置见图 3.4。

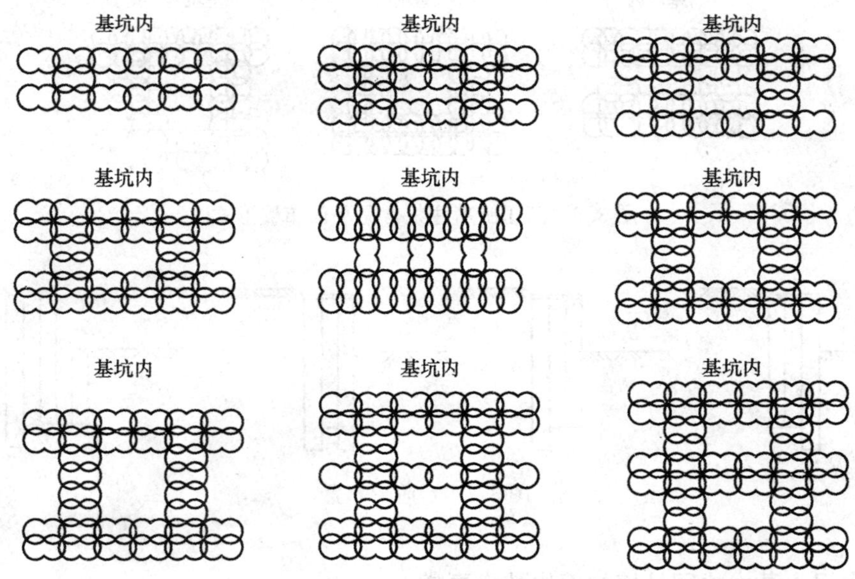

图 3.4　二轴搅拌桩常见平面布置形式

三轴搅拌桩水泥土重力式同护墙平面布置见图 3.5。

高压旋喷注浆水泥土重力式围护墙平面布置见图 3.6。

截面置换率为水泥土截面积和断面外包面积之比，由于采用搭接施工，水泥土的实际工程量略大于按置换率计算量。

2. 水泥土重力式围护墙的竖向布置

水泥土重力式围护墙坑底以下的插入深度 D 一般可取开挖深度 h_0 的 0.8～1.4 倍，断面布置有等断面布置、台阶形布置等，常见的布置形式为台阶形布置，见图 3.7。

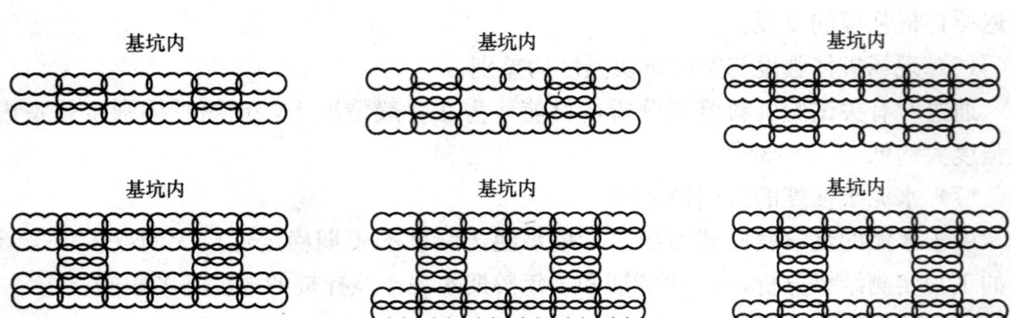

图 3.5 三轴搅拌桩常见平面布置形式

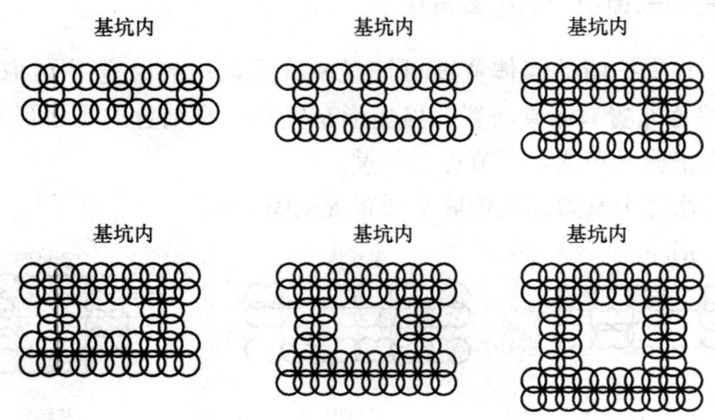

图 3.6 高压旋喷注浆常见平面布置形式

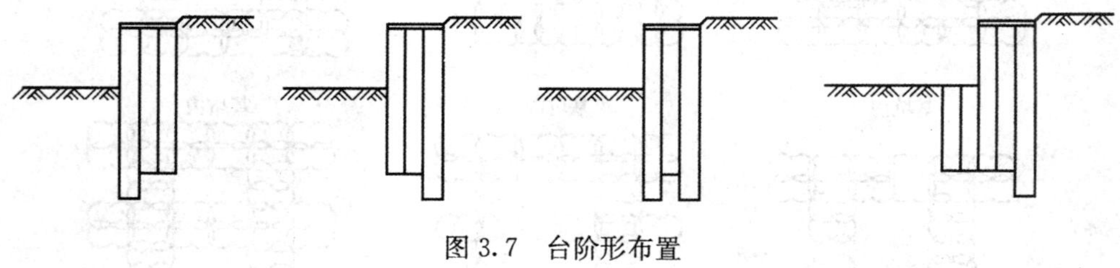

图 3.7 台阶形布置

3. 水泥土重力式围护墙加固体技术要求

1）水泥土水泥掺合量以每立方加固体所拌和的水泥重量计，常用掺合量为双轴水泥土搅拌桩 12%～10%，三轴水泥土搅拌桩 18%～22%，高压喷射注浆不少于 25%。

2）水泥土加固体的强度以龄期 28d 的无侧限抗压强度 q_u 为标准，q_u 应不低于 0.8MPa。

3）水泥土加固体的渗透系数不大于 10.7cm/s，水泥土围护墙兼作隔水帷幕。

4）水泥土重力式围护墙搅拌桩搭接长度应不小于 200mm。墙体宽度大于等于 3.2m 时，前后墙厚度不宜小于 1.2m。在墙体圆弧段或折角处，搭接长度宜适当加大。相邻桩搭接部分的截面积为双弧形，搭接长度 200mm 指搅拌转轴中心连线位置的最大搭接长度。

5）水泥土重力式围护墙转角及两侧剪力较大的部位应采用搅拌桩满打、加宽或加深墙体等措施对围护墙进行加强。

6）当基坑开挖深度有变化，围护墙体宽度和深度变化较大的断面附近应当对墙体进行加强。

4. 水泥土重力式围护墙压顶板及连接的构造

1）水泥土重力式围护墙结构顶部需设置 150～200mm 厚的钢筋混凝土压顶板，压顶板应设置双向配筋，钢筋直径不小于 $\phi 8$，间距不大于 200mm。墙顶现浇的混凝土压顶板是水泥土重力式围护墙的一个组成部分，不但有利于墙体整体性，防止因坑外地表水从墙顶渗入挡墙格栅而损坏墙体，也有利于施工场地的利用。

2）水泥土重力式围护墙内、外排加固体中宜插入钢管、毛竹等加强构件。加强构件上端应进入压顶板，下端宜进入开挖面以下。目前常用的方法是内排或内外排搅拌体内插钢管，深度至开挖面以下，对开挖较浅的基坑，可以插毛竹，毛竹直径不小于 50mm。

3）水泥土加固体与压顶板之间应设置连接钢筋。连接钢筋上端应锚入压顶板，下端应插入水泥土加固体中 1～2m，间隔梅花形布置。

5. 外掺剂

水泥土加固体采用设计强度和养护龄期双重控制标准。为改善水泥土加固体的性能和提高早期强度，可掺加外掺剂。经常使用的外掺剂有碳酸钠、氯化钙、三乙醇胺、木质素磺酸钙等。外掺剂的选用和水泥品种、水灰比、气候条件等有关，选用外掺剂时应有一定的经验或进行室内试块试验。碳酸钠的掺量一般为水泥用量的 0.2%～0.4%，氯化钙为 2%～5%，三乙醇胺为 0.05%～0.2%。木质素磺酸钙是一种减水剂，对早期强度的提高也略有影响。掺量变化范围一般为 0.2%～0.5%。

3.3.5　双轴水泥土搅拌桩施工工艺

1. 施工准备

（1）技术准备

依据岩土工程勘察资料，对于无成熟施工经验的土层，必要时应进行加同土室内配合比试验，依据设计施工图和环境调查与分析，编制施工组织设计，安排好围护搅拌桩的施工顺序，通过试成桩，选择最佳水泥掺量，确定水泥土搅拌桩施工工艺参数。

（2）材料准备

水泥进场，按每一袋装水泥或散装水泥出厂编号进行取样、送检，不得有两个以上的出厂编号混合取样，并须在开工前取得水泥检验合格证，搭设水泥棚，布置浆液拌站，面积宜大于 40m^2，一般泵送距离不宜大于 100m。

（3）场地准备

清表及原地面整平。首先路基地面清表处理，在开挖表土后应彻底清除地表、地下的石块、树根块等一切障碍物；同时应清除高空障碍物；路基两侧必须开挖排水沟，以保证在施工期间不被水浸泡。

沟槽开挖。开挖时应使沟槽平直，尽量往基坑外侧平移10cm左右，以免搅拌桩墙直接侵占到底板施工面。

桩位放样。根据测量放出平面布桩图；并根据布桩图现场布桩，桩位应用小木桩或竹片定位并做出醒目标志以利查找，定位误差<2cm。

(4) 设备准备

设备进场。认真检查搅拌桩机的主要技术性能（包括桩机的加固深度、成桩直径、桩机转速及浆泵压力和泵送能力等)。搅拌头直径误差不大于5mm，喷浆口直径不宜过大，应满足喷浆要求，从而确保所用桩机能满足该施工段的施工要求。

桩机就位。桩机到达指定桩位、桩机置平，检查钻杆垂直度、钻头直径、桩位对中、道木铺设，必须做到相对水平，若遇地表软弱时，应采取措施，确保机架平稳，要求钻杆垂直度<1%，桩位偏移（纵横向）容许误差±50mm。

2. 施工工艺

双轴水泥土搅拌桩（喷浆）施工顺序如图3.8所示。

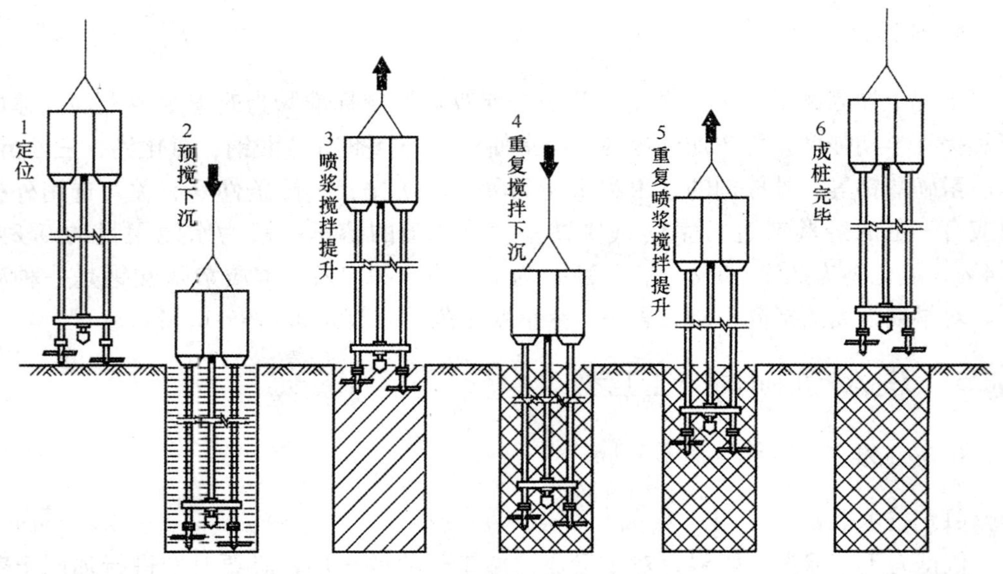

图3.8 双轴搅拌桩施工顺序图

双轴搅拌桩施工工艺流程见图3.9。

第1步：桩机（安装、调试）就位

第2步：预搅下沉　待搅拌机及相关设备运行正常后，启动搅拌机电机，放松桩机钢丝绳，使搅拌机旋转切土下沉，钻进速度≤1.0m/min。

第3步：制备水泥浆　当桩机下降到一定深度时，即开始按设计及实验确定的配合比拌制水泥浆。水泥浆采用普通硅酸盐水泥，P.O42.5级，严禁使用快硬型水泥。制浆时，水泥浆拌和时间不得少于5～10min，制备好的水泥浆不得离析、沉淀，每个

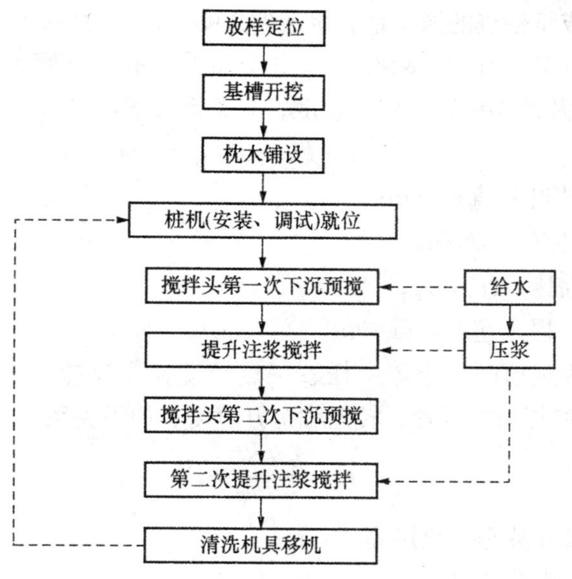

图 3.9　双轴搅拌桩施工工艺流程图

存浆池必须配备专门的搅拌机具进行搅拌，以防水泥浆离析、沉淀，已配制好的水泥浆在倒入存浆池时，应加筛过滤，以免浆内结块。水泥浆存放时间不得超过 2h，否则应予以废弃。注浆压力控制在 0.5～1.0MPa，流量控制在 30～50L/min，单桩水泥用量严格按设计计算量，浆液配比为水泥：清水＝1：0.45～0.55，制好水泥浆，通过控制注浆压力和泵量，使水泥浆均匀地喷搅在桩体中。

第 4 步：提升喷浆搅拌　当搅拌机下降到设计标高时，打开送浆阀门，喷送水泥浆。确认水泥浆已到桩底后，边提升边搅拌，确保喷浆均匀性，同时严格按照设计确定的提升速度提升搅拌机。平均提升速度≤0.5m/min，确保喷浆量，以满足桩身强度达到设计要求。在水泥土搅拌桩成桩过程中，如遇到故障停止喷浆时，应在 12h 内采取补喷措施，补喷重叠长度不小于 1.0m。

第 5 步：重复搅拌下沉和喷浆提升　当搅拌头提升至设计桩顶标高后，再次重复搅拌至桩底，第二次喷浆搅拌提升至地面停机，复搅时下钻速度≤1m/min，提升速度≤0.5m/min。

第 6 步：移位　钻机移位，重复以上步骤，进行下一根桩的施工。相邻桩施工时间间隔保持在 16h 内，若超过 16h，在搭接部位采取加桩防渗措施。

第 7 步：清洗　当施工告一段落后，向集料斗中注入适量清水，开启灰浆泵，清洗全部管路中残存的水泥浆，并将附着在搅拌头上的软土清洗干净。

3. 双轴水泥土搅拌墙施工要点

（1）工艺试成桩

试成桩的目的是确定各项施工技术参数，其中包括：

1）搅拌机钻进深度、桩底、桩顶或喷、停浆面标高。

2）搅拌机提升速度与浆泵流量的匹配。

3）每米桩长或每根桩的送浆量、浆液到达喷浆口的时间。

4）双轴搅拌机单位时间（min）内，固化剂浆液的喷出量 q，取决于搅拌头叶片直径、固化剂掺入比及搅拌机钻头提升速度。其关系如下：

$$q = \pi \cdot D \cdot \gamma_s \cdot \alpha_w \cdot v/4 \tag{3.1}$$

式中，D——搅拌头叶片直径，m；

γ_s——土的重度，kN/m^3；

α_w——固化剂掺入比，%；

v——搅拌头提升速度，m/min。

5）当喷浆量为定值时，土体中任意一点经搅拌头搅拌的次数越多，加固效果越好，搅拌次数 t 与搅拌头的叶片、转速和提升速度有如下关系：

$$t = \frac{h \cdot \sum z \cdot n}{v} \tag{3.2}$$

式中，h——搅拌轴叶片垂直投影高度，m；

$\sum z$——搅拌头叶片总数；

n——搅拌头转速，r/min；

v——搅拌头提升速度，m/min。

（2）施工参数与质量标准

水泥土搅拌桩采用 P. O42.5，新鲜普通硅酸盐水泥，单幅桩断面一般 ϕ700@500 双头搭接 200mm，常用水泥掺入比为被加固湿土重的 12%～15%，在暗浜区水泥掺量应再适当提高，水灰比 0.45～0.55。搅拌桩垂直度偏差不得小于 1%，桩位偏差不得大于 50mm，桩径偏差不得大于 4%。

（3）施工浆液拌制及管理

水泥浆液应按预定配合比拌制，每根桩所需水泥浆液一次单独拌制完成；制备好的泥浆不得离析，停置时间不得超过 2h，否则予以废弃，浆液倒入时应加筛过滤，以免浆内结块，损坏泵体。供浆必须连续，搅拌均匀。一旦因故停浆，为防止断桩和缺浆，应使搅拌机钻头下沉至停浆面以下 1.0m，待恢复供浆后再喷浆提升。如因故停机超过 3h，应先拆卸输浆管路，清洗后备用，以防止浆液结硬堵管。泵送水泥浆前管路应保持湿润，以便输浆。应定期拆卸清洗浆泵，注意保持齿轮减速箱内润滑油的清洗。

（4）施工技术

1）搅拌桩施工必须坚持两喷三搅的操作顺序，且喷浆搅拌时，搅拌头提升速度不宜大于 0.5m/min，钻头每转一圈提升（或下降）量以 1.0～1.5cm 为宜，最后一次提升搅拌宜采用慢速提升，当喷浆口达桩顶标高时，宜停止提升，搅拌数秒，以保证桩头均匀密实。水泥搅拌桩预搅下沉时不宜冲水，当遇到较硬黏土层下沉太慢时，可适当冲水，但应考虑冲水成桩对桩身质量的影响。水泥土搅拌桩应连续搭接施工，相邻桩施工间隙不得超过 12h，如因特殊原因造成搭接时间超过 12h，应对最后一根桩先进行空钻留出榫头，以待下一批桩搭接，如间隙时间太长，超过 24h 与下一根桩无法搭接时，须采取局部补桩或注浆措施。

2）对于双轴水泥重力式围护墙内套打钻孔灌注围护桩时，钻孔桩待重力式围护墙

施工结束，未完成形成强度之前套打施工。水泥土重力式围护墙顶部插钢筋和插脚手架钢管，必须在成桩后 2～4h 后完成，应确保重力式墙体内插钢筋和钢管的插入可行性。水泥土搅拌桩成桩后 7d，采取轻便触探器，连续钻取桩身加固土样，检查墙体的均匀性和桩身强度，若不符合设计要求应及时调整施工工艺。水泥土重力式围护墙顶面的混凝土面应尽早铺筑，并使面层钢筋与水泥土搅拌墙体锚固筋（插筋）连成一体，混凝土面层未完成或未达设计强度，基坑不得开挖。水泥土重力坝围护墙须达到 28d 龄期或达到设计强度，基坑方可进行开挖。

（5）施工安全

当发现搅拌机的入土切削和提升搅拌负荷太大及电机工作电流超过额定值时，应减慢升降速度或补给清水；发生卡钻、蹩车等现象时应切断电源，并将搅拌机强制提升出地面，然后再重新启动电机。当电网电压低于 350V 时，应暂停施工，以保护电机。

4. 施工环境保护

1）水泥土搅拌桩重力式围护墙施工时，应预先了解下列周边环境资料：

• 邻近建（构）筑物的结构、基础形式及现状。

• 被保护建（构）筑物的保护要求。

• 邻近管线的位置、类型、材质、使用状况及保护要求。

2）坚持信息化施工管理　在施工过程中，应对周边环境及围护体系进行全过程监测控制，根据监测数据，对施工工艺、施工参数、施工顺序、施工速度进行及时的调整，尽量减少挤土效应对周边环境的影响，可采取以下措施：

• 适当降低注浆压力和减少流量，控制下沉（提升）速度。

• 在靠近需保护建筑物和管线一侧，先施工单排水泥土搅拌桩封隔墙，再由近向远逐步向反向施工。

• 限制每日水泥土搅拌桩墙体的施工总量，必要时采取跳打的方式。

• 在被保护建筑物与水泥土搅拌桩墙体之间，设置应力释放孔或防挤沟。

• 将浅部的重要管线开挖暴露并使其处于悬吊自由状态。

• 三轴水泥土搅拌机通过螺旋叶片连续提升，因此挤土量较小，建议在环境保护要求高、有条件的地区，优先选择三轴搅拌桩施工。

3）施工中产生的水泥土浆，可集积在导向沟内或现场临时设置的沟槽内，待自然固结后，运至指定地点。

3.3.6　质量检验

水泥土重力式围护墙的质量检验按成桩施工期、开挖前和开挖期三个阶段进行。

1. 成桩施工期

成桩施工期质量检验包括机械性能、材料质量、掺合比试验等材料的验证，以及逐根检查桩位、桩长、桩顶高程、桩架垂直度、桩身水泥掺量、上提喷浆速度、外掺剂掺量、水灰比，搅拌和喷浆起止时间、喷浆量的均匀、搭接桩施工间歇时间等。

成桩施工期质量检验标准应符合表3.3的规定。

表3.3 成桩施工期质量检验标准

检查项目	质量标准	检查项目	质量标准
水泥及外掺剂	设计要求	桩位偏差	<50mm
水泥用量	参数指标	垂直度偏差	<1%
水灰比	设计及施工工艺要求	搭接	≥200mm
桩底标高	±100mm	搭接桩施工间歇时间	<16h
桩顶标高	±100mm、-50mm		

2. 基坑开挖前

基坑开挖前的质量检测宜在围护结构压顶板浇注之前进行。检测包括桩身强度的验证和桩数的复核。对开挖深度超过5m的基坑应采用制作试块和钻取桩芯的方法检验桩长和桩身强度。

1）试块制作应采用70.7mm×70.7mm×70.7mm立方体试模，宜每个机械台班制作一组。试块载荷试验宜在龄期28d后进行。

2）钻取桩芯宜采用ϕ110钻头，连续钻取全桩长范围内的桩芯，桩芯应呈硬塑状态并无明显的夹泥、夹砂断层。取样数量不少于总桩数的1%且不少于5根。有效桩长范围内的桩身强度应符合设计要求。

3. 基坑开挖期

基坑开挖期的质量检测主要通过外观检验开挖面桩体的质量以及墙体和坑底渗漏水情况。

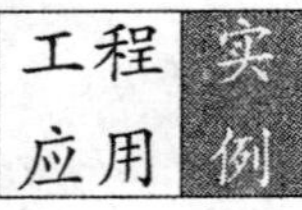

上海浦东新区某小区基坑围护

1. 工程概况

上海某小区位于浦东桃林路、灵山路。拟建场地内将建四栋高层建筑及地下车库、商场、会所，地下1层，基坑开挖深度为4.43～3.65m。平面形状呈矩形，基坑占地面积约5160m^2，围护周长为523m。见图3.10和图3.11。

2. 周围环境及地质资料

(1) 周围环境

基坑东、南两侧临马路，西、北两侧临小区，马路下均有市政管线通过，基坑边离桃林路距离较近，最近的电力管线距基坑边约3m；小区内有多栋六层楼住宅及招商中心，均为天然地基条形基础，建筑物距基坑边约10m。

(2) 地质资料

拟建场地，地面绝对标高约4.1m（吴淞零点，下同）。

在拟建场地钻探所达深度范围内地基土层均属第四系沉积物，主要由饱和黏性土、粉土、砂土等组成，场地土的类型为软弱场土。第③层砂性较重，渗透系数较

大，当基坑开挖至底部时，在基坑内外水头差的作用下，土体易产生管涌、流砂等现象，施工时须特别注意。地下水位在地面下 1.2～1.75m。

地基土的物理力学性质指标见表 3.4。

表 3.4　地基土物理力学性质（围护设计参数）

土层编号	土层名称	重度 γ /(kN/m³)	固结抗剪		渗透系数 k/(×10⁻⁷cm/s)	
			强度	φ		
			kPa	(°)	k_H	k_V
①	填　土					
②	黏　土	18.7	22.0	12.5	1.04	24.6
③	淤泥质粉质黏土夹砂质粉土	18.2	7.0	20.0	5150	3790
④	淤泥质黏土	17.1	14.0	10.5	20.0	4.03

3. 结构形式

根据总平面图的布置，整个场地较为狭长，近马路两侧有地下管线需要保护，且桃林路一侧离开较近；另外两边有多栋六层楼住宅及招商中心需要保护，因此，围护结构形式考虑采用既安全经济又利于加快工程进度的水泥土搅拌桩重力式支护结构，其典型剖面如图 3.10 所示 。具体方案如下：

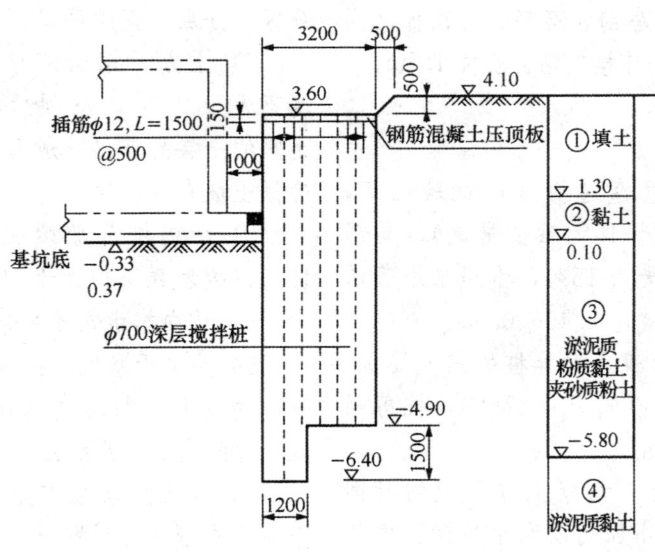

图 3.10　水泥土搅拌桩支护结构剖面图

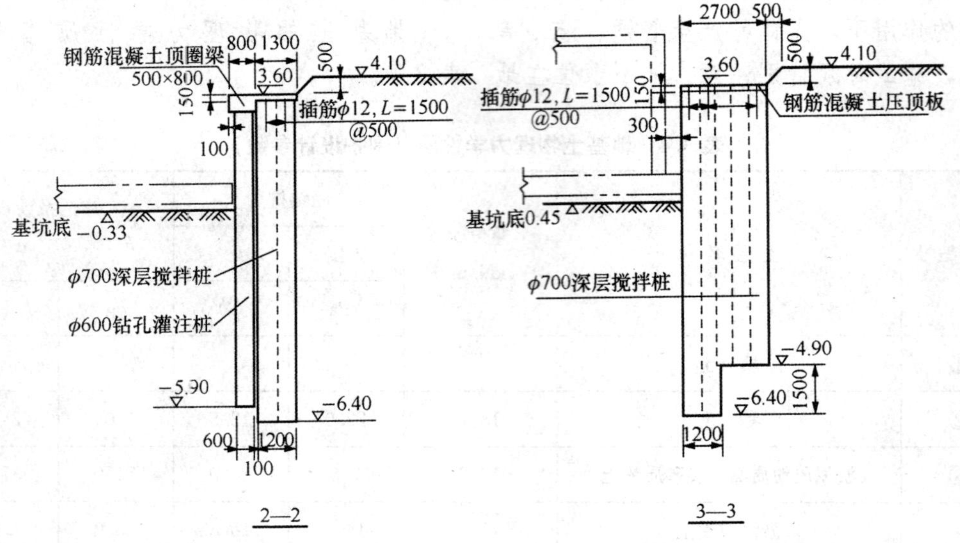

图 3.10　水泥土搅拌桩支护结构剖面图（续）

1）围护墙采用双头水泥土搅拌桩，墙厚 2.7～3.2m，桩深 8m，内排加至深 10.5m，搅拌桩水泥掺量为 13%。

2）围护墙体顶部为现浇钢筋混凝土压顶板，板厚 0.15m，加强墙体的整体性。

3）围护墙体与钢筋混凝土压顶板之间设置 ϕ12@1000 的连接钢筋，长度 1.5m。

4. 施工要求

1）水泥掺量通过掺合比试验确定，一般水泥掺合比为 13%（重量比），局部暗浜区域掺量加大为 15%，水泥采用普通硅酸盐水泥，水灰比 0.45～0.55。

2）开挖时水泥土搅拌桩的强度要求：无侧限抗压强度不低于 0.8MPa，抗剪强度不低于 0.2MPa。

3）施工单位可根据土方开挖的时间要求掺加适量的外加剂以利于早期强度的提高，水泥土搅拌桩的养护期不得少于 28d。

4）相邻桩施工间隙时间不得大于 16h，否则认为出现冷缝，应采取补救措施。

5）钢筋混凝土顶圈板混凝土强度等级为 C25，主筋净保护层厚度为 30mm。

5. 土方开挖、基坑降水要求

1）土方开挖根据施工情况合理确定分区、分层开挖顺序。

2）土方开挖必须分层进行，分层厚度不大于 2.0m。必须严格控制相临分区之间的土层高差（一般为 2m 左右），必须确保土坡自身稳定。

3）场内堆载必须在坑边 10m 以外，10m 以内堆载不得大于 20kN/m^2。

4）坑内排水沟不得靠坑边布置。

5）为便于基坑开挖和减少围护结构在开挖中变形，基坑内应设置井点预降水。水位宜降至基坑开挖面以下0.5～1.0m。

6）井点降水应在基坑开挖前 2 周以上完成布设并开始降水。

7）根据上海地区土质特点，井点应采用真空形式，确保降水效果。

8）基坑内降水应注意坑内、外地下水位观测，防止影响周围环境。

6. 监测要求

为确保工程施工，附近建筑物、道路和地下管线等的安全，及时预报施工中出现的问题，指导施工，必须进行如下施工监测：

- 墙体水平变形监测（测斜）；
- 墙顶变形及沉降监测；
- 基坑外地面沉降监测；
- 基坑内、外地下水位监测；
- 附近地下管线的变形监测；
- 附近建筑物沉降及倾斜监测。

7. 施工情况简介

1）围护搅拌桩施工初期，由于施工工期紧张，搅拌桩施工速度比较快，造成相近的道路路面上抬 23mm，路缘石开裂，后来调整了施工顺序，由外排向内排后退施工，并采取了减慢施工速度、调整施工参数等措施，有效控制了施工搅拌桩阶段对周边环境的影响。

2）基坑土方开挖阶段，通过分层分块的施工措施，围护墙顶的位移得到有效的控制，一般边的墙顶位移都不大于 30mm，长边中段的最大变位为 38mm，相邻地面沉降最大 21mm，管线最大沉降 8mm。

3.4 排桩支护及施工技术

3.4.1 排桩支护简述

排桩围护体是利用常规的各种桩体，例如，钻孔灌注桩、挖孔桩、预制桩及混合式桩等，按一定间距或连续咬合排列，形成的地下挡土结构。

1. 排桩围护体的类型与特点

按照单个桩体成桩工艺的不同，排桩周护体桩型大致有以下几种：钻孔灌注桩、预制混凝土桩、挖孔桩、压浆桩、SMW 工法（型钢水泥土搅拌桩）等。这些单个桩体可在平面布置上采取不同的排列形式形成挡土结构，来支挡不同地质和施工条件下基坑开挖时的侧向水土压力。图 3.11 中列举了几种常用排桩围护体形式。其中，分离式排列适用于无地下水、水位较深，土质较好的情况。在地下水位较高时应与其他防水措施结合使用，例如，在排桩后面另行设置隔水帷幕。一字形相切或搭接排列式，往往因在施工中桩的垂直度不能保证及桩体扩颈等原因影响桩体搭接施工，从而达不到防水要求。

为了增大排桩围护体的整体抗弯刚度，可把桩体交错排列，如图 3.11（c）所示。有时因场地狭窄等原因，无法同时设置排桩和隔水帷幕，可采用桩与桩之间咬合的形式，形成可起到止水作用的排桩围护体，如图 3.11（d）所示。相对于交错式排列，当需要进一步增大排桩的整体抗弯刚度和抗侧移能力时，可将桩设置成为前后双排，将前后排桩桩顶的帽梁用横向连梁连接，就形成了双排门架式挡土结构，如图 3.11（e）所示。有时还将双排桩式排桩进一步发展为格栅式排列，在前后排桩之间每隔一定的距离设置横隔式的桩墙，以寻求进一步增大排桩的整体抗弯刚度和抗侧移能力。

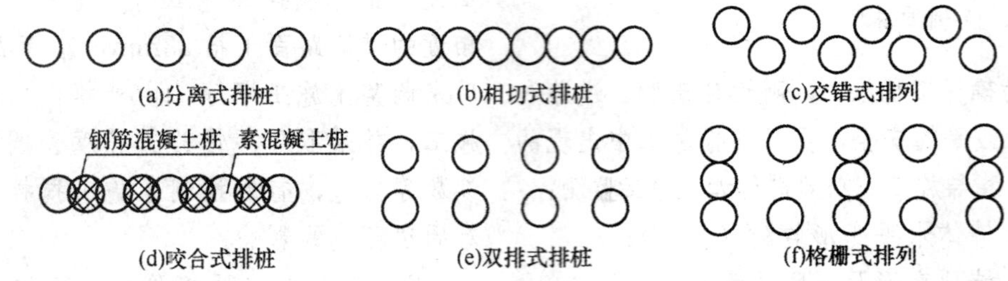

图 3.11　排桩围护体的常见形式

因此，除具有自身防水的 SMW 桩型挡墙外，常采用间隔排列与防水措施结合，其施工方便，防水可靠，成为地下水位较高软土地层中最常用的排桩围护体形式。

2. 排桩围护体的止水

对图 3.11 所示的各种形式，仅图 3.11（d）所示的咬合式排桩兼具隔水作用，其他形式都没有隔水的功能。当在地下水位高的地区应用除咬合桩排桩以外的排桩围护体时，还需另行设置隔水帷幕。

最常见的隔水帷幕是采用水泥搅拌桩（单轴、双轴或多轴）相互搭接、咬合形成一排或多排连续的水泥土搅拌桩墙，由于搅拌均匀的水泥土渗透系数很小，可作为基坑施工期间的隔水帷幕。隔水帷幕应设置在排桩围护体背后，如图 3.12（a）所示。当因场地狭窄等原因且无法同时设置排桩和隔水帷幕时，除可采用咬合式排桩围护体外，也可采用图 3.12（b）所示的方式，在两根桩体之间设置旋喷桩，将两桩间土体加固，形成止水的加固体。但该方法常因桩距大小不一致和旋喷桩沿深度方向因土层特性的变化导致的旋喷桩体直径不一而导致渗漏水。此时，也可采用图 3.12（c）、（d）所示的咬合型止水，其中图 3.12（c）中，先施工水泥土搅拌桩，在其硬结之前，在每两组搅拌桩之间施工钻孔灌注桩，因灌注桩直径大于相邻两组搅拌桩之间净距，因此可实现灌注桩与搅拌桩之间的咬合，达到止水的效果；而在图 3.12（d）中，则是利用先后施工的灌注桩的混凝土咬合，达到止水的目的。

当采用双排桩时，视场地条件，可在双排桩之间或之后设置水泥搅拌桩隔水帷幕，分别如图 3.12（e）、（f）所示。

采用水泥搅拌桩排桩隔水帷幕相对比较经济，当深度超过 10m 或环境条件有特殊要求时，可增至 2 排搅拌桩，甚至在钻孔桩之间再补以压密注浆。目前国内双轴水泥土搅拌桩成桩深度一般不超过 18m，所以，对于防渗深度超过此施工限制时，需另外选择止水措施，例如，采用三轴，目前国内施工深度可达 35m 左右。近期引进了日本的新设备，例如可逐节接长钻杆的超深 SMW 工法，成墙深度可达 60m，以及 TRD 工法，成墙深度也可达 60m 以上。

抗渗墙的深度应根据抗渗流或抗管涌稳定性计算确定，墙底通常应进入不透水层 3～4m，并应满足抗渗稳定的要求。防渗墙应贴近围护墙，其净距不宜大于 200mm。帷幕墙顶面及与围护墙之间的地表面应设置混凝土封闭面层，防止地表水渗入，当土层的渗透性较大且环境要求严格时，宜在防渗墙与围护墙之间注浆，防渗墙的渗透系

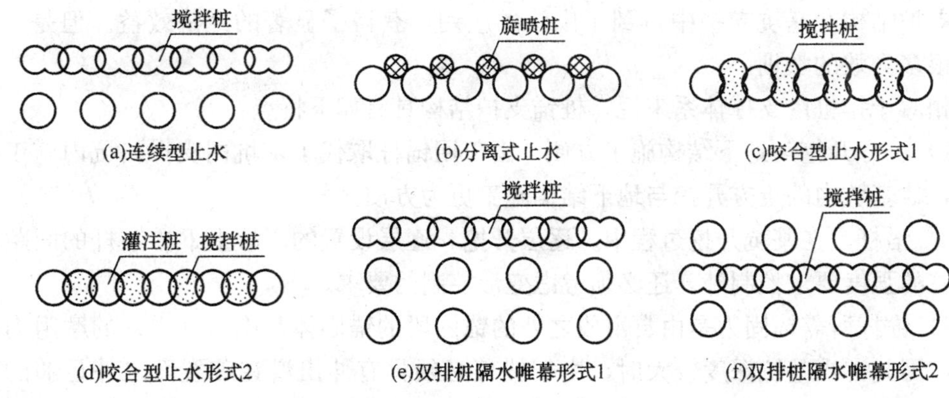

图 3.12　排桩围护体的止水措施

数不宜大于 10^{-6}cm/s。渗透系数应根据不同的地质条件采用不同的水泥含量，经试验确定，常用的水泥含量为 10%～12%。

3. 排桩围护体的应用

排桩围护体与地下连续墙相比，其优点在于施工工艺简单，成本低，平面布置灵活，缺点是防渗和整体性较差，一般适用于中等深度（6～10m）的基坑围护，但近年来也应用于开挖深度 20m 以内的基坑。其中压浆桩适用的开挖深度一般在 6m 以下，在深基坑工程中，有时与钻孔灌注桩结合，作为防水抗渗措施，见图 3.12（d）。采用分离式、交错式排列式布桩以及双排桩时，当需要隔地下水时，需要另行设置隔水帷幕，这是排桩围护体的一个重要特点，在这种情况下，隔水帷幕隔水效果的好坏，直接关系到基坑工程的成败，须认真对待。

非打入式排桩围护体与预制式板桩围护相比，具有无噪声、无振害、无挤土等许多优点，从而日益成为国内城区软弱地层中中等深度基坑（6～15m）围护的主要形式。

钻孔灌注桩排桩围护体最早在北京、广州、武汉等地使用，以后随着防渗技术的提高，与锚杆或内支撑组合，钻孔灌注桩排桩围护体适用的深度范围已逐渐被突破。如上海港汇广场基坑工程，开挖最深达 15m 之多，采用 d=1000mm 钻孔围护桩及两排深层搅拌桩止水的复合式围护，取得了较好的效果。此外，天津仁恒海河广场，基坑开挖深度达 17.5m，采用直径 1200mm 钻孔围护桩，并采用三轴水泥搅拌桩机设置了直径 850mm、650mm，33m 深隔水帷幕（隔水帷幕截断第一承压含水层），工程也获得了很好的效果。

4. 桩-锚支护结构

桩-锚支护体系其主要特点是采用锚杆取代基坑支护内支撑，给支护排桩提供锚拉力，以减小支护排桩的位移与内力，并将基坑的变形控制在允许范围内。

桩-锚支护体系主要由护坡桩、土层锚杆、围檩和锁口梁 4 部分组成，在基坑地下水位较高的地方，支护桩后还有防渗堵漏的水泥土墙等，它们之间相互联系、相互影响、相互作用，形成一个有机整体。目前，国内外深基坑开挖深度从几米到几十米，桩锚支护结构在基坑支护中得到了广泛的应用，获得了显著的经济效益。但是，其中也有很多失败的教训。

相对于排桩内支撑体系来说，桩锚支护结构具有如下特点：

1）土方开挖与地下结构施工方便。由于用锚杆取代了基坑内支撑，坑内施工的空间大，故基坑内的土方开挖与地下结构施工更为方便。

2）锚杆是在基坑开挖过程中，逐层开挖、逐层设置的，故上下排锚杆的间距除由围护桩的强度要求控制外，还必须考虑变形控制的要求。

3）锚杆所需锚固力是由自由段之外的锚固段的锚固体与围岩（土）的摩阻力所提供的，因此，当基坑深度较大时，由于锚杆必须具有伸出潜在破裂面之外足够的锚固长度，锚杆的长度较大。由于锚杆会因在土中产生应力扩散造成应力重叠而产生群锚效应，故而对锚杆的上下排最小间距、同一排锚杆中锚杆的水平向最小间距均要进行限制。一般而言，上下排锚杆的间距不宜小于 2.5m；同一排锚杆的水平向间距不宜小于 1.5m，但也不宜大于 4m。此外，由于锚杆的侧阻需要足够的上覆土压力来保证，故锚杆的上覆土层厚度不宜小于 4m。

3.4.2 排桩的施工要点

1. 柱列式灌注桩围护体的施工

(1) 钻孔灌注柱干作业成孔施工

钻孔灌注桩干作业成孔的主要方法有螺旋钻孔机成孔、机动洛阳挖孔机成孔及旋挖钻机成孔等方法。

螺旋钻孔机由主机、滑轮、螺旋钻杆、钻头、滑动支架、出土装置等组成。主要利用螺旋钻头切削土壤，被切的土块随钻头旋转，并沿螺旋叶片上升而被推出孔外。该类钻机结构简单，使用可靠，成孔作业效率高、质量好，无振动，无噪声，耗用钢材少，最宜用于匀质黏性土，并能较快穿透砂层。螺旋钻孔机适用于地下水位以上的匀质黏土、砂性土及人工填土。钻头的类型有多种，黏性土中成孔大多采用锥式钻头，钻头用 45 号钢制成。齿尖处镶有硬质合金刀头，最适宜于穿透填土层，能把碎砖破成小块。平底钻头，适用于松散土层。

机动洛阳挖孔机由提升机架、滑轮组、卷扬机及机动洛阳铲组成。提升机动洛阳铲到一定高度后，靠机动洛阳铲的冲击能量来开孔挖土，每次冲铲后，将土从铲具钢套中倒弃。机动洛阳挖孔机宜用于地下水位以下的一般黏性土、黄土和人工填土地基。设备简单，操作容易，北方地区应用较多。

旋挖钻机是近年来引进的先进成孔机械，利用功率较大的电机驱动可旋转取土的钻斗，采用将钻头强力旋转压入土中，通过钻斗把旋转切削下来的钻屑提出地面。该钻机在土质较好的条件下可实现干作业成孔，不必采用泥浆护壁。

(2) 钻孔灌注桩湿作业成孔施工

钻孔灌注桩湿作业成孔的主要方法有冲击成孔、潜水电钻机成孔、工程地质回转钻机成孔及旋挖钻机成孔等。

潜水电钻机其特点是将电机、变速机构加以密封，并同底部钻头连接在一起，组成一个专用钻具，可潜入孔内作业。潜水电钻机多采用正循环方式排泥的潜水电钻。潜水电钻体积小、重量轻，机器结构轻便简单、机动灵活、成孔速度较快，宜用于地下水位高的淤泥质土、黏性土以及砂质土等，其常用钻头为笼式钻头。

工程水文地质回转钻机由机械动力传动，配以笼式钻头，可多挡调速或液压无级调速，以泵吸或气举的反循环方式进行钻进。有移动装置，设备性能可靠，噪声和振动小，钻进效率高，钻孔质量好。上海地区近几年已有数千根灌注桩应用它来施工。它适用于松散土层、黏土层、砂砾层、软硬岩层等多种地质条件。

钻孔灌注桩湿作业成孔施工工艺要求如下：

1）用作挡墙的灌注桩施工前必须试成孔，数量不得少于2个，以便核对地质资料，检验所选的设备、机具、施工工艺以及技术要求是否适宜。如孔径、垂直度、孔壁稳定和沉淤等检测指标不能满足设计要求时，应拟定补救技术措施，或重新选择施工工艺。

2）桩位偏差、轴线和垂直轴线方向均不宜超过50mm，垂直度偏差不宜大于0.5%。

3）成孔须一次完成，中间不要间断。成孔完毕至灌注混凝土的间隔时间不应大于24h。

4）为保证孔壁的稳定，应根据地质情况和成孔工艺配制不同的泥浆。成孔到设计深度后，应进行孔深、孔径、垂直度、沉浆浓度、沉渣深度等测试检查，确认符合要求后，方可进行下一道工序施工。根据出渣方式不同，成孔作业可分成正循环成孔和反循环成孔两种。

5）完成成孔后，在灌注混凝土之前，应进行清孔。通常清孔应分2次进行。第一次清孔在成孔完毕后，立即进行；第2次在下放钢筋笼和灌注混凝土导管安装完毕后进行。

常用的清孔方式有正循环清孔、泵吸反循环清孔和空气升液反循环清孔，通常随成孔时采用的循环方式而定。清孔时先是钻头稍作提升，然后通过不同的循环方式排除孔底沉淤，与此同时，不断注入洁净的泥浆水，用以降低钻孔泥浆水中的泥渣含量。

清孔过程中应测定沉浆指标。清孔后的泥浆密度应小于$1.15\times10^3 kg/m^3$。清孔结束时应测定孔底沉淤厚度，孔底沉淤厚度一般应小于30cm。

第2次清孔结束后孔内应保持水头高度，并应在30min内灌注混凝土。若超过30min，灌注混凝土应重新测定孔底沉淤厚度。

6）孔底沉淤厚度检测合格后，及时放入钢筋笼。当钢筋笼长度较大、一次起吊重量过大，且易造成钢筋笼发生变形时，钢筋笼宜分段制作。分段长度应按钢筋笼的整体刚度、来料钢的长度及起重设备的有效高度等因素确定。钢筋笼在起吊、运输和安装中应采取措施防止变形。

7）钢筋笼置入孔中后，应及时进行水下混凝土灌注。配制水下灌注混凝土必须保证能满足设计强度以及施工工艺要求。灌注混凝土是确保成桩质量的关键工序，灌注前应做好一切准备工作，保证混凝土灌注连续紧凑地进行。

8）排桩宜采取隔桩施工，并应在灌注混凝土24h后进行邻桩成孔施工。

9）钻孔灌注桩柱列式排桩采用湿作业法成孔时，要特别注意孔壁护壁问题。由于通常采用跳孔法施工，当桩孔出现坍塌或扩径较大时，会导致两根已经施工的桩之间插入后施工的桩时发生成孔困难，必须把该根桩向排桩轴线外移才能成孔。一般而言，柱列式排桩的净距不宜小于200mm。

10）非均匀配筋排桩的钢筋笼在绑扎、吊装和埋设时，应保证钢筋笼的安放方向与设计方向一致。

2. 隔水帷幕与灌注桩重合围护体施工

当可供基坑围护桩和隔水帷幕设置、施工的场地狭小时，可考虑将排桩与隔水帷幕设置在同一轴线上，形成挡土、止水合一的排桩隔水帷幕结合体。

隔水帷幕与灌注桩重合围护体施工的关键与咬合桩施工类似，即注意相邻的搅拌桩与混凝土桩施工的时间安排和搅拌桩成桩的垂直度。一般而言，搅拌桩施工结束的48h内施工灌注桩时易发生塌孔、扩径严重等现象，因此不宜施工灌注桩。但时间超过7d后，由于搅拌桩强度的增加，施工灌注桩的阻力较大。也要特别注意避免因已施工完成的搅拌桩垂直度偏差较大而造成与钢筋混凝土桩搭接效果不好的情况，甚至出现基坑漏水。

3. 人工挖孔桩围护体施工

人工挖孔桩是采用人工挖掘桩身土方，随着孔洞的下挖，逐段浇捣钢筋混凝土护壁，直到设计所需深度。土层好时，也可不用护壁，一次挖至设计标高，最后在护壁内一次浇筑完成混凝土桩身的桩。挖孔桩作为基坑支护结构与钻孔灌注桩相似，是将多个桩组成桩墙而起挡土作用。它有如下优点：大量的挖孔桩可分批挖孔，使用机具较少，无噪声、无振动、无环境污染；适应建筑物、构筑物拥挤的地区，对邻近结构和地下设施的影响小，场地干净，造价较经济。

应当指出，选用挖孔桩作支护结构，除了对挖孔桩的施工工艺和技术要有足够的经验外，还应注意在有流动性淤泥、流砂和地下水较丰富的地区不宜采用。

人工挖孔桩在浇筑完成以后，即具有一定的防渗能力和支承水平土压力的能力。把挖孔桩逐个相连，即形成一个能承受较大水平压力的挡墙，从而起到支护结构防水、挡土等作用。

人工挖孔桩支护原理与钻孔灌注桩挡墙或地下连续墙相类似。人工挖孔桩直径较大，属于刚性支护，设计时应考虑桩身刚度较大对土压力分布及变形的影响。

挖孔桩选作基坑支护结构时，桩径一般为100～120cm。桩身的有关设计参数，应根据地质情况和基坑开挖深度计算确定。在实践中，也有工程采用挖孔桩与锚杆相结合的支护方案。

4. 咬合桩围护体的施工

钻孔咬合桩是采用全套管灌注桩机（磨桩机）施工形成的桩与桩之间相互咬合排

列的一种基坑支护结构。施工时，通常采用全钢筋混凝土桩排列以及钢筋混凝土与素混凝土上交叉排列两种形式，其中钢筋混凝土与素混凝土交叉排列形式的应用较为普遍。素混凝土桩采用超缓凝型混凝土先期浇筑；在素混凝土桩的混凝土初凝前利用套管钻机的切割能力切割掉相邻素混凝土桩相交部分的混凝土，然后浇筑钢筋混凝土桩，实现相邻桩的咬合，如图 3.13 所示。

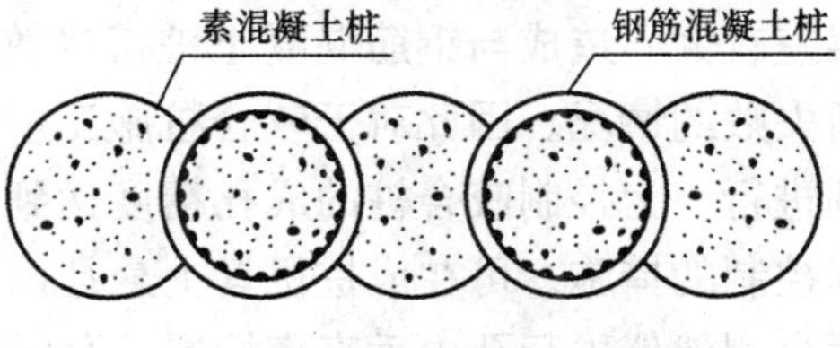

素混凝土桩　钢筋混凝土桩

图 3.13　咬合桩施工示意图

单根咬合桩施工工艺流程如下：

1）护筒钻机就位　当定位导墙有足够的强度后，用吊车移动钻机就位，并使主机抱管器中心对应定位于导墙孔位中心。

2）单桩成孔　步骤为随着第一节护筒的压入（深度为 1.5～2.5m），冲弧斗随着从护筒内取土，一边抓土一边继续下压护筒，待第一节全部压入后（一般地面上留 1～2m，以便于接筒）检测垂直度，合格后，接第二节护筒，如此循环至压到设计桩底标高。

3）吊放钢筋笼　对于 B 桩（图 3.14），成孔检查合格后进行安放钢筋笼工作，此时应保证钢筋笼标高正确。

4）灌注混凝土　如孔内有水，需采用水下混凝土灌注法施工；如孔内无水，则采用于孔灌注法施工并注意振捣。

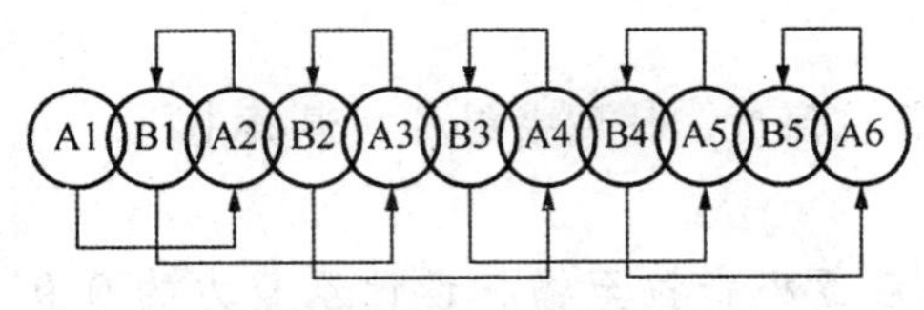

图 3.14　排桩施工顺序

5）拔筒成桩　一边浇筑混凝土一边拔护筒，应注意保持护筒底低于混凝土面 ≥2.5m。

排桩施工工艺顺序如下：如图 3.14 所示。对一排咬合桩，其施工顺序为 A1→A2→B1→A3→B2→A4→B3，以此类推。

A 桩混凝土缓凝时间的确定需要在测定出 A、B 桩单桩成桩所需时间 t 后，根据下式计算 A 桩混凝土缓凝时间 T：

$$T=3t+K$$

式中，K——储备时间，一般取 $1.5t$。

在 B 桩成孔过程中，由于 A 桩混凝土未完全凝固，还处于流动状态，因此其有可能从 A、B 桩相交处涌入 B 桩孔内，形成“管涌”。克服的措施有：

- 控制 A 桩的混凝土坍落度＜14cm。
- 护筒应插入孔底以下至少 1.5m。
- 实时观察 A 桩混凝土顶面是否下陷，若发现下陷应立即停止 B 桩开挖，并一边将护筒尽量下压，一边向 B 桩内填土或注水（平衡 A 桩混凝土压力），直至制止住“管涌”为止。

当遇地下障碍物时，由于咬合桩采用的是钢护筒，所以可吊放作业人员下入孔内清除障碍物。

在向上拔出护筒时，有可能带起放好的钢筋笼，预防措施可选择减小 B 桩混凝土骨料粒径或者可在钢筋笼底部焊上一块比其自身略小的薄钢板以增加其抗浮能力。

咬合桩在施工时不仅要考虑素混凝土桩混凝土的缓凝时间控制，注意相邻的素混凝土和钢筋混凝土桩施工的时间安排，还需要控制好成桩的垂直度，防止因素混凝土桩强度增长过快而造成钢筋混凝土桩无法施工，或因已施工完成的素混凝土桩垂直度偏差较大而造成与钢筋混凝土桩搭接效果不好的情况，甚至出现基坑漏水，无法止水而失败的情况。因此对于咬合桩施工应该进行合理安排，做好施工记录，方便施工顺利进行。为控制咬合桩的成孔精度达到设计和相关规范的要求，应采用成孔精度全过程控制的措施。可在成桩机具上悬挂两个线柱控制南北、东西向护筒外壁垂直度并用两台测斜仪进行孔内垂直度检查。发现有偏差时及时进行纠偏调整。

类似于地下连续墙施工，对于全套管咬合桩的施工，也需要在进行钻孔成桩之前做导墙，以满足钻孔咬合桩的平面位置的控制和作为施工机具的一个平台，防止孔口坍塌，确保咬合桩护筒的竖直，并确保全套管钻机平整作业。导墙的施工要求可参见地下连续墙的相关要求。

5. 桩-锚支护结构的施工

桩锚支护结构的施工顺序总体上如下：

- 施工隔水帷幕与排桩；
- 施工桩顶帽梁；
- 开挖土方至第一层锚杆标高以下的设计开挖深度，挂网喷射桩间混凝土；
- 逐根施工锚杆；
- 安装围檩和锚具，待锚杆达到设计龄期后逐根张拉至锚杆设计承载力的0.9～1.0倍后，再按设计锁定值进行锁定；
- 继续开挖下一层土方并施工下一排锚杆。

锚杆的具体施工工艺可参照“土钉墙支护”中相关内容。为了提高锚杆锚固段的锚固力，有时还可考虑对锚杆采用二次注浆的工艺。

3.5 基坑降水

3.5.1 基坑降水的基本知识

基坑降水又称人工降水，即采用人工降低地下水位的方法将基坑内或基坑内外的水位降低至开挖面以下。

1. 基坑降水作用

基坑降水的作用如图3.15所示，主要有以下几方面作用：

1）防止地下水因渗流而产生流砂、管涌等渗透破坏作用。

2）提高边坡或坑壁围护结构的稳定性。

3）避免水下作业，使基坑施工能在地下水位以上进行，为施工提供方便，也有利于提高施工质量。

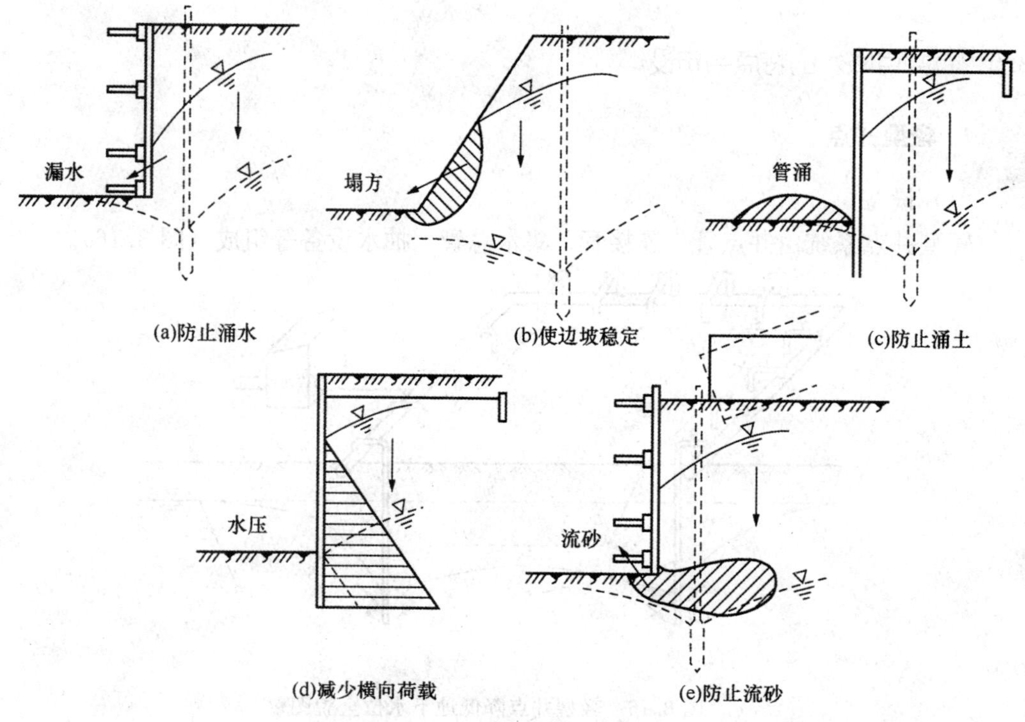

(a)防止涌水　(b)使边坡稳定　(c)防止涌土

(d)减少横向荷载　(e)防止流砂

图 3.15　基坑降水的作用

2. 降水方法及类型

常用人工降低地下水位的方法为井点降水法。井点降水就是在基坑开挖前，在基坑周围埋设一定数量的滤水管（井），利用抽水设备上从中抽水，使地下水位降至基坑底以下，直至施工完毕为止。井点降低地下水位的方法有：

1）轻型井点降水　在基坑外围或一侧、两侧埋设深入含水层内的井点管，井点管的上端通过连接弯管接至集水总管再与真空泵和离心泵相连，启动抽水设备，地下水便在水泵吸力的作用下，经滤水管进入井点管和集水总管，排出空气后，由离心水泵的排水管排出，使地下水位降低到基坑底以下。

2）喷射井点降水　在井点管内部装设特制的喷射器，用高压水泵或空气压缩机通过井点管中的内管向喷射器输入高压水（喷水井点）或压缩空气（喷气井点），形成水气射流，将地下水经井点外管与内管之间的间隙抽出排走。

3）管井井点降水　沿基坑周边每隔一定距离设置一个管井，每个管井单独用一台水泵不断抽水降低地下水位。

4）深井井点降水　在深基坑的周围埋置深于基底的井管，使地下水通过设置在井管内的潜水泵将地下水抽出，使地下水位低于基坑底。

5）电渗井点降水　是在渗透系数很小的饱和黏性土或淤泥、淤泥质土层中，利用黏性土中的电渗现象和电泳特性，结合轻型井点或喷射井点作为阴极，用钢管或钢筋作阳极，埋设在井点管环圈内侧，当通电后使黏性土空隙中的水流动加快，起到一定的疏干作用，从而使软土地基排水效率提高的一种降水方法。

3.5.2 井点降水的特点与布设

1. 轻型井点

(1) 设备

轻型井点系统由井点管、连接管、集水总管、抽水设备等组成(图 3.16)。

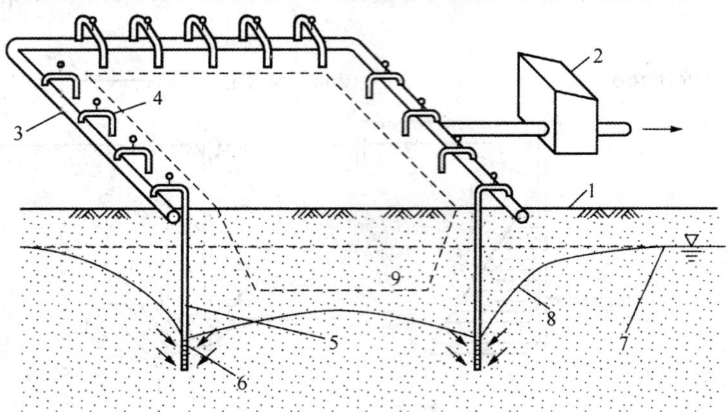

图 3.16 轻型井点降低地下水位全貌图

1. 地面;2. 水泵房;3. 总管;4. 弯联管;5. 井点管;6. 滤管;
7. 原有地下水位线;8. 降低后地下水位线;9. 基坑

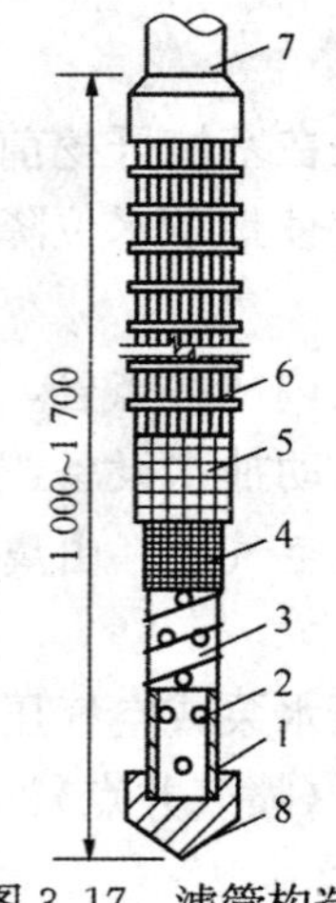

图 3.17 滤管构造

1. 钢管;2. 管壁上的小孔;
3. 缠绕的塑料管;4. 细滤管;
5. 粗滤管;6. 粗铁丝保护网;
7. 井点管;8. 铸铁头

1) 井点管 井点管长度一般 5~7m,上端用弯管接头与总管相连,下端用螺丝套头与滤管连接。井点管与滤管常采用直径 38mm 或 55mm 的无缝钢管。

滤管为进水设备,其构造如图 3.17 所示。直径常与井点管直径相同,长度为1.0~1.7m,管壁上钻有 12~18 个星棋状排列滤孔。管壁外包两层孔径不同的滤网,内层为细滤网,外层为粗滤网,为避免滤孔淤塞,在管壁与滤网间用铁丝绕成螺旋形隔开,滤网外面再围一层 8 号粗铁丝保护网。滤管下端放一个锥形铸铁头以利于井管插埋。

2) 连接管与集水总管 连接管用胶皮管、塑料透明管或钢管弯头制成,直径为 38~55mm。每个连接管均宜装设阀门,以便检修并点。

集水总管一般用直径 100~127mm 的无缝钢管分节连接,每节约长 4m,其上每隔 0.8~1.6m 装有与井点管相连接的短接头。

3) 抽水设备 根据水泵和动力设备的不同,轻型井点分为干式真空泵井点、射流泵井点和隔膜泵井点三种,这三者用的设备不同,其所配用功率和能负担的总管长度亦不同,如表 3.5 所示。

表 3.5　各种轻型井点的配用功率、井点根数与总管长度

轻型井点类别	配用功率/kW	井点根数/根	总管长度/m
真空泵井点	18.5～22	80～100	96～120
射流泵井点	7.5	30～50	40～60
隔膜泵井点	3	50	60

(2) 工艺流程

施工准备→井点管布置→井点管埋设→井点管系统运行→井点管拆除

(3) 施工操作要点

1) 井点布置　轻型井点的布置，应根据基坑的平面形状与大小、土质、地下水位高低与流向、降水深度要求而定。

平面布置：当基坑或沟槽宽度小于 6m，降水深度小于 5m 时，可用单排井点（图 3.18），井点管布置在地下水流上游一侧；当基坑宽度大于 6m 或土质不良时，宜采用双排井点（图 3.19）；当基坑或基槽的面积较大时，宜采用环状井点布置，如图 3.20 所示。井点管距离基坑壁一般可取 0.7～1m，井点管间距一般用 0.8～1.6m，由计算或经验确定。

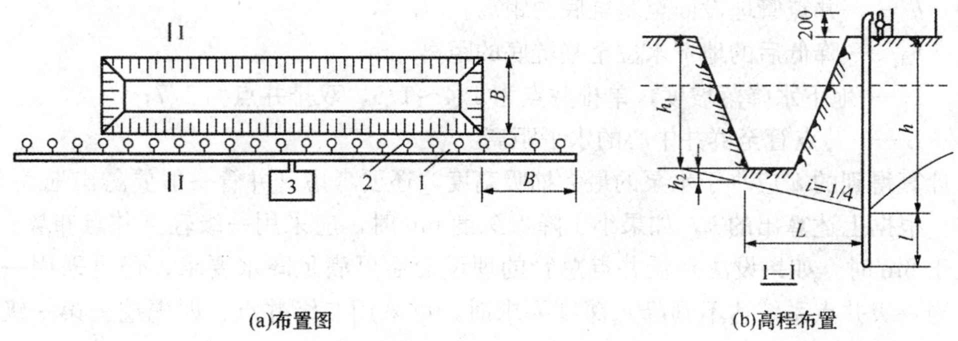

(a)布置图　(b)高程布置

图 3.18　单排井点布置简图

1. 总管；2. 井点管；3. 抽水设备

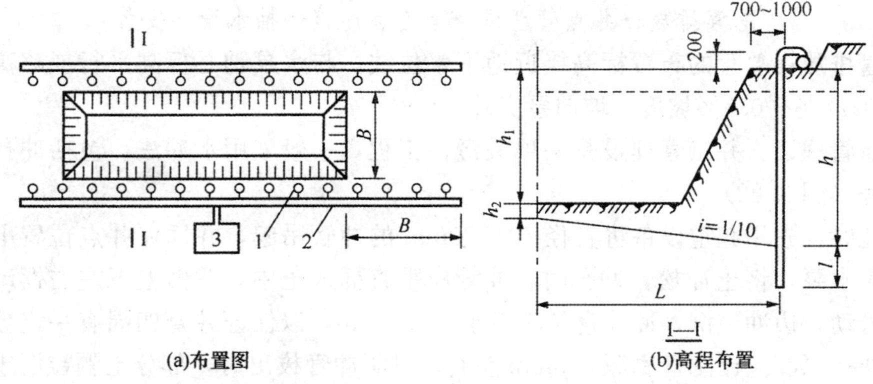

(a)布置图　(b)高程布置

图 3.19　双排线状井点布置图

1. 总管；2. 井点管；3. 抽水设备

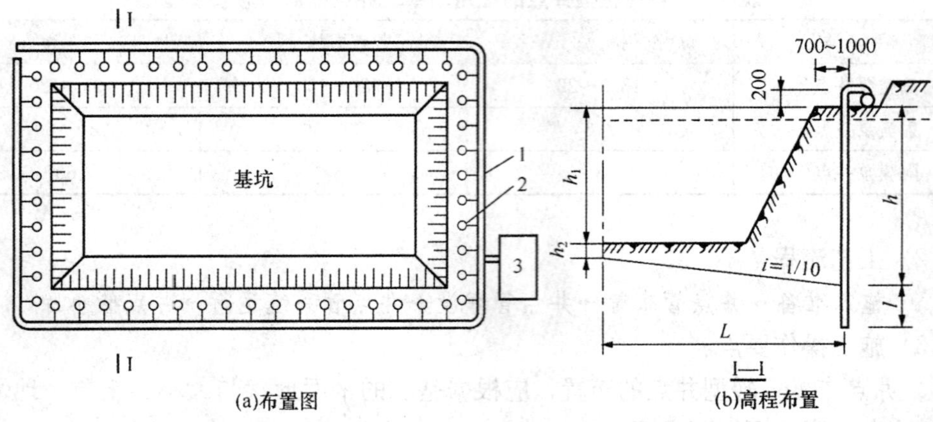

图 3.20 环形井点布置图

1. 总管；2. 井点管；3. 抽水设备

高程布置：井点管需要的埋置深度 h（不包括滤管）可按下式进行计算：

$$h > h_1 + h_2 + iL \tag{3.4}$$

式中，h_1——井点管埋设面至基坑底的距离，m；

h_2——降低后的地下水位至基坑底的距离，m；

i——地下水降落坡度，单排井点为 1/4～1/5，双排井点为 1/7；

L——井点管至群井中心的水平距离。

计算得到的 h 应小于水泵的最大抽吸高度，还要考虑到井管一般要露出地面 0.2m 左右。根据上述算出的 h，如果小于降水深度 6m 时，应采用一级轻型井点布置；h 值稍大于 6m 时，如果设法降低井点总管的埋设面后可满足降水要求，仍可采用一级井点。当一级井点系统达不到降水深度要求时，可采用二级井点，即先挖去第一级井点所疏干的土，然后再在其底部装置第二级井点，如图 3.21 所示。

2）井点管埋设

井点管埋设程序：

总管排放→井点管埋设→弯连管连接→抽水设备安装

总管排放：总管的布置标高接近地下水位线，与水泵轴心标高平行或略高。总管应具有 0.25%～0.5%坡度（坡向泵房）。

井点管埋设：井点管埋设是一项关键性工程，一般采用水冲法，包括冲孔和埋管两个过程（图 3.22）。

冲孔时，先用起重设备将直径 50～70mm 的冲管吊起，并插在井点位置上，然后开动高压水泵，将土冲松，冲孔时，冲管应垂直插入土中，并做上下左右摆动，以加剧土体松动，边冲边沉，冲孔直径应不小于 300mm，以保证井管四周有一定数量的砂滤层，冲孔深度应比滤管底深 500mm 左右，以防冲管拔出时，部分土颗粒沉于坑底而触及滤管底部。井孔冲成后，立即拔出冲管，插入井点管，并在井点管和孔壁间迅速填灌砂滤层，以防孔壁坍塌，砂滤层的填灌质量是保证轻型井点顺利工作的关键，一般应采用洁净的粗砂，填灌要均匀，填灌到滤管顶上 1～1.5m，以保证水流畅通。井

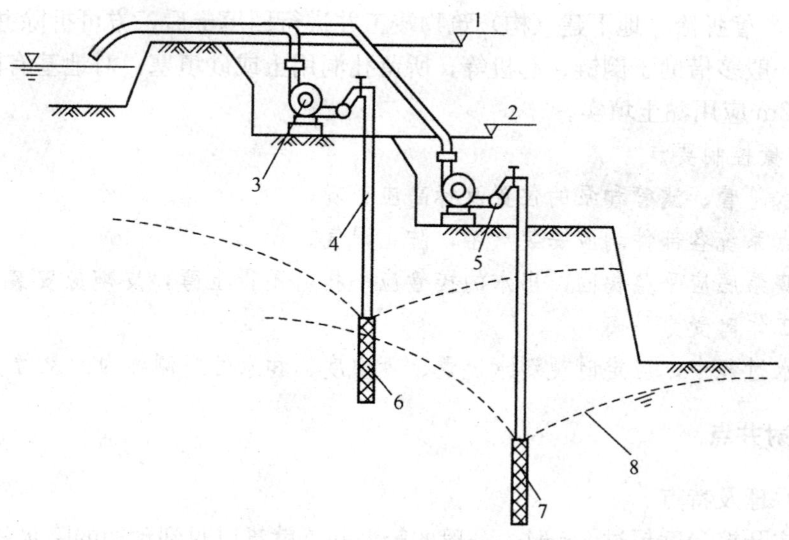

图 3.21　二级轻型井点降水

1. 原地面线；2. 原地下水位线；3. 抽水设备；4. 井点管；5. 总管；6. 第一级井点；7. 第二级井点；8. 降低水位线

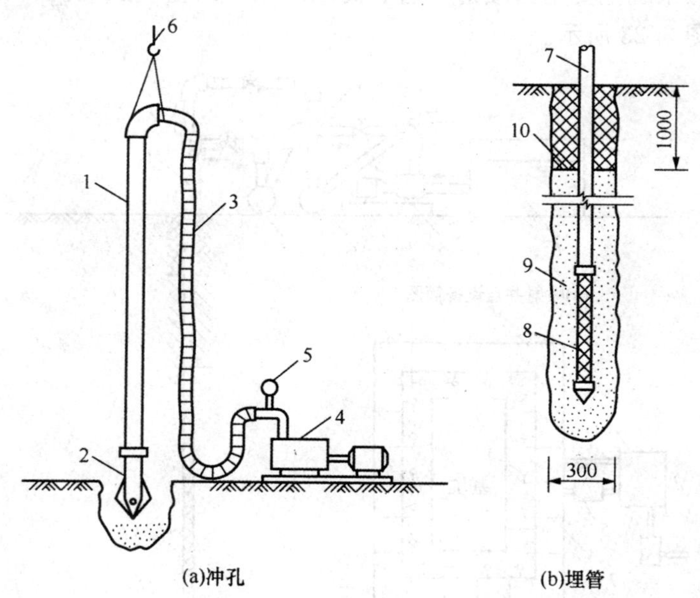

图 3.22　井点管的埋设

1. 冲管；2. 冲嘴；3. 胶管；4. 高压水泵；5. 压力表；6. 起重机吊钩；7. 井点管；8. 滤管；9. 填砂；10. 黏土封口

点填砂后，井点管上口必须用黏土封口，以防漏气。

3）井点管系统运行　全部安装完毕后，需进行试抽，以检查有无漏气、漏水现象。如有异常情况，应检修好后方可使用。

井点管系统运行，应保证连续抽水，并准备双电源，正常出水规律为“先大后小，先浑后清”。如不上水，或水一直较浑，或出现清后又浑等情况，应立即检查纠正。

4）井点管拆除　地下建（构）筑物竣工并进行回填土后，方可拆除井点系统，井点管拆除一般多借助于倒链、起机等，所留孔洞用土或砂填塞，对地基有防渗要求时，地面以下 2m 应用黏土填实。

5）质量控制要点

- 集水总管、滤管和泵的位置及标高应正确。
- 井点系统各部件均应安装严密，防止漏气。
- 隔膜泵底应平整稳固，出水的接管应平接，不得上弯，皮碗应安装准确，对称，使工作时受力平衡。
- 降水过程中，应定时观测水流量、真空度、和水位观测井内的水位。

2. 喷射井点

（1）原理及特点

当基坑开挖深度超过 6m 时，一般的轻型井点就难以收到预期的降水效果，此时可采用多级轻型井点或喷射井点以增加降水深度，达到设计要求。

喷射井点根据工作流体的不同，分为喷水井点和喷气井点，两者的工作原理是相同的。喷射井点系统主要是由喷射井管、高压水泵（或空气压缩机）和进水排水管路系统组成，如图 3.23 所示。

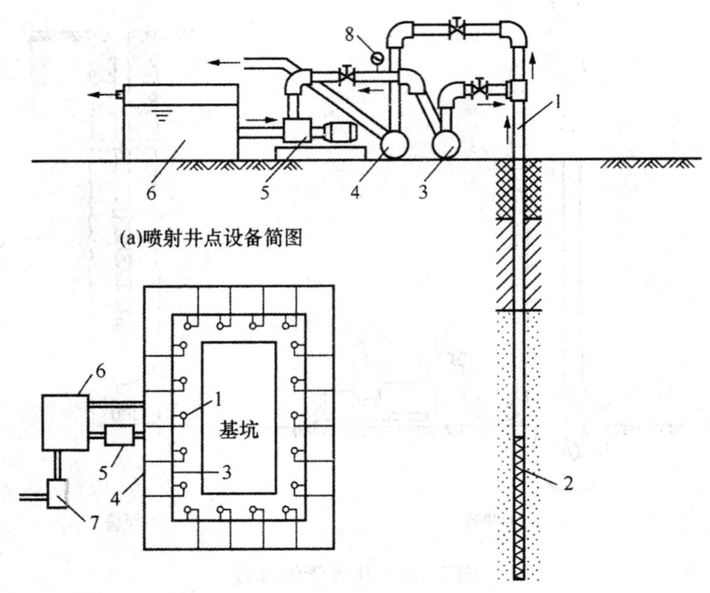

图 3.23　喷射管点布置示意图

1. 喷射井管；2. 滤管；3. 供水总管；4. 排水总管；5. 高压离心水泵；6. 水池；7. 排水泵；8. 压力表

喷射井管由内管和外管组成，在内管的下端装有喷射扬水器与滤管相连。当喷射井点工作时，由地面高压离心水泵供应的高压工作水经过内外管之间的环形空间直达底端，在此处的工作流体由特制内管的两侧进水孔至喷嘴喷出，在喷嘴处由于断面突

然收缩变小，使工作流体具有极高的流速（30～60m/s），在喷口附近造成负压（形成真空），将地下水经过滤管吸入，吸入的地下水在混合室与工作水混合，然后进入扩散室，水流在强大压力的作用下把地下水同工作水一同扬升出地面，经排水管道系统排至集水池或水箱，一部分用低压泵排走，另一部分供高压水泵压入井管外管内作为工作水流。如此循环作业，将地下水不断地从井点管中抽走，使地下水逐渐下降，达到设计要求的降水深度。

喷射井点用作深层降水，在粉土、极细砂和粉砂中较为适用。在较粗的砂粒中，由于出水量较大，循环水流就显得不经济，这时宜采用深井泵。一般一级喷射井点可降低地下水位 8～20m，甚至 20m 以上。

(2) 施工工艺

喷射井点管埋设方法与轻型井点相同，对于 10m 以上的井点管宜用吊车下管；每下好一根井点管，立即与总管接通并试抽排泥；安装喷射井管前应逐根冲洗；若采用喷水井点则需注意工作水的洁净，以防阻塞或摩擦喷嘴。

3. 电渗井点

(1) 原理及特点

在黏性土和粉质黏土中进行基坑开挖施工，由于土体的渗透系数较小，为加速土中水分向井点管中流入，从而提高降水施工的效果，除了应用真空产生抽吸作用以外，还可采用电渗。电渗井点构造如图 3.24 所示。

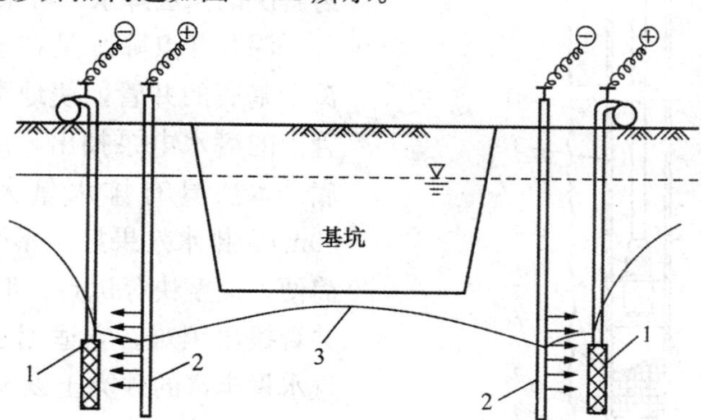

图 3.24　电渗井点

1. 井点管；2. 金属棒；3. 地下水降落曲线

所谓电渗井点，一般与轻型井点或喷射井点结合使用，它是利用轻型井点或者喷射井点管本身作为阴极，以金属棒（钢筋、钢管、铝棒等）作为阳极。通入直流电（采用直流发电机或直流电焊机）后，带有负电荷的土粒即向阳极移动（即电泳作用），而带有正电荷的水则向阴极方向移动集中，产生电渗现象，在电渗与井点管内的真空双重作用下，强制黏土中的水由井点管快速排出，井点管连续抽水，从而地下水位逐渐降低。

因此，对于渗透系数较小（小于 0.1m/d）的饱和黏土，特别是淤泥和淤泥质黏土，单纯利用井点系统的真空产生的抽吸作用可能较难将水从土体中抽出排走，而利用黏土的电渗现象和电泳作用特性，一方面可加速土体固结，增加土体强度，另一方面也可以达到较好的降水效果。

（2）施工工艺

电渗井点埋设程序一般是先埋设轻型井点或喷射井点管，预留出布置电渗井点阳极的位置，待轻型井点降水不能满足降水要求时，再埋设电渗阴极，以改善降水性能。电渗井点阴极埋设与轻型井点、喷射井点相同，阳极埋设可用75mm旋叶式电钻钻孔埋设，钻进时加水和高压空气循环排泥，阳极就位后，利用下一钻孔排出泥浆倒灌填孔，使阳极与土接触良好，减少电阻，以利电渗。如深度不大，亦可用锤击法打入。钢筋埋设必须垂直，严禁与相邻阴极相碰，以免造成短路，损坏设备。

施工时阳极可采用直径50～70mm钢管或直径20～25mm钢筋或铝棒，埋设于井点管内侧1.2～1.5m处并成平行交错排列。阴阳极数量宜相等，必要时阳极数量可略多。阳极入土深度一般要比井点管深500mm，通电时工作电压不宜大于60V。工作时应保持地面干燥，尽量绝缘。

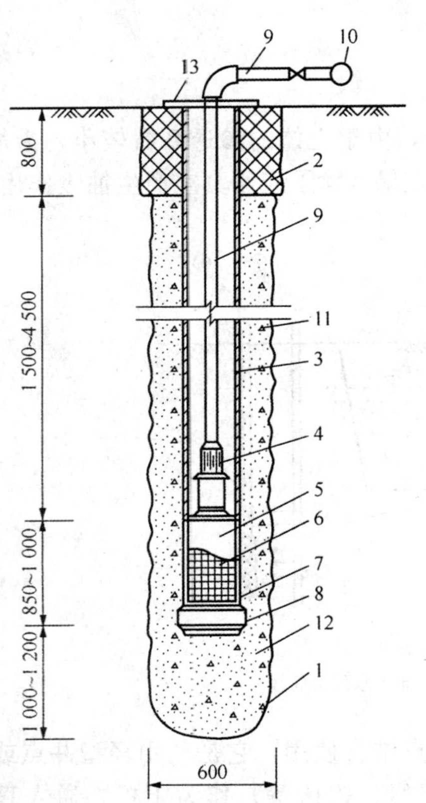

图3.25　深井井点构造

1. 井孔；2. 井口（黏土封口）；3. ϕ300mm井管；4. 潜水泵；5. 过滤段（内填碎石）；6. 滤网；7. 导向段；8. 开孔底板（下铺滤网）；9. ϕ50mm出水管；10. ϕ50mm～ϕ75mm出水总管；11. 小砾石或中粗砂；12. 中粗砂；13. 钢板井盖

4. 深井井点

（1）原理及特点

对于渗透系数较大、涌水量大、降水深度较大的砂类土，及用其他井点降水不易解决的深层降水，可采用深井井点系统。

深井井点降水是在土方开挖周围埋置深于基底的井管，使地下水通过设置在井管内的潜水电泵抽出，使地下水位低于坑底。本法具有排水量大、降水深（可达50m）、排水效果好，不受土层限制、施工简便、速度快等优点；但其一次性投资大，井管拔出困难。它适用于渗透系数较大而且水量丰富的砂类土以及降水深、面积大、时间长等情况。其构造如图3.25所示。

对于在渗透系数较小的土层中的深层降水，可以利用深井泵结合真空泵降水，利用真空泵在深井井点中产生真空，从而加速土中地下水向井点管内的涌入，以提高降水效果。

（2）施工工艺

深井的成孔方法可采用冲击钻孔、回转钻孔、潜水电钻钻孔或水冲法成孔。施工时用泥浆或自成泥浆护壁，孔口设置护筒以防孔口塌方，并在一侧设排泥沟、泥

浆坑。深井井孔孔径应比井管直径大 300mm 以上，深度上当不设沉砂管时应考虑底部可能沉积的沉渣高度而适当加深。成孔后应立即安装井管，以防塌孔。

井管沉放前应清孔，安放垂直，过滤部分应放在含水层范围内。井管与土壁间填充粒径大于滤网孔径的砂滤料。填滤料要一次连续完成，从底填到井口下 1m 左右，上部采用不含砂石的黏土封口。

在深井内安放水泵前应清洗滤井，冲除沉渣。安放潜水泵时用绳吊入滤水层部位，并安放平稳，电缆等应绝缘可靠，并配置保护开关控制。抽水系统安装完毕后应进行试抽，一切满足要求后再转入正常工作。井管使用完毕，用起重设备将井管口套住徐徐拔出，滤水管拔出洗净后可再用。拔出所留的洞用砂砾填实。

3.5.3　降水方法的选择及注意事项

1. 降水方法的选择

对不同的土质应用不同的降水形式，表 3.6 为常用的降水形式。

表 3.6　降水类型及适用条件

降水类型＼适用条件	渗透系数	可能降低的水位深度/m
轻型井点 多级轻型井点	$10^{-2}\sim10^{-5}$	3～6
喷射井点	$10^{-3}\sim10^{-6}$	6～12
电渗井点	$<10^{-6}$	宜配合其他形式降水使用
深井井管	$\geqslant10^{-6}$	>10

说明：电渗作为单独的降水措施已不多，在渗透系数不大的地区，为改善降水效果，可用电渗作为辅助手段。

2. 注意事项

1）降水与排水是配合基坑开挖的安全措施，施工前应有降水与排水设计，当在基坑外降水时，应有降水范围的估算，对重要建筑物或公共设施在降水过程中应监测。

2）降水过程中，基坑附近的地基土壤会有一定的沉降，可能使已有建筑物或构筑物产生附加沉降、位移，施工时应加以注意，必要时应采取有效的防护措施。

3）降水系统施工完后，应试运转，如发现井管失效，应采取措施使其恢复正常，如无可能恢复则应报废，另行设置新的井管。

常在降水系统施工后，发现抽出的是混水或无抽水量的情况，这是降水系统的失效，应重新施工直至达到效果为止。

4）降水系统运转过程中应随时检查观测孔中的水位。

5）降水与排水施工的质量检验标准应符合表 3.7 的规定。

表 3.7　降水与排水施工质量检验标准

序号	检查项目	允许值或允许偏差		检查方法
		单位	数值	
1	排水沟坡度	‰	1～2	目测：坑内不积水，沟内排水畅通
2	井管（点）垂直度	%	1	插管时目测
3	井管（点）间距（与设计相比）	mm	≤150	用钢尺量
4	井管（点）插入深度（与设计相比）	mm	≤200	水准仪
5	过滤砂砾料填灌（与计算值相比）	mm	≤5	检查回填料用量
6	井点真空度：轻型井点 喷射井点	kPa kPa	＞60 ＞93	真空度表 真空度表
7	电渗井点阴阳极距离：轻型井点 喷射井点	mm mm	80～100 120～150	用钢尺量 用钢尺量

3.5.4　基坑排水

1. 地面排水

为了保证场内干燥，以利于定位放线和土石方施工，应将场地内低洼处的积水排除，同时还应注意雨水的排除。临时性排水设施应尽量与永久性排水设施相结合，利用自然地形设置排水沟。

排水沟最好设在施工区域的边缘上下方或道路两旁，其横断面尺寸和纵向坡度应根据最大流水量来确定。一般横断面不小于 0.5m×0.5m，纵向坡度不小于 0.2%。

在山区进行基础土石方施工时，应在较高一面的山坡上开挖截水沟，且距边坡边缘不应小于 5m。在低洼地区进行基础土石方施工时，除应开挖排水沟外，必要时在场地需要的地段修筑挡水堤坝，以阻挡雨水渗入。

2. 坑内排水

坑内排水一般采用明排水法，又称集水坑降水法，如图 3.26 所示，是一种常用的排降水法，即在基坑开挖至接近地下水位时，沿基坑底四周或中央开挖宽度不小于 300mm，具有一定坡度的排水沟（沟底纵向坡度一般不小于 0.5%），沿排水沟每隔 30m 左右设置一个集水坑（集水坑的直径或宽度一般为 0.6～0.8m），水通过排水沟流入集水坑中，然后用水泵将水抽走，便可继续挖土。

(1) 施工准备

1) 滤料　粒径为 10～20mm 的卵石或碎石。

2) 滤管　直径为 50～200mm 的水泥过滤管、塑料管或波纹塑料管。

3) 集水井管　无砂井管或钢制滤管。

4) 挖掘设备　挖掘机、铁锹、镐。

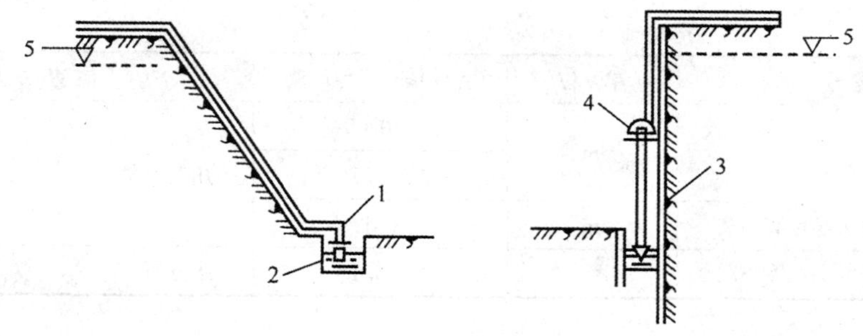

图 3.26　明沟排水法

1. 水泵；2. 积水井；3. 基坑支护；4. 水泵；5. 地下水位

5）水泵　离心泵、潜水泵和污水泵。

(2) 操作工艺

1）放线定位　现场放线应确定明沟位置，并安排施工人员或挖土机械就位。

2）开挖排水沟和施工集水井

- 明沟通常沿基坑周边设置，但应与基坑坡脚保持一定距离，集水井设在基坑四角或每隔 30～40m 设一个，采用人工或机械施工均可。
- 挖沟和集水井时，如果地层含水率大或出现流砂时，可在基坑四周设置引水管、沟，并应及时铺设过滤层或安放井管，铺设滤料时可在滤料中埋置引水管。
- 集水井施工如需带水作业，可边抽水边开挖。
- 铺设明沟过滤层：铺设时应将过滤层压密实，所采用的施工方法不得扰动基底土层。

3）布设排水系统　在基坑周边应铺设排水管路，集中排放各集水井抽出的地下水。

4）安放水泵抽水　明排井抽水设备可采用离心泵或潜水泵。排水设备的能力应大于总渗水量的 1.5～2.0 倍。

(3) 季节性施工

1）雨期排水时，坑边应采取挡水措施，防止雨水或排出的水回流至基坑里。

2）雨期施工前应疏通各种排水管道，做好排水设施，确保水流畅通。长时间在雨季中作业时，应根据条件搭设防雨棚，施工中遇暴雨应暂停施工。

3）冬期施工应采取防冻措施，防止槽底土体冻结。

4）应经常清理现场潜水泵、污水泵等抽水设备，在停用或暂时不用时，必须将管路里面的泥水及时清除干净，以防管路冻结。

(4) 质量标准（表 3.8）

表 3.8　明沟排水施工质量检验标准

检查项目	单位	允许偏差或允许值	检查方法
明沟坡度	‰	1～2	目测：坑内不积水，沟内排水顺畅
集水井深度	m	−0.1	用钢尺量
滤料含泥量	%	<1.0	颗粒分析实验

续表

检查项目	单位	允许偏差或允许值	检查方法
明沟宽度	m	−0.05	用钢尺量
		−0.1	
明沟距基坑边缘坡脚距离	m	0.1	
排水含砂量	‰	<0.1	水分析

职业活动 训练 基坑支护实例阅读分析

1. 工程概况

拟建物主楼地上26层，总高度约为140.0m，整个场地内均有2层地下室，采用框架剪力墙结构，桩基础。拟建物建筑±0.000相当于标高4.900m，现地表标高3.700m，相当于建筑标高−1.200m。地下室二层顶板建筑标高−7.100m，基础底板建筑标高−11.100m，主楼承台厚2.0m，素垫层厚150mm，主楼坑深12.05m；纯地下室承台厚600mm，素垫层厚150mm，纯地下室坑深10.65m。主楼位于基坑中部，距坑边最近处约8.0m，设计时按坑深10.65m计算。

拟建物场地狭小，北侧和东侧地下室外墙距场地围墙4.0～5.0m，围墙外为道路。西北角为一层平房，地下室外墙距平房约3.0m。西侧较开阔。南侧为某办公楼、水池及烟囱，地下室外墙距办公楼约5.0m，距水池约2.5m，距烟囱12.0m，其中办公楼和烟囱均为桩基础，水池和烟囱现正在使用。

2. 场地工程地质条件

各层土的物理力学指标见表3.9。地下水属潜水类型，主要由大气降水补给，常年水位变幅在0.50～1.00m左右。

表3.9 土物理力学指标

层号	土层	厚度/m	含水率 w/%	重度 γ/(kN/m³)	孔隙比 e	塑限 I_p	液限 I_L	内摩擦角 φ/(°)	黏聚力 c/kPa	比例系数 m/(kN/m⁴)
①₁	杂填土	1.9						10.0	5.0	1500
①₂	素填土	1.8						12.0	10.0	2000
②	黏土	0.65	33.4	18.8	0.958	19.3	0.69	10.56	13.86	2560
③	黏土	2.9	32.1	18.9	0.920	18.3	0.59	17.04	18.99	6000
④	粉质黏土	5.35	31.9	18.9	0.897	13.1	1.01	22.17	14.99	7110
⑤	粉质黏土	1.6	27.2	19.7	0.748	11.4	0.62	20.0	11.2	7120
⑥	粉质黏土	6.1	24.5	20.0	0.695	13.4	0.54	18.29	15.3	6390
⑦₁	粉土	6.65	23.4	20.2	0.647	—	—	27.49	11.09	11000
⑦₂	粉质黏土	3.8	24.8	20.1	0.683	16.3	0.26	17.22	29.58	7170

3. 基坑支护方案

设计单位针对坑深 10.65m 和周围条件，采用带一道水平支撑、ϕ800@1000 钻孔灌注桩支护结构，桩顶位于现地表下 2.2m，相当于建筑标高－3.400m。桩长为 16.5m，嵌固深度为 8.05m，计算时考虑施工超载 15kPa。支护桩纵向受力钢筋为 12 根直径 Z5mm 钢筋（Ⅲ级钢）。

排桩后设置水泥搅拌桩隔水帷幕，水泥搅拌桩直径 700mm，搅拌桩之间咬合 200mm。基坑支护结构平面图、剖面图分别见图 3.27 和图 3.28。计算采用直剪快剪强度指标，土压力采用郎肯主动土压力，水上合算。

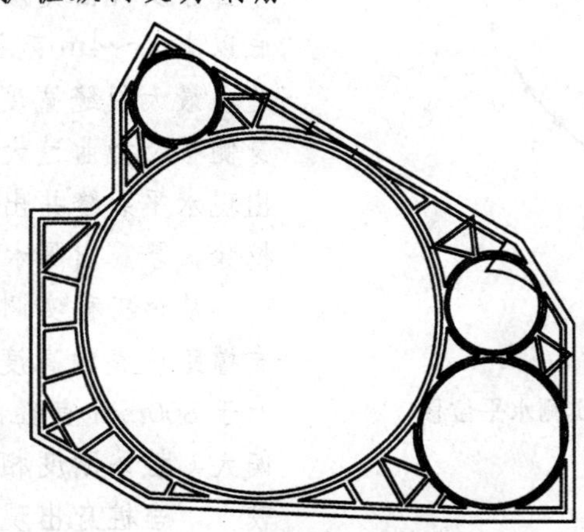

图 3.27 基坑支护平面图

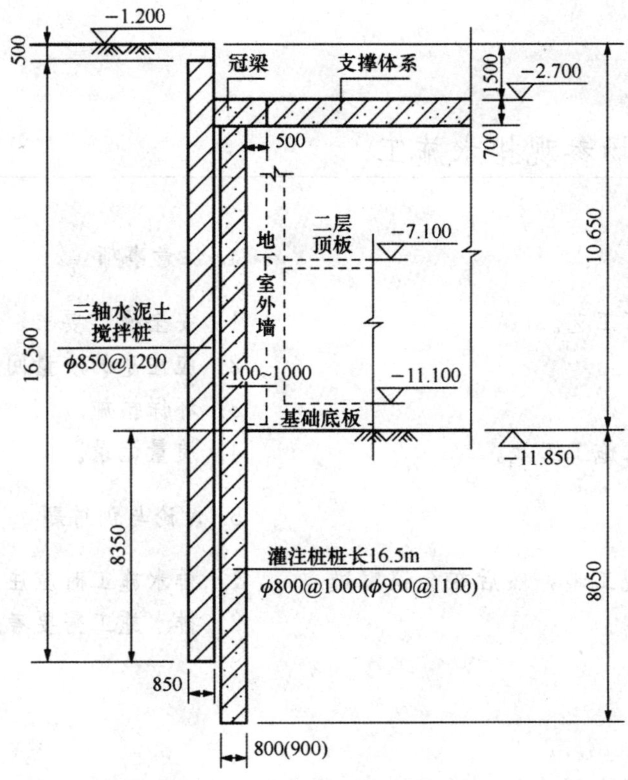

图 3.28 基坑支护剖面图

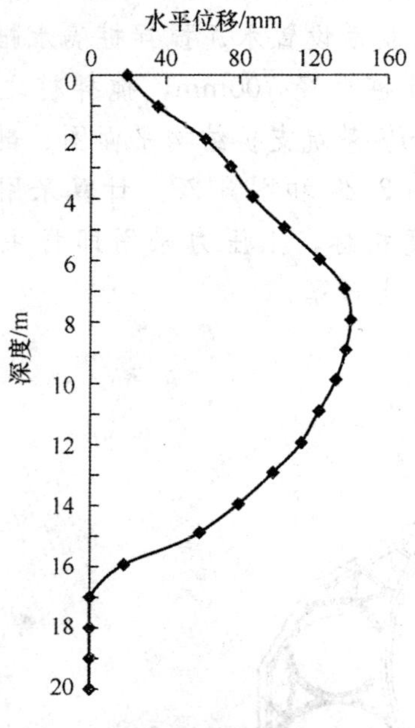

图3.29 桩后土体实测水平位移

4. 变形实测结果及分析

在基坑支护桩后土体中设置了测斜管，测量了基坑开挖过程排桩后土体的水平位移。基坑开挖到底10d左右后，CX3测斜点处桩后土体的水平位移如图3.29所示。可以看出，支护桩发生了较大的水平位移及挠曲变形。大多数桩的桩身在坑底以上2～4m范围内出现了多道水平裂缝，最大裂缝宽度达1～3mm，且由于桩身侧移及挠曲过大，排桩后的隔水帷幕也出现水平裂缝并出现渗水现象，将桩间土挖除，暴露出隔水帷幕。

从该工程实测结果可看出，由于水平支撑距坑底的高度较大，达到8.25m，这对于800mm直径的支护桩来说似乎有些偏大，桩体刚度相对较低，加之配筋数量较少，当桩身出现较大挠曲时，桩身出现了较多裂缝。

职业活动 训练 现场参观排水施工

1. 目的

了解排水施工工艺。

2. 环境要求

正在进行排水施工工地。

3. 步骤提示

首先集体参观工地，然后在会议室进行讨论总结。

4. 注意事项

1）安全操作要求。
2）应注意的质量问题？
3）环保措施。
4）质量记录。

5. 讨论与训练题

1）排水施工时应注意哪些质量问题。
2）排水施工需要考虑哪些环保措施。

习　题

1.《建筑地基基础工程施工质量验收规范》(GB 50202—2002) 中将建筑基坑按重要程度分为三类，下列基坑不属于一级基坑的是（　　）。

A. 重要工程或支护结构做主体结构的一部分

B. 开挖深度为 7～10m，周围环境无特别要求的基坑

C. 与临近建筑物，重要设施的距离在开挖深度以内的基坑

D. 基坑范围内有历史文物、近代优秀建筑、重要管线等需严加保护的基坑

2. 某基坑放坡开挖，边坡坡度为 1∶1.5，坡高为 3m，则坡宽应为（　　）。

A. 1m　　B. 2m　　C. 3m　　D. 4.5m

3. 一级基坑优先考虑的基坑支护形式为（　　）。

A. 放坡开挖　　B. 排桩墙支护结构

C. 水泥土桩墙支护结构　　D. 土钉墙支护结构

4. 一般地，排桩墙支护结构不包括下列何项（　　）。

A. 钢筋混凝土灌注桩墙支护结构　　B. 钢板桩墙支护结构

C. 预制混凝土板桩墙支护结构　　D. 水泥土桩墙支护结构

5. 下列支护结构中属于重力式支护结构的是（　　）。

A. 钢筋混凝土灌注桩墙支护结构　　B. 钢板桩墙支护结构

C. 预制混凝土板桩墙支护结构　　D. 水泥土桩墙支护结构

6. 下列基坑支护结构中不具有止水防渗功能的是（　　）。

A. 灌注桩支护结构　　B. 钢板桩支护结构

C. 地下连续墙支护结构　　D. 水泥土桩墙支护结构

7. 渗透系数很小的黏性土基坑，降水方式宜选取（　　）。

A. 轻型井点降水　　B. 电渗井点降水

C. 深井井点降水　　D. 喷射井点降水

8. 当工程场地狭窄，邻近有重要建筑和管线时，可采用下列哪种基坑支护形式（　　）。

A. 内支撑支护结构　　B. 锚杆支护结构

C. 土钉墙支护结构　　D. 水泥土桩墙支护结构

9. 土层锚杆支护结构的正确施工顺序是（　　）。

Ⅰ. 挖土至锚杆埋设标高　　Ⅱ. 安装锚头预应力张拉

Ⅲ. 插放锚杆或锚索　　Ⅳ. 灌浆

Ⅴ. 钻孔　　Ⅵ. 养护

Ⅶ. 继续挖土

A. Ⅰ、Ⅴ、Ⅳ、Ⅵ、Ⅲ、Ⅱ、Ⅶ　　B. Ⅰ、Ⅴ、Ⅲ、Ⅱ、Ⅳ、Ⅵ、Ⅶ

C. Ⅰ、Ⅴ、Ⅲ、Ⅳ、Ⅵ、Ⅱ、Ⅶ　　D. Ⅰ、Ⅴ、Ⅵ、Ⅲ、Ⅳ、Ⅱ、Ⅶ

10. 土钉墙支护结构施工工艺的正确顺序是（　　）。

A. 挖土、修坡、挂网、喷射第一层混凝土、土钉埋设、注浆、焊接骨架钢筋及焊接土钉连接件、喷射第二层混凝土、养护。

B. 挖土、修坡、土钉埋设、注浆、挂网、喷射第一层混凝土、焊接骨架钢筋及焊接土钉连接件、喷射第二层混凝土、养护。

C. 挖土、修坡、喷射第一层混凝土、土钉埋设、注浆、挂网、焊接骨架钢筋及焊接土钉连接件、喷射第二层混凝土、养护。

D. 挖土、修坡、喷射第一层混凝土、注浆、土钉埋设、挂网、焊接骨架钢筋及焊接土钉连接件、喷射第二层混凝土、养护。

11. 只能挡土，没有挡水功能的基坑支护结构是（　　）。

A. 深层搅拌水泥土桩支护　　B. 灌注桩支护

C. 灌注桩与水泥土桩组合支护　　D. 钢板桩

12. 单层轻型井点降水降低地下水位深度一般为（　　）。

A. 2～6m　　B. 6～12m　　C. 8～20m　　D. >10m

13. 井点降水施工中，井孔冲成，插入井点管后，井点管与孔壁之间应用（　　）灌实，上部用黏土封口。

A. 砂土　　B. 黏性土　　C. 膨胀土　　D. 粉土

14. 井点降水的作用有（　　）。

Ⅰ. 防止地下水涌入坑内

Ⅱ. 防止边坡由于地下水的渗流而引起的塌方

Ⅲ. 防止基坑发生管涌、流砂等渗流破坏

Ⅳ. 减少基坑支护侧压力

Ⅴ. 使基坑内保持干燥，方便施工

Ⅵ. 提高地基承载力

A. Ⅰ、Ⅱ、Ⅲ、Ⅳ、Ⅴ、Ⅵ　　B. Ⅰ、Ⅱ、Ⅲ、Ⅳ、Ⅴ

C. Ⅰ、Ⅱ、Ⅲ、Ⅴ、Ⅵ　　D. Ⅰ、Ⅱ、Ⅲ、Ⅳ、Ⅵ

15. 一级井点降水的降水深度一般为（　　）。

A. 3～6m　　B. 6～12m　　C. 8～20m　　D. >10m

浅基础工程施工

4.1 基础工程的基本知识

4.1.1 基础材料

1. 砖

基础用砖一般是烧结普通砖，国家标准《烧结普通砖》（GB 5101—2003）中对烧结普通砖的标准作了具体规定。

（1）规格

烧结普通砖公称尺寸为240mm×115mm×53mm。若考虑砖之间10mm的砂浆厚度，则$1m^3$的砖砌体需砖数为4×8×16=512块。

（2）强度等级

根据抗压强度分为MU30、MU25、MU20、MU15、MU10五个强度等级。等级其强度值应符合表4.1的规定。

表4.1 烧结普通砖的强度等级 单位：MPa

强度等级	$\bar{f} \geqslant$	$\delta \leqslant 0.12$	
		$f_k \geqslant$	$f_{min} \geqslant$
MU30	30.0	22.0	25.0
MU25	25.0	18.0	22.0
MU20	20.0	14.0	16.0
MU15	15.0	10.0	12.0
MU10	10.0	6.5	7.5

表4.1中，$\bar{f}$——10块试样的抗压强度平均值；

f_k——强度标准值，MPa；

f_{min}——单块最小抗压强度值，MPa；

δ——砖的强度变异系数，按下式计算

$$\delta = \frac{S}{f}$$

式中，S——10块试样的抗压强度标准差，MPa；

$$S = \sqrt{\frac{1}{9}\sum_{i=l}^{10}(f_i - \bar{f})^2}$$

其中，f_i 是第 i 块试样抗压强度测定值（单位为 MPa）。当变异系数 $\delta \leqslant 0.12$ 时按抗压强度平均值（$\bar{f}$）、强度标准值 f_k 评定砖的强度等级。f_k 按下式计算：

$$f_k = \bar{f} - 2.1 \times S$$

当变异系数 $\delta > 0.21$ 时，按抗压强度平均值（$\bar{f}$）、单块最小抗压强度值（f_{min}）评定砖的强度等级。

2. 石料

石料分为毛石、料石两类。

毛石又分为乱毛石、平毛石。乱毛石指形状不规则的石块；平毛石指形状不规则，但有两个面大致平行的石块。

料石按其加工面的平整程度分为细料石、半细料石、粗料石和毛料石四种。

砌筑基础一般采用毛石。

根据石料的抗压强度值，将石料分为 MU10、MU15、MU120、MU30、MU40、MU50、MU60、MU80、MU100 九个等级。

3. 灰土

灰土是由石灰和土按体积比为 3∶7 或 2∶8 配制而成。石灰可用块灰或生石灰粉，使用前 1～2d 应充分熟化并过筛，其颗粒不得大于 5mm，不得加有未熟化的生石灰块和其他杂质，也不得含水分过多。所用土料使用前要先过筛，其粒径应不大于 15mm，含水率要符合规定。

4. 混凝土

混凝土的耐久性、抗冻性和强度都比砖好，便于机械化施工和预制，但是混凝土基础造价稍高，通常多用于地下水位以下。为节约水泥用量，可以在混凝土中掺入 20%～30%的毛石，称为毛石混凝土。

5. 钢筋混凝土

在混凝土中布设钢筋即形成钢筋混凝土，钢筋混凝土除具有混凝土的优点外，还具有较强的抗弯、抗剪能力，是质量很好的基础材料。但是基础造价较高，用于荷载大、土质软弱的情况或地下水位以下的基础。对于一般的钢筋混凝土基础，混凝土强度等级不低于 C20。

4.1.2 基础分类

基础应具有承受荷载、抵抗变形和环境影响（如地下水侵蚀和低温冻胀等）的能力，即要求基础具有足够的强度、刚度和耐久性；选择基础材料，首先要满足这些技术要求，做到与上部结构相适应，同时注意因地制宜、便于施工和节省费用。常用基础材料有砖、毛石、灰土、混凝土和钢筋混凝土等。现对基础分类介绍如下。

1. 按基础材料分类

（1）砖基础

砖基础具有能就地取材、价格较低、施工简便的特点，在干燥和温暖的地区应用很广。砖基础的剖面为阶梯形，俗称为大放脚。每一阶梯挑出的长度为砖长的 1/4（即60mm）。大放脚从垫层上开始砌筑，为保证大放脚的刚度，应为两皮一收或一皮一收与两皮一收间隔（基底必须保证两皮一收），一皮即一层，标注尺寸为 60mm，如图 4.1（a）所示。

地下水位以下或地基土潮湿时，应采用水泥砂浆砌筑。基础底面以下一般先做100mm 厚的 C10 或 C15 的混凝土垫层。砖基础一般可用来作六层及六层以下的民用建筑和墙承重的厂房。

砖基础所用材料的最低强度等级按照《砌体结构设计规范》（GB 50003—2001）的规定，应符合表 4.2 的要求。

表 4.2　地面以下或防潮层以下的砌体所用材料的最低强度等级

基土的潮湿度	烧结普通砖、蒸压灰砂砖		混凝土砌块	石　材	水泥砂浆
	严寒地区	一般地区			
稍潮湿的	MU10	MU10	MU7.5	MU30	M5
很潮湿的	MU15	MU10	MU7.5	MU35	M7.5
含水饱和的	MU20	MU15	MU10	MU40	M10

注：1）在冻胀地区，地面以下或防潮层以下的砌体，不宜采用多孔砖，如采用时，其孔洞应用水泥砂浆灌实。当采用混凝土砌块时，其孔洞应采用强度等级不低于 Cb20 的混凝土灌实。

2）对安全等级为一级或设计使用年限大于 50 年的房屋，表中材料强度等级应至少提高一级。

本表引自：《砌体结构设计规范》（GB 50003—2001）。

（2）毛石基础

毛石是指未经加工凿平的石料。毛石基础是用强度较高而未风化的毛石砌筑，见图 4.1（b）。石材及砌筑砂浆的最低强度等级应符合表 4.2 的要求。由于毛石尺寸较大，如果砂浆黏性较差，则不能用于多层建筑物，且不宜用于地下水位以下。但由于毛石基础的抗冻性能较好，北方也有用来作七层以下的建筑物基础。

（3）灰土基础

灰土用石灰和黏性土混合而成，灰土基础见图 4.1（c）。在灰土里加入适量水拌匀，然后铺入基槽内，每层虚铺 220～250mm，夯至 150mm 一步，一般可铺面 2～3 步。

灰土基础适用于五层及五层以下、地下水位比较低的混合结构房屋和墙承重的轻型厂房。

（4）混凝土基础

混凝土基础是用水泥、砂和石子加水拌和浇筑而成的，如果地下水质对普通硅酸盐水泥有侵蚀作用时，则应采用矿渣水泥或火山灰水泥拌制混凝土。

混凝土基础水泥用量较大，造价也比砖、石基础高。如基础体积较大，为了节约混凝土用量，在浇灌混凝土时，可掺入基础体积20%～30%的毛石，做成毛石混凝土基础，如图4.1（d）所示。

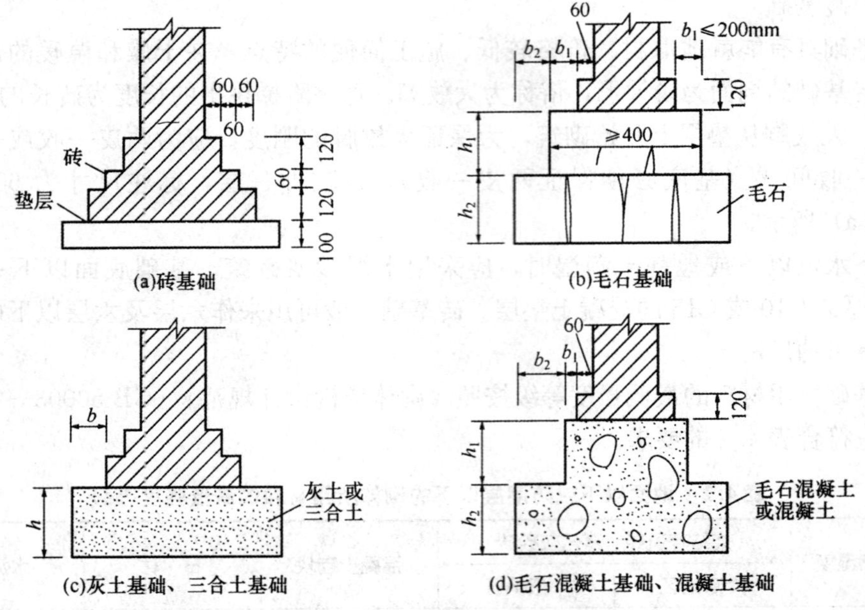

图4.1　墙下刚性条形基础类型

混凝土基础的强度、耐久性、抗冻性都较好，常用于荷载较大或位于地下水位以下的基础。

（5）钢筋混凝土基础

当建筑物的上部荷载较大或土质较软弱，需采用较大的基底面积时，常采用钢筋混凝土基础，见图4.2。

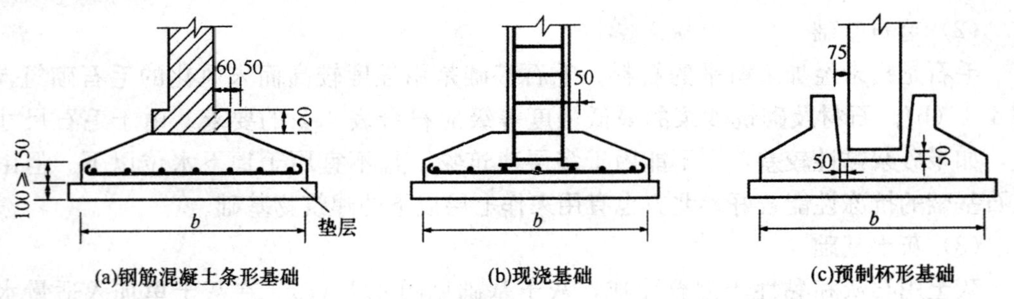

图4.2　钢筋混凝土基础

钢筋混凝土基础强度大，具有良好的抗弯性能，在相同条件下，基础的厚度较薄。如地下水对普通硅酸盐水泥有侵蚀作用，则需采用矿渣水泥或火山灰水泥拌制混凝土。

2. 按基础结构类型分类

（1）无筋扩展基础

无筋扩展基础又称为刚性基础，是指由砖、毛石、灰土、三合土或混凝土等材料

建造，且不配置钢筋的墙下条形基础和柱下独立基础，如图 4.1 所示。

(2) 扩展基础

1) 墙下条形基础　墙下条形基础是指基础长度远大于其宽度的基础形式。

2) 柱下独立基础　柱下独立基础是柱基础的主要类型。

现浇柱下钢筋混凝土基础如图 4.2 (b) 所示。预制柱下的基础一般做成杯形基础，如图 4.2 (c) 所示，待柱子插入杯口后，将柱子临时支撑，然后用比基础混凝土强度等级高一级的细石混凝土将柱周围的缝隙灌实。

3) 柱下条形基础　当地基软弱而上部荷载较大时，为减少柱基之间的不均匀沉降；或柱距较小而荷载较大，致使各柱基底面积靠近甚至重叠时，可在整排柱下做一条钢筋混凝土地梁，将各柱连通起来做成钢筋混凝土条形基础，见图 4.3。一般设在房屋的纵向，可增强房屋的纵向基础刚度。

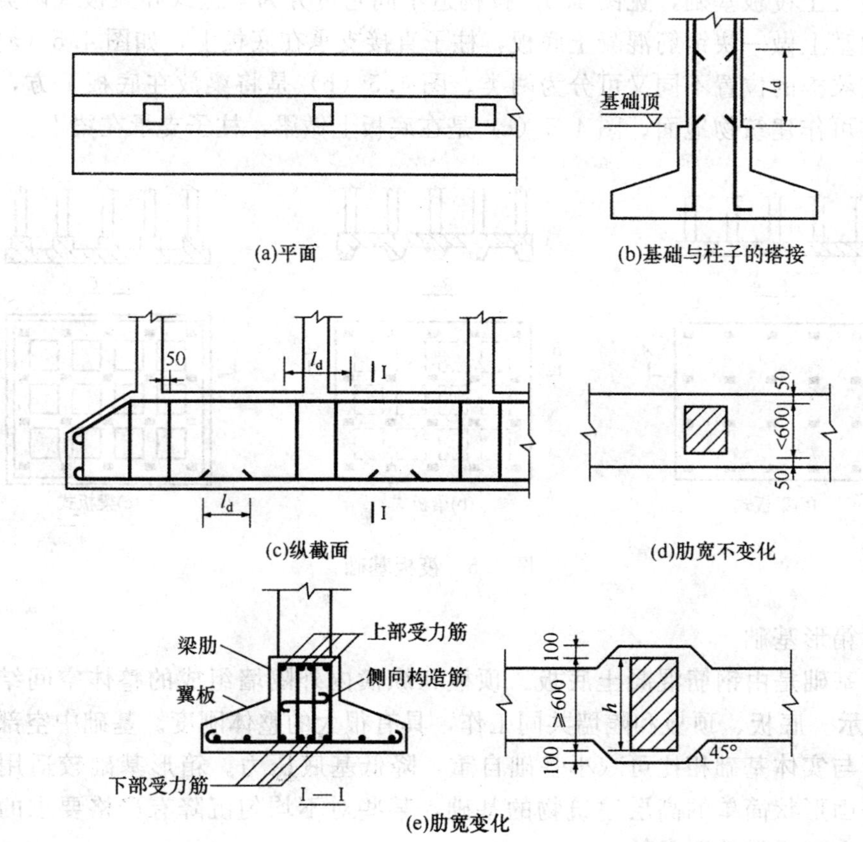

图 4.3　柱下条形基础

(3) 柱下十字交梁基础

荷载较大的高层建筑，如基础土质软弱，为了增强基础的平面整体刚度，减少不均匀沉降，可在柱网下纵横两方向设置钢筋混凝土条形基础，见图 4.4。此种基础的整体刚度要比单向条形基础大。

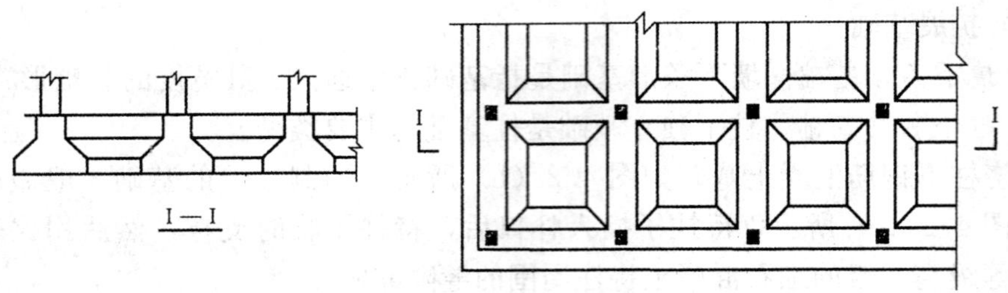

图 4.4　柱下十字交叉基础

(4) 筏板基础

如果地基特别软弱而荷载又较大，致使十字形基础地板相互连在一起时，则形成钢筋混凝土筏板基础，见图 4.5。按构造不同它可分为平板式和梁板式两类。平板式是在地基上做一块钢筋混凝土底板，柱子直接支承在底板上，如图 4.5 (a) 所示。梁板式按梁板的位置不同又可分为两类。图 4.5 (b) 是将梁放在底板下方，底板上面平整，可作建筑物地面。图 4.5 (c) 是在底板上做梁，柱子支承在梁上。

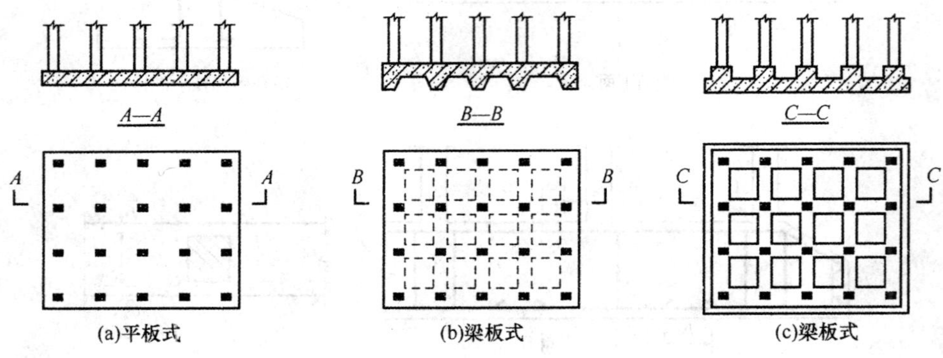

图 4.5　筏板基础

(5) 箱形基础

箱形基础是由钢筋混凝土底板、顶板和纵横内外隔墙组成的整体空间结构，如图 4.6所示。底板、顶板和隔墙共同工作，具有很大的整体刚度。基础中空部分可作地下室，与实体基础相比可减小基础自重，降低基底压力。箱形基础较适用于地基软弱、平面形状简单的高层建筑物的基础，某些对不均匀沉降有严格要求的设备或构筑物，也可采用箱形基础。

箱形基础、柱下条形基础、十字交梁基础、筏板基础都需用钢筋混凝土，特别是箱形基础，耗用的钢筋及混凝土量均较大，故采用这些类型的基础时，应与其他的地基基础方案（如桩基或人工地基等）作经济、技术比较后确定。

除上述几种基础类型外，在实际工程中，还有一些浅基础形式，如壳体基础，圆板、圆环基础等。

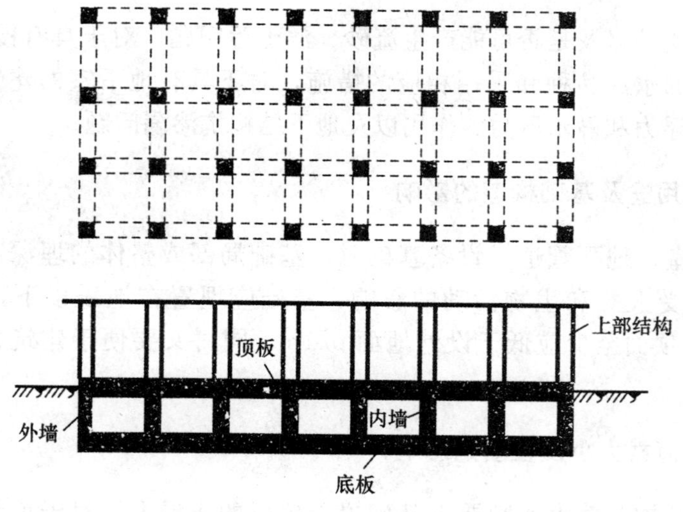

图 4.6　箱形基础

3. 按受力性能分类

基础接受力性能分为刚性基础和柔性基础。

(1) 刚性基础

刚性基础是指主要承受压应力的基础，所以用受压强度比较大，而受弯、受拉强度较小的材料建造基础，如：砖、石、灰土、混凝土基础等都属此类基础。

(2) 柔性基础

柔性基础指基础主要承受拉应力，所以用受弯、受拉强度较大的材料建造基础。用钢筋混凝土建造的基础均为柔性基础。由于钢筋混凝土抗弯、抗拉的强度都很大，所以这种基础适用于：因地基比较软、上部结构荷载比较大，而使基底面积比较大的情况。当刚性基础不能满足要求时，常采用由钢筋混凝土建造的柔性基础。

4.1.3　基础埋置深度的影响因素

基础的埋置深度一般是指室外设计地面至基础底面的距离。基础埋深的确定关系到地基基础的安全、施工的难易和造价的高低，影响基础埋置深度的主要因素有以下几个方面。

1. 建筑场地的土质及地下水的影响

不同的建筑场地，土质固然不同，就是同一场地，土层也是随深度变化的。基础应选择满足承载力要求的土层作为持力层，因此，基础的埋置深度与场地持力层的埋深有密切关系。如果上层土的承载力大于下层土时，一般取上层土作为基础的持力层，这样基础的埋深及底面积都可减小。反之，当上层土软弱而在不深处有较好的土层时，可将基础埋置于下面较好的土层上。

有地下水存在时，基础应尽量埋置于地下水位以上，以避免地下水对基坑开挖、基础施工和使用期间的影响。如果基础埋深低于地下水位，则应考虑施工期间的基坑降水、坑壁支护以及是否可能产生流砂、涌土等问题。对于具有侵蚀性的地下水，应采用抗侵蚀的水泥品种和采用相应的措施，对于具有地下室的建筑，设计时还应考虑地下水的浮力和静水压力的作用以及地下结构抗渗漏问题。

2. 建筑物用途及基础构造的影响

当有地下室、地下管道或设备基础时，基础局部或整体的埋深需相应增加。为了保护基础不受人类和生物活动的影响，基础应埋置在地表以下，其最小埋深为0.5m，且基础顶面至少应低于设计地面0.1m，同时又要便于建筑物周边排水沟的布置。

3. 基础上荷载大小及性质的影响

一般上部结构荷载大，则要求基础置于较好的土层上。对于承受较大水平荷载的基础，为了保证结构的稳定，也常将埋深加大。对某些受拔力的基础，需要有足够的埋深，才能保证必要的抗拔阻力。

4. 相邻建筑物基础埋深的影响

当新建建筑物的附近有旧建筑物时，为了保证原有建筑物的安全和正常使用，要求新建筑物基础的埋深小于或等于原有建筑物基础的埋深，并应考虑新建筑的基础荷载对原有建筑物的影响。当新建建筑物基础深于原有建筑物基础时，两基础之间应保持一定的距离，根据土质情况，一般为1～2倍两相邻基底标高差，即$l \geqslant (1 \sim 2)h$，见图4.7。

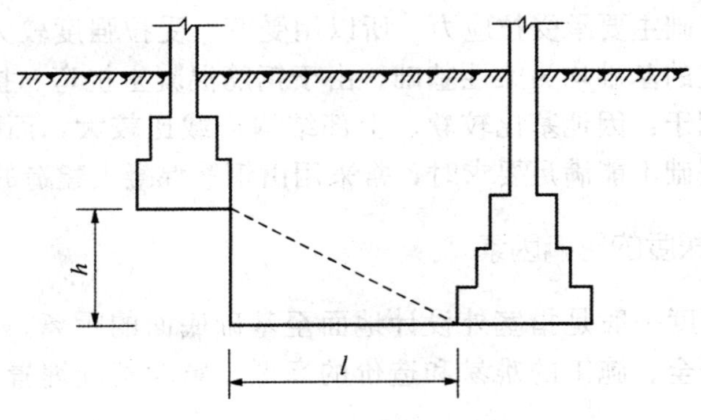

图4.7 相邻基础的埋深

5. 地基土冻胀和融陷的影响

在高寒地区，当土层温度降至摄氏零度时，土中的自由水首先结冰，随着土层温度继续下降结合水的外层也开始冻结，因而结合水膜变薄，附近未冻结区土粒较厚的水膜便会迁移至水膜较薄的冻结区，并参与冻结，如地下水位较高，不断同冻结区补充积聚，将使冰晶体增大，形成冻胀，如果冻胀产生的上抬力大于作用于基底的竖向压力，会引起建筑物抬升，造成墙体、结构构件开裂甚至破坏。当土层解冻时，土中的冰晶体融化，使土软化，含水率增加，强度降低，将产生附加沉陷，称为

融陷。

季节性冻土是一年内冻结与解冻交替出现的土层，在全国分布很广，有的厚度可达 3m，季节性冻土的冻胀性与融陷性是相互关联的，故常以冻胀性加以概括。地基土的冻胀性分为四类：不冻胀土，对建筑物无危害；弱冻胀土，对浅埋基础的建筑物一般也无危害，或虽出现细微裂缝，也不影响建筑物的安全和使用；冻胀土，对浅埋基础的建筑物将产生裂缝，在冻深较大地区，非采暖建筑物因基础侧面受冻胀力作用而破坏；强冻胀土，浅埋基础的建筑物将产生严重破坏，在冻深较大地区，即使基础埋深超过冻深也会受冻胀力作用而使建筑物破坏（表 4.3）。

表 4.3 地基土冻胀性分类

土的名称	冻前天然含水量 w/%	冻结期间地下水位距冻结面的最小距离/m	冻胀类别
岩石、碎石土、砾砂、粗砂、中砂、细砂	不考虑	不考虑	不冻胀
粉　砂	$w<14$	>1.5	不冻胀
		≤1.5	弱冻胀
	$14\leqslant w<19$	>1.5	
		≤1.5	冻胀
	$w\geqslant 19$	>1.5	
		≤1.5	强冻胀
粉　土	$w\leqslant 19$	>2.0	不冻胀
		≤2.0	弱冻胀
	$19<w\leqslant 22$	>2.0	弱冻胀
		≤2.0	冻胀
	$22<w\leqslant 26$	>2.0	
		≤2.0	强冻胀
	$w>26$	不考虑	
黏性土	$w\leqslant w_p+2$	>2.0	不冻胀
		≤2.0	弱冻胀
	$w_p+2<w\leqslant w_p+5$	>2.0	
		≤2.0	冻胀
	$w_p+5<w\leqslant w_p+9$	>2.0	
		≤2.0	强冻胀
	$w>w_p+9$	不考虑	

注：1）表中碎石土仅指充填物为砂土或硬塑、坚硬状态的黏性土，或饱和度不大于 0.5 的粉土，如充填物为其他状态的黏性土或粉土时，其冻胀性应按黏性土或粉土确定；

2）表中细砂仅指粒径大于 0.075mm 的颗粒超过全重 90%的细砂，其他细砂的冻胀性应按粉砂确定；

3）w_p 为土的塑限。

对于不冻土的基础埋深，可不考虑冻深的影响，对于弱冻胀、冻胀和强冻胀土的基础最小埋深可按下式确定：

$$d_{min} = z_0 \varphi_1 - d_{fr}$$

式中，d_{min}——基础最小埋深，m；

z_0——标准冻深，m，系采用在地表无积雪和草皮覆盖条件下多年实测最大冻深的平均值，在无实测资料时，除山区外，可按《建筑地基基础设计规范》（GB 50007—2002）中的中国季节性冻土标准冻深线图选用；

φ_1——采暖对冻深的影响系数，按表 4.4 确定，但在采暖期间室内月平均温度小于 10℃时，取 $\varphi_1=1$，不采暖的建筑物，取 $\varphi_1=1.1$；

d_{fr}——基底下容许残留冻土层的厚度，m。

对于弱冻胀土　$d_{fr}=0.17z_0+0.26$

冻胀土　$d_{fr}=0.15z_0\varphi_1$

强冻胀土　$d_{fr}=0$

表 4.4　采暖对冻深的影响系数 φ_1 值

室内地面比室外地面高出/mm	外墙中段	外墙角段
≤300	0.70	0.85
≥750	1.00	1.00

注：1）外墙角段系指从外墙阳角顶点起两边各 4m 范围以内的外墙，其余部分为中段；

2）采暖建筑物中的不采暖房间（门斗、过道和楼梯间等），其外墙基础处的采暖对冻深的影响系数值，取与外墙角段相同值；

3）室内地面比室外高出 300～750mm 时，可内插求得。

当冻深范围内地基土由不同冻胀性土层组成时，基础最小埋深可按下层土确定，但不宜浅于下层土的顶面。在有冻胀性土地区，除按上述要求选择基础埋深外，尚应采取防冻害措施。

4.2　刚性基础的构造及施工技术

4.2.1　刚性基础的构造

刚性基础也称为无筋扩展基础。刚性基础材料抗拉、抗剪强度低，而抗压强度高，因此，在基底反力作用下，基础挑出部分如同悬臂梁一样向上弯曲，使基础下部材料受拉。根据大量试验研究和实践表明，只要将宽高比（b/h）或刚性角（$\tan\alpha$）控制在某一范围之内，就可以保证基础材料处于受压应力状态，从而发挥其抗压强度高的优势。因此，规范通过规定刚性基础的宽高比构造要求来实现这一目标，即刚性基础的宽高比必须小于（表 4.5）允许值。

则基础高度应满足：

$$H_0 = \frac{b - b_0}{2\tan\alpha}$$

式中，H_0——基础高度；

b——基础底面宽度；

b_0——基础顶面的墙体宽度或柱脚宽度；

$\tan\alpha$——基础台阶宽高比 $b_2:H_0$，其允许值可按表 4.5 选用，α 角称为刚性角；

b_2——基础台阶宽度。

表 4.5　无筋扩展基础台阶宽高比的允许值

基础材料	质量要求	台阶宽高比的允许值		
		$p_k \leqslant 100$	$100 < p_k \leqslant 200$	$200 < p_k \leqslant 300$
混凝土基础	C15 混凝土	1∶1.00	1∶1.00	1∶1.25
毛石混凝土基础	C15 混凝土	1∶1.00	1∶1.25	1∶1.50
砖基础	砖不低于 MU10，砂浆不低于 M5	1∶1.50	1∶1.50	1∶1.50
毛石基础	砂浆不低于 M5	1∶1.25	1∶1.50	
灰土基础	体积比为 3∶7 或 2∶8 的灰土，其最小干密度：粉土 1.55t/m³；粉质黏土 1.50t/m³；黏土 1.45t/m³	1∶1.25	1∶1.50	
三合土基础	体积比为 1∶2∶4～1∶3∶6（石灰∶砂∶骨料），每层约虚铺 220mm，夯至 150mm	1∶1.50	1∶2.00	

注：1）p_k 为荷载效应标准组合时基础底面处的平均压力值（kPa）；

2）阶梯形毛石基础的每阶伸出宽度，不宜大于 200mm；

3）当基础由不同材料叠加组成时，应对接触部分作抗压验算；

4）基础底面处的平均压力值超过 300kPa 的混凝土基础，尚应进行抗剪验算。

1. 砖基础构造

砖基础是应用最多的一种刚性基础，各部分的尺寸应符合砖的模数。砖基础一般做成台阶式，俗称“大放脚”，其砌筑方式有两种，一是“二皮一收”，如图 4.8（b）所示，另一是“二一间收”，如图 4.8（a）所示。施工中顶层砖和底层砖必须是二皮砖，即 120mm，使得局部都保证符合刚性角的要求。两种做法都能符合要求，“二皮一收”的做法施工方便，“二一间收”较为节省材料。

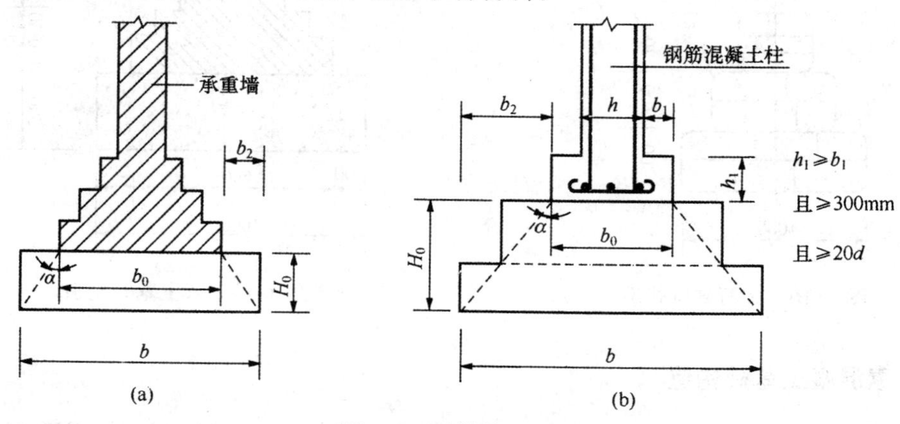

图 4.8　无筋扩展基础

为了得到一个平整的基槽底，便于砌砖，在槽底可先浇注 100mm 厚的素混凝土垫层，垫层每边伸出基础底面 50mm。对于低层房屋也可在槽底打两步（300mm）三七灰土，代替混凝土垫层。

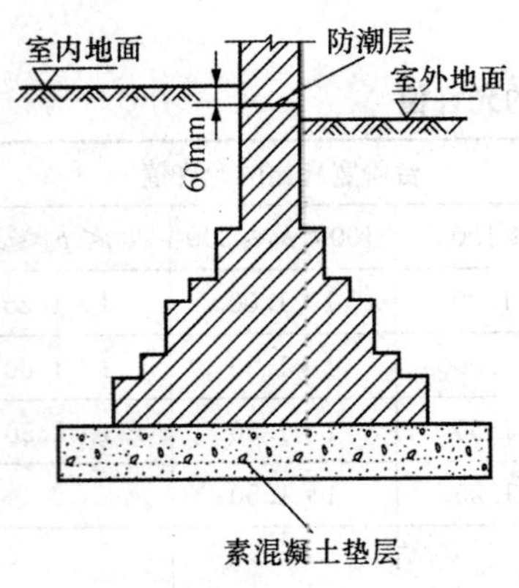

图 4.9　防潮层设置

为防止土中水分沿砖基础上升，可在砖基础中室内地面以下 60mm 左右处铺设防潮层，如图 4.9 所示，防潮层可以是掺有防水剂的 1∶3 水泥砂浆，厚 20～30mm，也可以铺设沥青油毡。

2. 毛石基础构造

台阶形毛石基础每台阶至少有两层砌石，所以每个台阶的高度要求不小于 300mm。为了保证上一层砌石的边能压紧下一层砌石的边块，每个台阶伸出的长度不应大于 150mm，见图 4.10。按照这项要求，做成台阶形断面的毛石基础，实际的刚性角小于允许的刚性角，因此往往要求基础要有比较大的高度。有时为了减少基础的高度，可以把断面做成梯形。

3. 灰土基础构造

灰土基础一般与砖、毛石、混凝土等材料配合使用，做在基础的下部，厚度通常用 300～450mm（2 步或 3 步），台阶宽高比为 1∶1.25～1∶1.5，如图 4.11 所示。由于基槽边角处灰土不容易夯实，所以用灰土基础时，实际的施工宽度应该比计算宽度每边放出 50mm 以上。

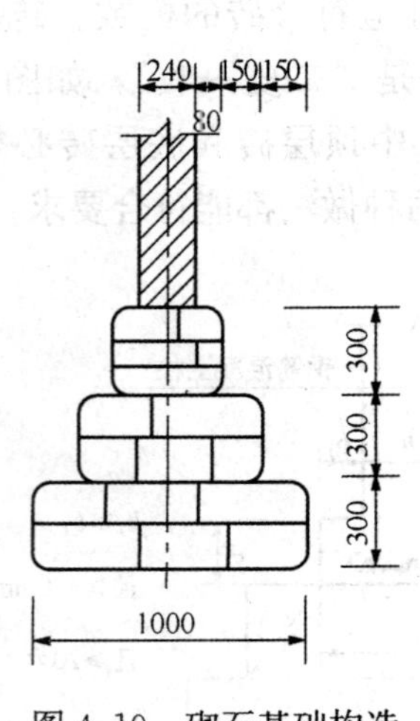

图 4.10　砌石基础构造

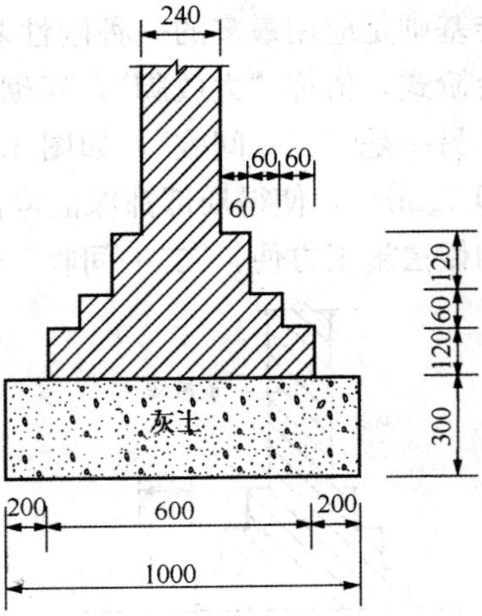

图 4.11　灰土基础构造

4. 素混凝土基础构造

素混凝土基础可以做成台阶形或梯形断面，如图 4.12 所示。做成台阶形时，总高

度在 350mm 以内做一层台阶；总高度为 350mm＜H＜900mm 时，做成二层台阶；总高度天于 900mm 时，做成三层台阶，每个台阶的高度不宜大于 500mm。

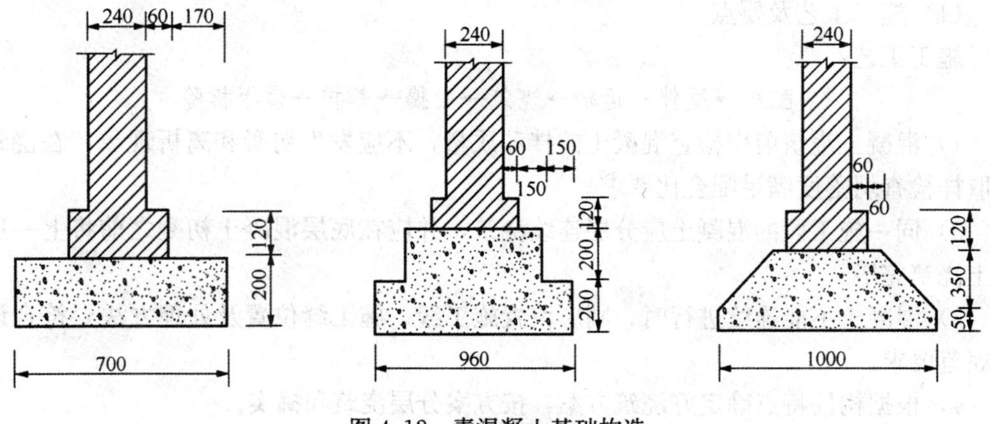

图 4.12　素混凝土基础构造

4.2.2　刚性基础施工工艺及质量要求

1. 砖基础施工及质量要求

(1) 施工工艺及要点

施工工艺：

垫层找平→放线→确定组砌方式→摆砖撂底→立皮数杆→双面带线→砌筑→抹防潮层

1) 放线　按基础大样图和设计尺寸放出基础中心轴线及基础大放脚边线。

2) 确定组砌方式　可按一顺一丁组砌方式确定转角处及基础墙身的组砌方式。

3) 摆砖撂底　从墙基础大角处顺基础边线进行干摆砖，先摆出内外墙、附墙垛的交接部位，做到错缝搭接符合要求，灰缝均匀。

4) 砌筑时盘角位置准确垂直，收分台阶要准确。墙宽大于 240mm 要双面带线，附墙垛统一拉线与墙同时砌筑。

5) 大放脚砌完后，从中心线校核轴线偏移情况，并在基础墙两侧面画“中”字标记。若有防潮层，要最后抹，按操作程序和要求找平，搓实压实，厚度以 20mm 为宜。

(2) 质量要求

1) 灰缝横平竖直，砂浆饱满　水平灰缝饱满度不小于 80%（采用百格网，三块砖平均值检查）。影响水平灰缝饱满度的因素：砖的含水率（浇水否）、砂浆和易性以及操作方法。

2) 墙体垂直，墙面平整　垂直度不大于 5mm，平整度 5～8mm，用 2m 靠尺、楔形塞尺检查。

3) 上下错缝，内外搭砌

4) 留槎合理，接槎可靠　转角处及纵横墙交接处应同时砌筑，留斜槎（长度不小于 2/3 高度）。

2. 混凝土基础施工工艺及质量要求

(1) 施工工艺及要点

施工工艺：

配料→搅拌→运输→浇筑→振捣→养护→模板拆除

1) 混凝土浇筑前应检查混凝土的拌和质量，不应发生初凝和离析现象，在浇筑地点取样检查坍落度满足配合比要求。

2) 同一施工段的混凝土应分层连续浇筑，并应在底层混凝土初凝之前将上一层混凝土浇筑完毕。

3) 混凝土不能连续进行时，则应留置施工缝。施工缝位置及处理方法要符合设计或规范要求。

4) 根据构件特点确定好浇筑方案，按方案分层浇筑和捣实。

5) 混凝土捣实分人工捣实和机械捣实两种，优先采用机械振实的方法。振动机械按其工作方式分为内部振动器、表面振动器、外部振动器和振动台等。振动机械选择合理，方法正确，保证质量。

6) 混凝土浇筑完毕后，应按施工技术方案在12h以内对混凝土加以覆盖并保湿养护。

7) 混凝土浇水养护的时间，根据水泥品种、是否掺外加剂、是否有抗渗要求，选取7～14d的时间。

8) 浇水次数应能保证混凝土处于湿润状态。

(2) 质量要求

参照4.3节中模板、混凝土质量要求相应部分。

3. 灰土基础施工工艺及质量要求

(1) 施工工艺及要点

施工工艺：

基槽清理→底夯→灰土拌和→控制虚土厚度→
机械夯实→质量检查→逐皮交替完成

1) 灰土的配合比除设计有特殊要求外，一般为2∶8或3∶7（体积比）。基础垫层灰土必须标准过筛，严格执行配合比。必须拌和均匀，至少翻拌两次，拌好的灰土颜色一致。

2) 灰土施工时，应适当控制含水率，工地检验方法，是用手将灰土紧握成团，两指轻捏即碎为宜。如土料水分过多或不足时，应晾干或洒水润湿。

3) 灰土铺摊厚度为200～250mm。

4) 灰土分段施工时，不得在墙角、柱基及承重墙下接缝。上下两层灰土的接缝距离不得大于500mm。当灰土基础标高不同时，应做成阶梯形。接槎时应将槎子垂直切齐。

(2) 质量要求

1) 灰土工程质量标准见表 4.6。

表 4.6　灰土基础允许偏差

项　次	项　目	允许偏差/mm	检 验 方 法
1	顶面标高	±15	用水准仪或拉线和尺量检查
2	表面平整度	15	用 2m 靠尺和楔形塞尺检查

2) 基底的土质必须符合设计要求。

3) 灰土的干密度或贯入度必须符合设计要求和施工规范的规定。

4) 配料正确，拌和均匀，虚铺厚度符合规定，夯压密实，表面无松散和起皮。

5) 留槎和接槎，分层留槎位置、方法正确，接槎密实、平整。

4.3　钢筋混凝土基础构造及施工技术

4.3.1　钢筋混凝土基础构造

1. 扩展基础构造

1) 锥形基础的边缘高度，不宜小于 200mm，见图 4.13；阶梯形基础的每阶高度，宜为 300～500mm，见图 4.14。

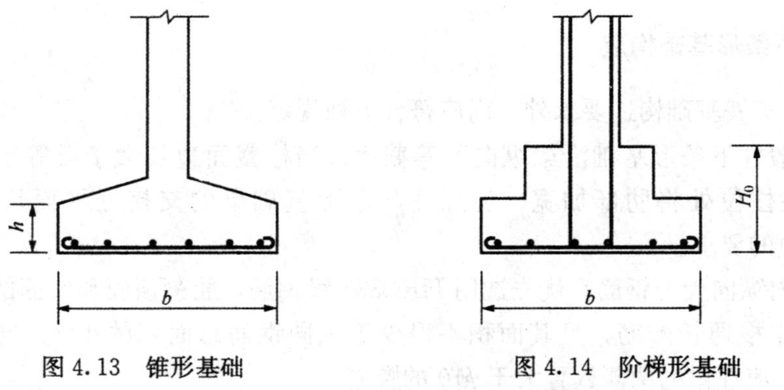

图 4.13　锥形基础　　图 4.14　阶梯形基础

2) 垫层厚度不宜小于 70mm；垫层混凝土强度等级应为 C10。

3) 扩展基础底板受力钢筋的最小直径不宜小于 10mm；间距不宜大于 200mm，也不宜小于 100mm。墙下钢筋混凝土条形基础纵向分布钢筋的直径不小于 8mm；间距不大于 300mm；每延米分布钢筋的面积应不小于受力钢筋面积的 1/10。当有垫层时钢筋保护层的厚度不小于 40mm；无垫层时不小于 70mm。

4) 混凝土强度等级不应低于 C20。

5) 当柱下钢筋混凝土独立基础的边长和墙下钢筋混凝土条形基础的宽度大于或等于 2.5m 时，底板受力钢筋的长度可取边长或宽度的 0.9 倍，并宜交错布置［图 4.15(a)］。

6) 钢筋混凝土条形基础底板在 T 形及十字形交接处，底板横向受力钢筋仅沿一个主要受力方向通长布置，另一方向的横向受力钢筋可布置到主要受力方向底板宽度1/4处［图4.15（b）］。在拐角处底板横向受力钢筋应沿两个方向布置［图4.15（e）］。

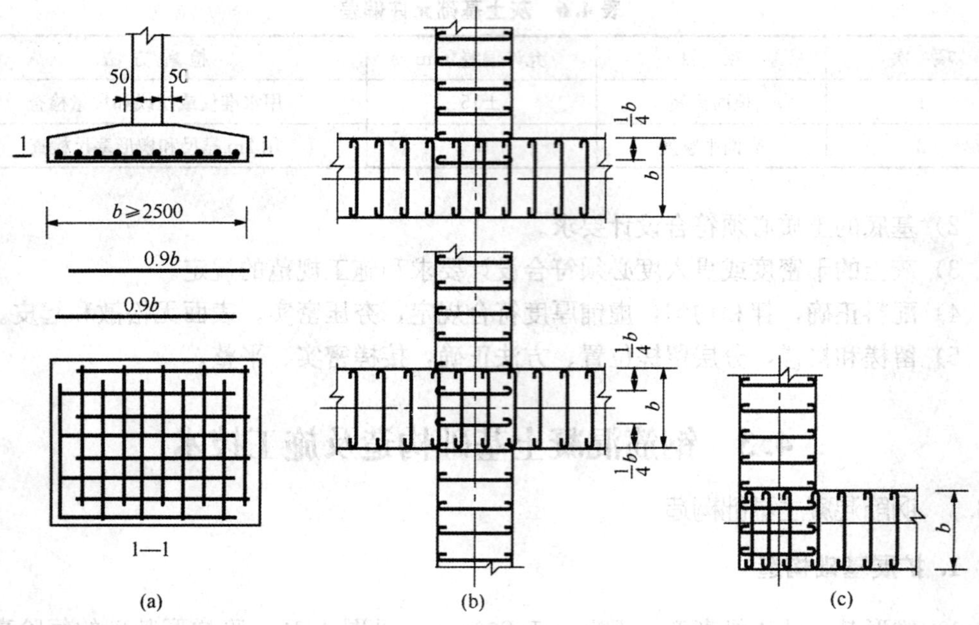

图4.15　扩展基础底板受力钢筋布置示意图

2. 柱下条形基础构造

除满足扩展基础构造要求外，尚应符合下列规定：

1）一般柱下条形基础沿梁纵向取等截面。当柱截面边长大于或等于基础梁肋宽时，可仅在柱位处将肋部加宽，现浇柱与条形基础梁的交接处平面尺寸不应小于图4.15（c)的要求。

2）梁内纵向受力钢筋宜优先选用HRB335级钢筋，肋梁顶面和底面的纵向受力钢筋应有2～4根通长配筋，且其面积不得少于纵同钢筋总面积的1/3。当肋梁高大于700mm时，应在梁的两侧放置大于$\phi10$的腰筋。

3）肋梁内的箍筋应做成封闭式，直径不小于8mm；当梁宽$b\leqslant300$mm时用双肢箍，当300mm$<b\leqslant800$mm时用4肢箍，当$b>800$mm时用6肢箍。

3. 柱下十字交梁条形基础构造

当上部结构荷载较大而地基承载力又较低时，为扩大基础的底面积和增强基础的刚性，常采用由纵向、横向条形基础组成的十字交叉基础，如图4.16所示。

十字交梁条形基础构造与柱下条形基础基本相同。

4. 筏板基础构造

当上部结构荷载很大而地基承载力较低时，采用十字交叉条形基础仍不能满

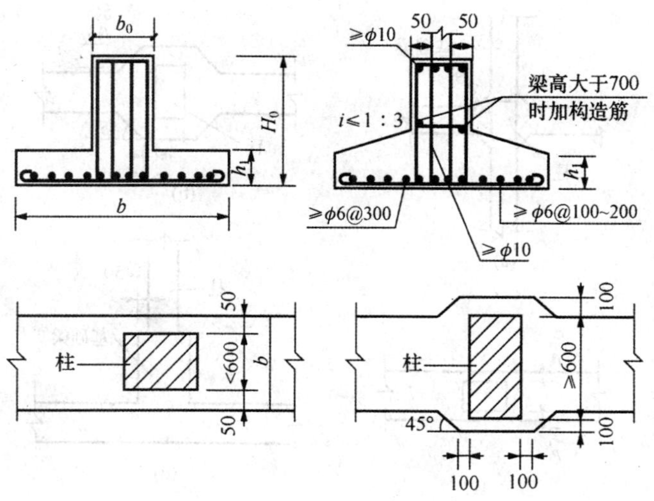

图 4.16　柱下钢筋混凝土条形基础构造

足要求时，可将基础底面扩大为支撑整个建筑物的钢筋混凝土板，或因建地下室而将其底板设计成兼具基础受力的钢筋混凝土板，即形成筏板基础（或称为筏形基础）。

1）筏板基础的钢筋配置除应按计算要求外，纵横两方向的支座处（指柱、肋梁和墙处的板底钢筋）尚应有 1/2～1/3 的钢筋通长配置。对墙下筏板，纵向为 0.15%，横向为 0.10%，跨中钢筋一般通长配置。对墙下筏板或无外伸肋梁的阳角外伸板角底面，应配置 5～7 根辐射状的附加钢筋（图 4.17），该附加钢筋的直径与板边缘的主筋相同。

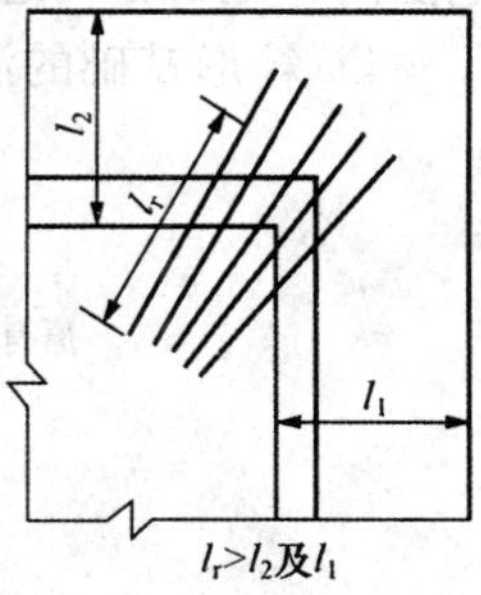

$l_r > l_2$ 及 l_1

图 4.17　筏板基础角部配筋构造

2）带地下室的梁板式筏板基础，柱边缘至基础梁边缘的距离不应小于相应数值（图 4.18）。

3）混凝土强度等级一般不低于 C30，当有地下室时应采用防水混凝土，防水混凝土的抗渗等级应根据地下水位的最大水头与防渗混凝土厚度的比值，按现行《地下工程防水技术规范》（GB 50108—2008）选用，但不应小于 0.6MPa。

5. 箱型基础构造

箱形基础是由顶板、底板、外墙和内墙组成的空间整体结构，一般由钢筋混凝土建造，空间部分可结合建筑使用功能设计成地下室，是多层和高层建筑中广泛采用的一种基础形式。

1）箱形基础的墙体应尽量不开洞或少开洞，并应避免开偏洞和边洞；高度大于 2m 的高洞、宽度大于 1.2m 的宽洞，一个柱距内不宜开洞两个以上，也不宜在内力最大的端面上开洞。两相邻洞口最小净间距不宜小于 1m，否则洞间距不宜小于 1m。

2）顶底板及内外墙的钢筋应按计算确定，墙体一般采用双面配筋，横、竖向钢筋

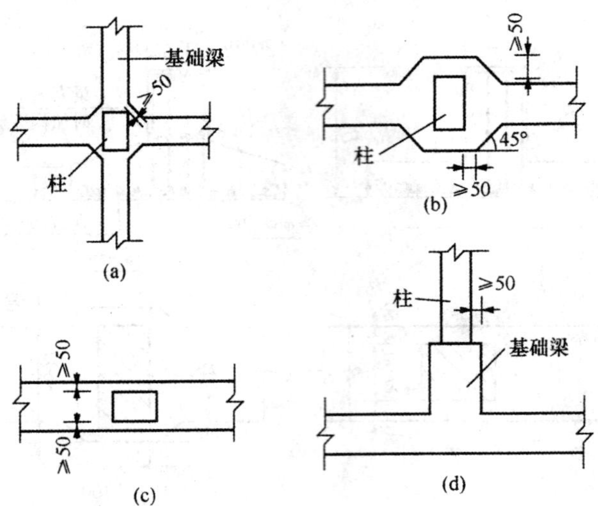

图 4.18 地下室底层柱或剪力墙与基础梁连接的构造要求

不宜小于 $\phi100@200$，除上部为剪力墙外，内、外墙的墙顶端宜配置不小于 $\phi20$ 的钢筋。顶、底板钢筋不宜小于 $\phi100@200$。

3）箱形基础在相距 40mm 左右处应设置一道后浇带，并应设在柱距三等分的中间范围内，施工缝构造要求如图 4.19 所示。

4）箱形基础的混凝土强度等级及防渗要求同带地下室的筏板基础。

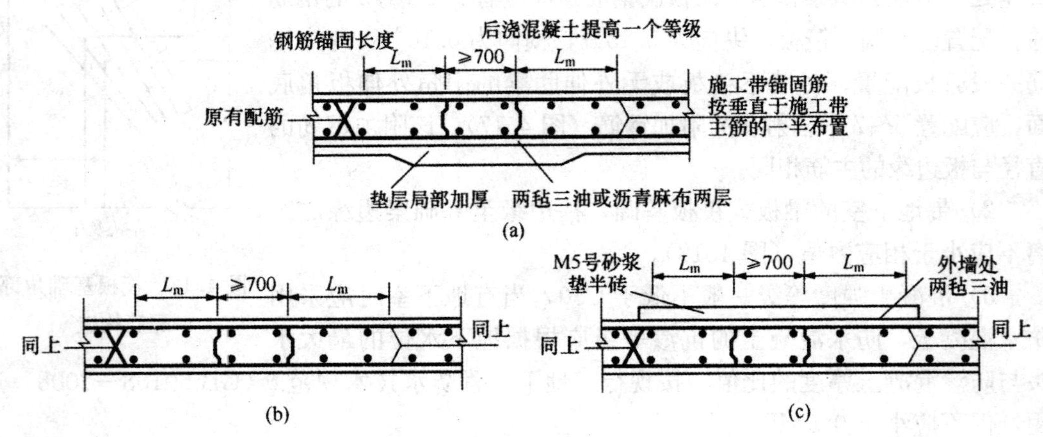

图 4.19 施工缝构造要求

4.3.2 钢筋混凝土基础施工技术

1. 作业条件

1）由建设、监理、施工、勘察、设计单位进行地基验槽，完成验槽记录及地基验槽隐检手续，如遇地基处理，办理设计洽商，完成后由监理、设计、施工三方复验签认。

2）完成基槽验线手续。

2. 材料要求

1）水泥　根据设计要求选水泥品种、强度等级；若遇有侵蚀性介质，要按设计要求选择特种水泥；有产品合格证、出厂检验报告及快测试验报告。

2）砂、石子　有进场复验报告，质量符合现行标准要求。

3）水　拌制混凝土宜采用饮用水；当采用其他水源时，水质应符合国家现行标准《混凝土拌和用水标准》（JGJ 63—2006）的规定。

4）外加剂、掺合料　根据设计要求通过试验确定。

5）预拌混凝土所用原材料须符合上述要求，必须具有出厂质量证明文件、检测报告、原材试验报告。

6）钢筋要有产品合格证、出厂检验报告和进场复验报告。

3. 施工机具

搅拌机、磅秤、手推车或翻斗车、铁锹、振捣棒、刮杆、木抹子、胶皮手套、串桶或溜槽等。

4. 工艺流程

清理→混凝土垫层→清理→钢筋绑扎→支模板→相关专业施工→
清理→混凝土搅拌→混凝土浇筑→混凝土振捣→混凝土找平→混凝土养护

5. 操作工艺

1）清理及垫层浇筑　地基验槽完成后，清除表层浮土及扰动土，不得积水，立即进行垫层混凝土施工，混凝土垫层必须振捣密实，表面平整，严禁晾晒、浸泡地基土。

2）钢筋绑扎　垫层浇筑完成达到一定强度后，在其上弹线、支模、铺放钢筋网片。上下部垂直钢筋绑扎牢，将钢筋弯钩朝上，按轴线位置校核后用方木架成井字形，将插筋固定在基础外模板上；底部钢筋网片应用与混凝土保护层同厚度的水泥砂浆或塑料垫块垫塞，以保证位置正确，表面弹线进行钢筋绑扎，钢筋绑扎不允许漏扣，柱插筋应满足锚固长度的要求。与底板筋连接的柱四角插筋必须与底板筋成 900 绑扎，连接点处必须全部绑扎，距底板 5cm 处绑扎第一个箍筋，距基础顶 5cm 处绑扎最后一道箍筋，作为标高控制筋及定位筋，柱插筋最上部再绑扎一道定位筋，上下箍筋及定位箍筋绑扎完成后将柱插筋调整到位并用井字木架临时固定，然后绑扎剩余箍筋，保证柱插筋不变形走样。

3）模板安装　钢筋绑扎及相关专业施工完成后立即进行模板安装，模板采用小钢模或木模，利用架子管或木方加固。锥形基础坡度＞30°时，采用斜模板支护，利用螺栓与底板钢筋拉紧，防止上浮，模板上部设透气及振捣孔；坡度≤30°时，利用钢丝网（间距 30cm）防止混凝土下坠，上口设井字木控制钢筋位置。不得用重物冲击模板，不准在吊帮的模板上搭设脚手架，保证模板的牢固和严密。

4）清理　清除模板内的木屑、泥土等杂物，木模浇水湿润，堵严板缝及孔洞，清除积水。

5）混凝土搅拌　根据配合比及砂石含水率计算出每盘混凝土材料的用量。认真按配合比用量投料，严格控制用水量，搅拌均匀，搅拌时间不少于90s。

6）混凝土浇筑　浇筑现浇柱下条形基础时，注意柱子插筋位置的正确，防止造成位移和倾斜。在浇筑开始时，先满铺一层5～10cm厚的混凝土并捣实，使柱子插筋下段和钢筋网片的位置基本固定，然后对称浇筑。对于锥型基础，应注意保持锥体斜面坡度的正确，斜面部分的模板应随混凝土浇捣分段支设并顶压紧，以防模板上浮变形；边角处的混凝土必须捣实。严禁斜面部分不支模，用铁锹拍实。基础上部柱子后施工时，可在上部水平面留设施工缝。施工缝的处理应按设计要求或规范规定执行。条形基础根据高度分层连续浇筑，不留施工缝，各段各层间应相互衔接，每段长2～3m，做到逐段逐层呈阶梯形推进。浇筑时先使混凝土充满模板内边角，然后浇注中间部分，以保证混凝土密实。分层下料，每层厚度为振动棒的有效振动长度。防止由于下料过厚，振捣不实或漏振、吊帮的根部砂浆涌出等原因造成的蜂窝、麻面或孔洞。

7）混凝土振捣　采用插入式振捣器，插入的间距不大于振捣器作用部分长度的1.25倍。上层振捣棒插入下层3～5cm。尽量避免碰撞预埋件、预埋螺栓，防止预埋件移位。

8）混凝土找平　混凝土浇筑后，表面比较大的混凝土，使用平板振捣器振实，然后用木杆刮平，再用木抹子搓平。收面前必须校核混凝土表面标高，不符合要求处立即整改。浇筑混凝土时，经常观察模板、支架、螺栓、预留孔洞和管有无走动情况，一经发现有变形、走动或位移时，立即停止浇筑，并及时修整和加固模板，然后再继续浇筑。

9）混凝土养护　已浇筑完的混凝土，常温下，应在12h左右覆盖和浇水。一般常温养护不得少于7d，特种混凝土养护不得少于14d。养护设专人检查落实，防止由于养护不及时而造成混凝土表面裂缝。

6. 质量标准

（1）钢筋工程

1）钢筋原材料及钢筋加工工程　质量要求符合《混凝土结构工程施工质量验收规范》（GB 50204—2002）的规定（表4.7）。

表4.7　钢筋工程加工质量检验标准

项　目	序号	检查项目	允许偏差或允许值
主控项目	1	力学性能检验	第5.2.1条
	2	抗震用钢筋强度实测值	第5.2.2条
	3	化学成分等专项检验	第5.2.3条
	4	受力钢筋的弯曲和弯折	第5.3.1条
	5	箍筋弯钩形式	第5.3.2条

续表

项　目	序号	检 查 项 目		允许偏差或允许值
一般项目	1	外观质量		第 5.2.4 条
	2	钢筋调直		第 5.3.3 条
	3	钢筋加工的形状、尺寸	受力钢筋顺长度方向全长的净尺寸	±10mm
			弯起钢筋的弯折位置	±20mm
			箍筋内净尺寸	±5mm

2）钢筋安装工程　质量要求符合《混凝土结构工程施工质量验收规范》（GB 50204—2002）的规定（表 4.8）。

表 4.8　钢筋工程安装质量检验标准

项　目	序号	检 查 项 目			允许偏差或允许值
主控项目	1	纵向受力钢筋的连接方式			第 5.4.1 条
	2	机械连接和焊接接头的力学性能			第 5.4.2 条
	3	受力钢筋的品种、级别、规格和数量			第 5.5.1 条
一般项目	1	接头位置和数量			第 5.4.3 条
	2	机械连接、焊接的外观质量			第 5.4.4 条
	3	机械连接、焊接的接头面积百分率			第 5.4.5 条
	4	绑扎搭接接头面积百分率和搭接长度			第 5.4.6 条附录 B
	5	搭接长度范围内的箍筋			第 5.4.7 条
一般项目	6	绑扎钢筋网	长、宽		±10mm
			网眼尺寸		±20mm
		绑扎钢筋骨架	长		±10mm
			宽、高		±5mm
		受力钢筋	间距		±10mm
			排距		±5mm
			保护层厚度	基础	±10mm
				柱、梁	±5mm
				板、墙、壳	±3mm
		绑扎箍筋、横向钢筋间距			±20mm
		钢筋弯起点位置			20mm
		预埋件	中心线位置		5mm
			水平高差		+3mm，0mm

（2）模板工程

1）模板安装工程　质量要求符合《混凝土结构工程施工质量验收规范》（GB 50204—2002）的规定（表 4.9）。

表 4.9　模板工程安装质量检验标准

<table>
<tr><th>项　目</th><th>序号</th><th colspan="3">检 查 项 目</th><th>允许偏差或允许值</th></tr>
<tr><td rowspan="2">主控项目</td><td>1</td><td colspan="3">模板支撑、立柱位置和垫板</td><td>第 4.2.1 条</td></tr>
<tr><td>2</td><td colspan="3">避免隔离剂玷污</td><td>第 4.2.2 条</td></tr>
<tr><td rowspan="11">一般项目</td><td>1</td><td colspan="3">模板安装的一般要求</td><td>第 4.2.3 条</td></tr>
<tr><td>2</td><td colspan="3">用作模板的地坪、胎膜质量</td><td>第 4.2.4 条</td></tr>
<tr><td>3</td><td colspan="3">模板起拱高度</td><td>第 4.2.5 条</td></tr>
<tr><td rowspan="8">4</td><td rowspan="8">预埋件、预留孔洞允许偏差</td><td colspan="2">预埋钢板中心线位置</td><td>3mm</td></tr>
<tr><td colspan="2">预埋管、预留孔中心线位置</td><td>3mm</td></tr>
<tr><td rowspan="2">插筋</td><td>中心线位置</td><td>5mm</td></tr>
<tr><td>外露长度</td><td>+10.0mm</td></tr>
<tr><td rowspan="2">预埋螺栓</td><td>中心线位置</td><td>2mm</td></tr>
<tr><td>外露长度</td><td>+10.0mm</td></tr>
<tr><td rowspan="2">预留洞</td><td>中心线位置</td><td>10.0mm</td></tr>
<tr><td>尺寸</td><td>+10.0mm</td></tr>
<tr><td rowspan="8">一般项目</td><td rowspan="8">5</td><td>模板安装</td><td colspan="2">轴线位置</td><td>5mm</td></tr>
<tr><td rowspan="7">允许偏差</td><td colspan="2">底模上表面标高</td><td>±5mm</td></tr>
<tr><td rowspan="2">截面内部尺寸</td><td>基础</td><td>±10mm</td></tr>
<tr><td>柱、墙、梁</td><td>+4mm，−5mm</td></tr>
<tr><td rowspan="2">层高垂直度</td><td>不大于 5m</td><td>6mm</td></tr>
<tr><td>大于 5m</td><td>8mm</td></tr>
<tr><td colspan="2">相邻两表面高低差</td><td>2mm</td></tr>
<tr><td colspan="2">表面平整度</td><td>5mm</td></tr>
</table>

2）模板拆除工程　质量要求符合《混凝土结构工程施工质量验收规范》（GB 50204—2002）的规定（表 4.10）。

表 4.10　模板工程拆除质量检验标准

项　目	序号	检 查 项 目	允许偏差或允许值
主控项目	1	底模及其支架拆除时的混凝土强度	第 4.3.1 条
	2	后张法预应力构件侧模和底模的拆除时间	第 4.3.2 条
	3	后浇带拆模和支顶	第 4.3.3 条
一般项目	1	避免拆模	第 4.3.4 条
	2	模板拆除、堆放和清运	第 4.3.5 条

(3) 混凝土工程

1) 混凝土原材料及其配合比设计　质量要求符合《混凝土结构工程施工质量验收规范》(GB 50204—2002) 的规定 (表 4.11)。

表 4.11　混凝土工程原材料质量检验标准

项　目	序号	检 查 项 目	允许偏差或允许值
主控项目	1	水泥进场检验	第 7.2.1 条
	2	外加剂质量及应用	第 7.2.2 条
	3	混凝土中氯化物、碱的总含量控制	第 7.2.3 条
	4	配合比设计	第 7.3.1 条
一般项目	1	矿物掺合料质量及掺量	第 7.2.4 条
	2	粗细骨料的质量	第 7.2.5 条
	3	拌制混凝土用水	第 7.2.6 条
	4	开盘鉴定	第 7.3.2 条
	5	依砂、石含水率调整配合比	第 7.3.3 条

2) 混凝土施工　质量要求符合《混凝土结构工程施工质量验收规范》(GB 50204—2002) 的规定 (表 4.12)。

表 4.12　混凝土工程施工质量检验标准

项　目	序号	检 查 项 目	允许偏差或允许值
主控项目	1	混凝土强度等级及试件的取样和留置	第 7.4.1 条
	2	混凝土抗渗及试件取样和留置	第 7.4.2 条
	3	原材料每盘称量的偏差	第 7.4.3 条
	4	初凝时间控制	第 7.4.4 条
一般项目	1	施工缝的位置和处理	第 7.4.5 条
	2	后浇带的位置和浇筑	第 7.4.6 条
	3	混凝土养护	第 4.3.7 条

3) 现浇混凝土外观及尺寸　质量要求符合《混凝土结构工程施工质量验收规范》(GB 50204—2002) 的规定 (表 4.13)。

表 4.13　现浇混凝土结构外观及尺寸检验标准

项　目	序号	检 查 项 目	允许偏差或允许值
主控项目	1	外观质量	第 8.2.1 条
	2	过大尺寸偏差处理及验收	第 8.3.1 条

续表

<table>
<tr><th>项 目</th><th>序号</th><th colspan="3">检 查 项 目</th><th>允许偏差或允许值</th></tr>
<tr><td rowspan="17">一般项目</td><td>1</td><td colspan="3">外观质量一般缺陷</td><td>第 8.2.2 条</td></tr>
<tr><td rowspan="4">2</td><td rowspan="4">轴线位置</td><td colspan="2">基础</td><td>15mm</td></tr>
<tr><td colspan="2">独立基础</td><td>15mm</td></tr>
<tr><td colspan="2">墙、柱、梁</td><td>15mm</td></tr>
<tr><td colspan="2">剪力墙</td><td>15mm</td></tr>
<tr><td rowspan="3">3</td><td rowspan="3">垂直度</td><td rowspan="2">层高</td><td>≤5m</td><td>15mm</td></tr>
<tr><td>>5m</td><td>15mm</td></tr>
<tr><td colspan="2">全高（H）</td><td>$H/1000$ 且≤30mm</td></tr>
<tr><td rowspan="2">4</td><td rowspan="2">标高</td><td colspan="2">层高</td><td>±10mm</td></tr>
<tr><td colspan="2">全高</td><td>±30mm</td></tr>
<tr><td>5</td><td colspan="3">截面尺寸</td><td>+8mm，−5mm</td></tr>
<tr><td rowspan="2">6</td><td rowspan="2">电梯井</td><td colspan="2">井筒长、宽对定位中心线</td><td>+25mm，0mm</td></tr>
<tr><td colspan="2">井筒全高（H）垂直度</td><td>$H/1000$ 且≤30mm</td></tr>
<tr><td>7</td><td colspan="3">表面平整度</td><td>8mm</td></tr>
<tr><td rowspan="3">8</td><td rowspan="3"></td><td colspan="2">预埋件</td><td>10mm</td></tr>
<tr><td colspan="2">预埋螺栓</td><td>5mm</td></tr>
<tr><td colspan="2">预埋管</td><td>5mm</td></tr>
<tr><td></td><td>9</td><td colspan="3">预留洞中心线位置</td><td>15mm</td></tr>
</table>

4.4 地下室防水构造与施工

在当今城市用地紧张的情况下，在建筑向空间发展的同时，也将促使向地下发展。地下室的外墙、底板将受到地潮或地下水的侵蚀，如果因为结构的原因导致结构层开裂、或由于忽视防潮、防水工作，地潮或地下水便乘机而入，严重时，致使地下室不能使用甚至影响到建筑物的耐久性。因此如何保证地下室在使用时不受潮、不渗漏、不进水，则是地下室构造设计和施工的主要任务。

1. 地下室防潮构造

当地下水的常年水位和最高水位都在地下室地面标高以下时，地下水不可能直接侵入室内，墙和底板仅受土层中潮气的影响，这时地下室只需做防潮处理。

地下室的防潮做法是：对于砖墙，需用水泥砂浆砌筑，灰缝必须饱满；在外墙外侧设垂直防潮层。做法是在外墙表面先抹一层 20mm 厚的水泥砂浆找平层，涂刷一道冷底子油和热沥青二道防潮层，需刷至室外散水处。然后在防潮层外侧回填低渗透土壤，如黏土、灰土等，并逐层夯实，以防地表水下渗对地下室的影响，这部分回填土的宽度为 500mm 左右。

另外，地下室所有的墙体都必须设两道水平防潮层，一道设在地下室底板附近，一般设置在内、外墙与地下室底板交接处：另一道设在距离室外地面散水以上 150～200mm 的墙体中，以防止土层中的水分沿基础和墙体上升，导致墙体潮湿和增大地下室的湿度。地下室的一般防潮构造做法见图 4.20。

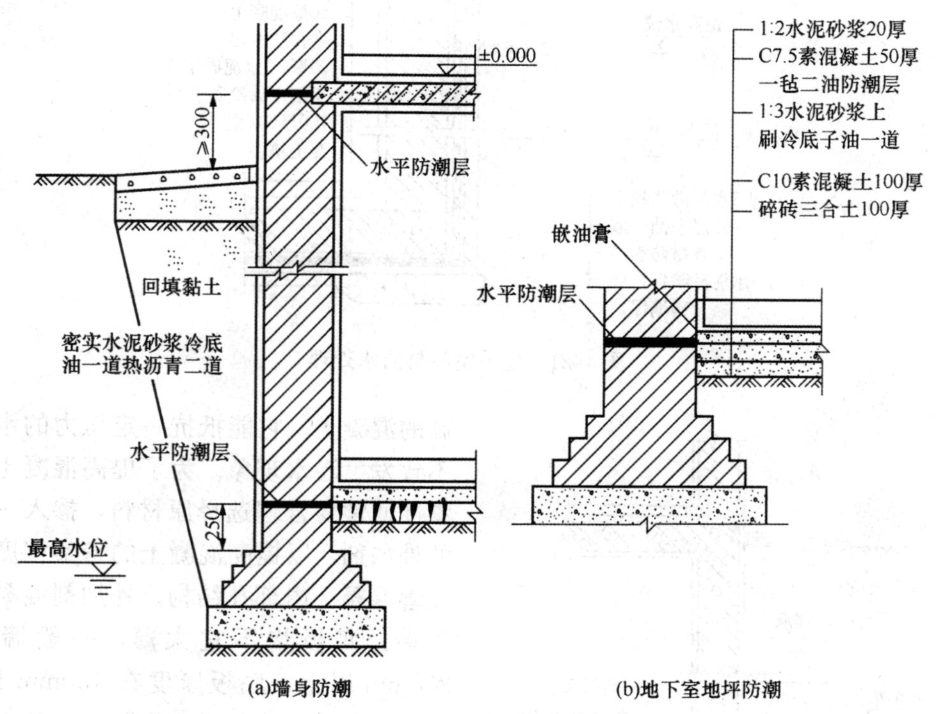

图 4.20　地下室防潮处理

2. 地下室防水构造

常年静止水位和丰水期最高水位都高于地下室地坪时，是一种最不利情况。在这种情况下，地下水不仅可以侵入地下室，还对墙板、底板产生较大的压力。因此，必须考虑地下室外墙作垂直防水处理，底板作水平防水处理。

地下室防水构造通常有柔性防水（亦称外防水）和刚性防水（亦称自防水）两种。柔性防水，其做法按防水层铺贴位置不同，分为内包和外包法。内包法是将防水层贴在地下室墙体的内表面，此方法施工方便、便于维修，但防水不太有利，因此多用于修缮工程。而地下室的卷材防水通常多采用外包法，即将防水层铺贴地下室外墙的外表面，这对防水较为有利。外包法比较简便、不占室内面积，但维修困难。

外包式构造做法是先在墙外抹 20mm 厚的水泥砂浆找平层，并涂刷冷底子油一道，再根据选择的油毡按一层沥青、一层油毡的程序粘贴油毡。油毡系从地下室底板处包过来的，再沿地下室墙身由下至上连接密封。根据防水工程要求，防水层必须高出最高地下水位 500～1000mm 为宜，其上部做防潮处理，最后在防水层外侧砌半砖墙进行保护，见图 4.21。

刚性防水是采用防水混凝土作地下室的侧墙和底板。防水混凝土是一种抗渗性能

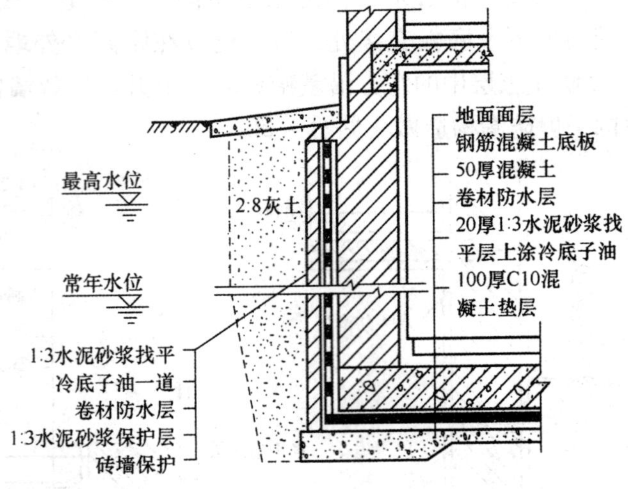

图 4.21　地下室卷材防水处理

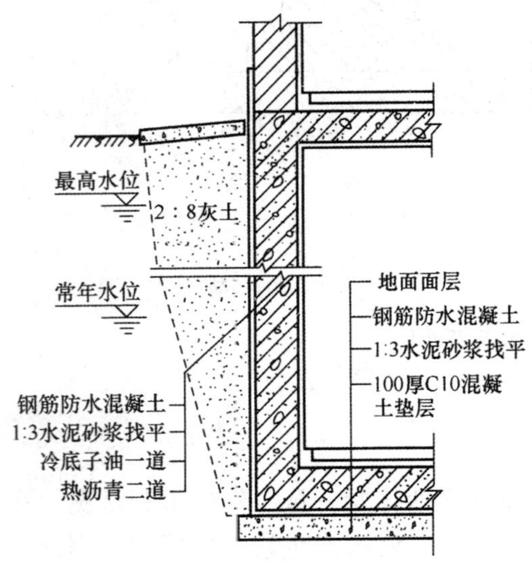

图 4.22　地下室钢筋混凝土防水处理

高的混凝土。它能抵抗一定压力的水作用不致发生渗水现象。为了提高混凝土的抗渗性通常要合理选择原材料，掺入一定量的外加剂，以提高混凝土的密实程度以及改善混凝土内部孔结构。外加剂混凝土的外墙、底板均不宜太薄，一般墙厚为200mm 以上，底板厚度在 150mm 以上，否则会影响抗渗效果。为防止地下水对混凝土的侵蚀，在墙外应抹水泥砂浆，然后涂刷沥青，见图 4.22。

3. 地下防水工程施工及质量要求

(1) 防水混凝土施工及质量要求

1) 作业条件

a. 完成钢筋、模板的隐检、预检的验收工作，并应在隐检、预检中检查穿墙螺栓、设备管道或套管、施工缝及位于防水混凝土结构中的预埋件是否已做好防水处理。

b. 提前编制施工方案。

c. 配合比经试验确定。

2) 材料要求

a. 水泥：宜用不低于强度等级 325 的硅酸盐水泥、普通硅酸盐水泥，如掺用外加剂，亦可用矿渣硅酸盐水泥或按设计要求选用。水泥应有产品合格证、出厂检测报告和进场复验记录。

b. 砂：宜用中砂，含泥量不大于 3%，泥块含量不得大于 1.0%。

c. 石子：宜用卵石，最大粒径宜为 5～40mm，含泥量不大于 1%，泥块含量不得

大于 0.5%。

d. 掺和料：粉煤灰等，其掺量应由试验确定，并有出厂合格报告，等级符合规范要求。

e. 外加剂：应根据具体情况通过试验确定，并有产品合格证书、性能检测报告，并复试合格。

3）施工机具　插入式振捣棒、铁锹、溜槽、铝合金刮杠、木抹子、小白线等。

4）工艺流程

作业准备→混凝土搅拌→运输→混凝土浇筑→养护

5）操作工艺

a. 混凝土搅拌投料顺序：石子→砂→水泥外加剂→水，先干搅 0.5～1min 再加水。必须严格按照试验室配合比通知单操作，不得擅自修改散袋水泥、砂、石的用量，务必每车过磅。雨期施工注意每天测定含水率，及时调整用水量。

b. 混凝土运输：混凝土从搅拌机卸出后，用翻斗车、手推车或吊斗及时运送到浇灌地点。运输过程中尽量减少周转环节，防止混凝土产生离析。如发现有离析现象，必须在浇灌前进行人工二次拌和。

c. 混凝土浇筑：底板应连续浇筑，不得留施工缝。在墙体施工缝上浇筑混凝土前，需将表面清理干净，先铺一层 20～25mm 厚 1∶1 水泥砂浆。浇第一步混凝土高度为 40cm，以后每步浇灌 40～50cm。为保证混凝土浇筑时不产生离析，混凝土由高处自由倾落，其落距不应超过 2m，超过时应加串桶和溜槽。防水凝土要用机械振捣密实，一般采用插入式振捣器，插入要迅速，拔出要缓慢，振动到表面泛浆无气泡为止，插点间距应不大于 40cm，严防漏振。

d. 施工缝的位置及接缝形式：底板防水混凝土应连续施工，不得留施工缝。墙体一般只许留水平施工缝，其位置按设计要求或规范设置，如需留垂直施工缝，应留在结构变形缝处，或与设计协商解决。施工缝可做成企口缝、高低缝、平缝三种形式，墙厚在 30cm 以上的宜作成企口缝，墙厚小于 30cm 时应采用高低缝或止水带。新旧接槎处继续浇筑混凝土前应将其表面凿毛，消除浮浆，用水清洗后保持湿润，铺一层 20～25mm 厚的 1∶1 水泥砂浆，再浇筑混凝土。固定模板用的穿墙螺栓与铅丝尽量不要穿过混凝土防水结构。若需穿过时，应在穿墙螺栓上加焊止水环，要求止水环必须满焊无遗漏，止水环数量符合设计要求。穿墙螺栓在拆模时，将外露螺栓头切掉。

e. 变形缝处理：变形缝处理可采用埋入式橡胶或塑料止水带来处理。此时止水带位置应准确，圆环中心应在变形缝中心线上。止水带应牢固，浇混凝土前必须清理干净，不得有泥土杂物，确保与混凝土结合良好。

f. 养护：常温混凝土浇筑完毕后的 12h 以内必须加以覆盖并浇水养护，养护时间不少于 14d。

6）质量要求　质量要求符合《地下防水工程质量验收规范》(GB 50208—2002) 的规定（表 4.14）。

表 4.14 防水混凝土工程质量检验标准

项 目	序号	检查项目	允许偏差或允许值
主控项目	1	原材料、配合比及坍落度	第 4.1.7 条
	2	抗压强度、抗渗压力	第 4.1.8 条
	3	细部做法	第 4.1.9 条
一般项目	1	细部做法	第 4.1.10 条
	2	裂缝宽度	≤0.2mm，并不得贯穿
	3	防水混凝土结构厚度≥250mm	+15，−10mm
		迎水面保护层厚度≥50m	±10mm

7）成品保护

a. 确保钢筋模板位置正确，不得踩踏钢筋和模板。

b. 在拆模和吊运其他构件时，不得碰坏施工缝企口及撞动止水带。保护穿墙管、电线管、电器盒及预埋件等，防止振捣时挤扁或预埋件移位。

8）应注意的问题

a. 蜂窝、麻面的造成原因是振捣不当，脱模早，模板干燥，模板缝隙偏大跑浆。

b. 孔洞的造成原因是漏振，在管道密集、预埋件和钢筋稠密处振捣困难，应采用细石混凝土浇筑。

c. 渗水、漏水是由于施工缝接槎处处理不当或施工中漏振，随意加水，水灰比不准造成，应严格控制剂量，认真振捣，认真处理施工缝。

（2）卷材防水施工及质量要求

1）材料要求

a. 防水卷材：三元乙丙橡胶防水卷材，必须有出厂质量合格证，有相应资质等级检测部门出具的检测报告、产品性能和使用说明书；进场后应进行外观检查，合格后按规定取样复试，并实行有见证取样和送检。

b. 底胶：聚氨酯底胶（相当于冷底子油）分甲、乙两组分，甲为黄褐色胶体，乙为黑色胶体。

c. CX-404 胶：用于基层及卷材黏结，为黄色混浊胶体。

d. 聚氯酯涂膜材料：用于处理接续、增补、密封处理，分甲、乙组分。

e. 丁基黏结剂：用于卷材接缝，分 A、B 两组分，A 为黄浊胶体，B 为黑色胶体。

f. 聚氨酯嵌缝膏：用于密封卷材收头部位，分甲、乙组分。

g. 二甲苯或乙酸乙酯：用于稀释或清洗工具。

2）主要用具

a. 基层处理用具：高压吹风机、平铲、钢丝刷、笤帚。

b. 材料容器：大小铁桶。

c. 掸线用具：量尺、小线、色粉袋。

d. 裁剪卷材用具：剪刀。

3）作业条件

a. 地下防水层施工，当地下水位较高时、铺贴防水层前应降地下水，地下水位降至防水层底标高下 30cm 并保持到防水层施工完成。

b. 铺贴防水层的基层表面应将尘土杂物清扫干净；表面残留的灰浆硬块及突出部分应清除干净，不得有空鼓、开裂、起砂和脱皮等现象。

c. 基层表面应保持干燥，含水率不大于 9%，并要平整牢固，阴阳角处应做成圆弧角。

d. 防水层所用卷材、基层处理剂、二甲苯等均属易燃品，应单独存放，远离火源。做好防火工作，操作时应通风，夜间有足够的照明。

4）工艺流程

基层清理→配制底胶→涂刷底胶→特殊部位增补处理（附加层）→
铺贴卷材→卷材收头黏结→细部处理→蓄水试验→做保护层

5）操作工艺

a. 基层清理涂刷底胶前应将基层上尘土、杂物清扫干净。

b. 配制底胶将聚氨酯防水涂膜材料按甲：乙：甲苯为 1：1.5：3 比例配合搅拌均匀，即可进行涂刷。

c. 涂刷底胶将配好的底胶用长把滚刷涂刷在大面积基层上，厚薄一致，不得有漏刷和白底现象，阴阳角、管根部位可用毛刷涂刷，干燥至不粘手时可进行下道工序。

d. 特殊部位增补处理（附加层）：

d1. 增补剂配制：将聚氯酯防水材料按甲、乙组分以 1：1.5 比例（重量比）配合搅拌均匀，即可进行涂刷，配制量按需要确定，不宜过多，防止其固化。

d2. 附加层施工：用毛刷在管根，地漏、伸缩缝等处均匀涂刷，做好附加层，厚度宜为 2mm，待其固化后即可进行下道工序。

e. 铺贴卷材防水层：

e1. 铺贴前应排好尺寸，弹出标准线。

e2. 铺贴卷材时先将卷材摊在干净、平整的基层上用滚刷将 CX-404 胶均匀涂刷在卷材表面，接头处 10cm 不涂，待 CX-404 胶干燥至手感不粘时再将其卷好待用。

e3. 当基层底胶干燥后，在其表面涂刷 CX-404 胶。涂刷均匀，待其干燥至手感不粘时即可开始铺贴卷材。

e4. 铺贴时将已涂 CX-404 胶的卷材穿 ϕ30mm 长 1.5m 的铁管上，由二人抬起将卷材一端黏结固定，然后沿弹好的标准线向另一端铺贴，操作时不要铺得过紧，不要出现皱褶。

e5. 铺贴平面与立面相连的卷材应由下同上进行，使卷材紧贴阴角，不得有空鼓和黏结不牢的现象注意卷材不要走偏。

e6. 铺贴后用 30kg、30cm 长外包橡皮铁辊滚压一遍排除气泡。

f. 接头处理：卷材接头用丁基黏结胶黏结，先将 A、B 两组分材料按 1∶1 配合搅拌均匀，翻开接头表面涂刷均匀，待其干燥约 30min 后即可进行黏结。黏结后接头处不许有皱褶、气泡等缺陷，然后用铁辊滚压一遍。

g. 卷材收头：卷材末端收头为使卷材收头黏结牢固，防止翘边渗漏，用聚氨酯嵌缝膏将收头处口边封闭严密，再刷一层聚氨酯防水涂料，防水层铺贴不得在雨天大风天施工，冬期施工的环境温度不低于 5℃。

h. 防水层细部构造处理：

h1. 采用外防外贴法时，应先铺贴平面，后铺贴立面，平立面交接处，应错缝搭接，之后砌保护墙，及时回填土。防水结构完成后，铺贴立面卷材之前，应先将接槎部位的各层卷材揭开，并将其清理干净；修补完局部损坏才可继续施工。此时卷材用错槎搭接，上层卷材盖过下层卷材不少于 100mm。

h2. 采用外防内贴法施工时，应先铺贴平面，后铺贴立面，铺立面时，先贴转角，后贴大面，贴后应做好保护层，并确保保护层与立面卷材黏结牢固。

6）质量要求　质量要求符合《地下防水工程质量验收规范》（GB 50208—2002）的规定（表 4.15）。

表 4.15　卷材防水工程质量检验标准

项　目	序号	检 查 项 目	允许偏差或允许值
主控项目	1	卷材及配套材料质量	第 4.3.10 条
	2	细部做法	第 4.3.11 条
一般项目	1	基层质量	第 4.3.12 条
	2	卷材搭接缝	第 4.3.13 条
	3	保护层	第 4.3.14 条
	4	卷材搭接宽度允许偏差	−10mm

7）应注意的质量问题

a. 空鼓：卷材防水层空鼓，发生在找平层与卷材之间，且多在卷材接缝处，其原因是找平层不干，含水率大；空气排除不彻底，卷材没有黏结牢固。

b. 渗漏：多发生在管根、地漏、变形缝等处，伸缩缝没有断开，造成防水层撕裂，其他部位由于黏结不牢，卷材松动或衬垫不严有空隙等均有可能产生渗漏，施工中应加强检查，认真操作。

8）成品保护

a. 已铺贴的防水卷材，应注意保护，不得损坏。

b. 穿过地面和墙面的管根不得损伤和变位。

c. 防水层施工完成并验收合格后要及时进行保护层施工，并随之进行回填。

职业活动训练　刚性基础的施工方案编制

1. 目的

掌握刚性基础的施工方法、施工工艺以及质量标准。

2. 环境要求

某小区 6 层砖混结构商品房，一字形平面，6 层楼。全长 51.84m，宽 12.96m，建筑面积 3300m^2；层高 2.8m，檐口标高 16.80m。基础采用黏土砖，基础垫层采用 100mm 厚 C10 混凝土，±0.000 下 60mm 处有 C20 混凝土圈梁，基础埋深 1.6m。

3. 步骤提示

1）测量定位的复核。

2）确定施工顺序、流水段与施工起点。

3）确定施工方法及施工技术措施。

4）拟定基础计划工期及验收日期。

4. 注意事项

1）选用施工方法要科学，技术措施要先进。

2）技术人员要对班组进行技术、安全技术交底，确保质量合格，无安全事故。

3）工种之间要相互配合、交流、沟通。

5. 讨论与训练题

1）该项目基础施工方法是如何确定的？

2）计划工期是根据什么制定的？可否调整？

3）技术措施有哪些？

4）质量和安全技术交底要点是什么？

5）写一份实训心得。

【实例】 刚性基础的施工方案

根据上述环境要求，制定该项目基础工程施工方案。

该基础工程可划分为挖土、垫层、砌砖基础、地圈梁、回填土等五个施工过程。

1）挖土：按垫层宽度人工直壁开挖基槽。每段先挖内墙槽后挖外墙槽，上面约 0.4m 深挖出的土约 200m^2 作余土外运，弃土地点在工程现场北面约 70m 处的凹坑内。

2）混凝土垫层及地圈梁：选用强制式混凝土搅拌机 1 台，配 4 辆胶轮手推车作水平运输。基槽上口搭设木跳板，原槽浇捣混凝土垫层，水平桩控制其厚度，插入式振动棒振捣密实。基槽两边对称回填土，每层厚 30cm，用人力木夯夯实；室内回填土用蛙式打夯机压实到－0.15m。

3）技术要求及措施：挖槽后要测底、验宽，检查槽底土质，复核基础轴线尺寸。不符要求者应及时处理、修正；合格者，及时做垫层。混凝土、砂浆配合比和原材料质量均应符合设计规定；必要时，应作抽样测试；垫层上弹测墙基轴线及边线后，要再次复核检查，确保尺寸无误；各施工过程完成后，均应作出技术检查和质量验收，做好基础隐蔽验收记录。

4）进度要求：15 天。

职业活动 训练 刚性基础的现场检验

1. 目的

掌握砖基础、混凝土垫层、圈梁的检验批的划分、检测工具及偏差范围。

2. 环境要求

1）选择实训条件较好且有代表性的基础现场。

2）提供基础平面图及基础大样。

3. 步骤提示

1）阅读工程建筑施工图、结构施工图。

2）了解基础施工艺及各分项施工特点、技术要求。

3）掌握各分项工种的施工规范、检验标准及验收程序。

4）结合砖基础、混凝土基础的质量要求进行对比、分析，确定基础分项工程是否合格。

4. 注意事项

1）阅读施工图时重点阅读基础平面图及基础大样图，准备好与基础相关的图集及资料。

2）实训时要与工地资料员联系，了解检验批、分项工程的填写要求。

3）注意实训现场的安全。

5. 讨论与训练题

1）实训现场的基础是什么材料的基础？

2）基础的检验批、分项工程是如何划分的？

3）基槽验收、基础验收应有哪些单位参加？程序是什么？

4）基础的现场检验有哪些内容？合格标准是什么？

5）写一份实训心得。

习　题

1. 除岩石地基外，基础埋深不宜小于（　　）。

A. 0.1m　　B. 0.5m　　C. 1m　　D. 2m

2. 基础可分为刚性基础和柔性基础，应按刚性基础进行设计的是（　　）。

A. 柱下毛石混凝土基础　　B. 钢筋混凝土独立基础

C. 钢筋混凝土条形基础　　D. 箱形基础

3. 下列关于压实填土填料的要求哪条不正确（　　）。

A. 可选用级配良好的砂土或碎石土

B. 可选用性能稳定的工业废料

C. 以粉质黏土、粉土作为填料时，其含水量宜为最优含水量

D. 可使用淤泥、耕土、冻土、膨胀性土及有机质含量大于5%的土

4. 下列关于各类混凝土基础中混凝土材料最低强度等级的要求何者不正确（　　）。

A.（素）混凝土基础：不应低于C15

B. 钢筋混凝土柱下独立基础和钢筋混凝土墙下条形基础：不应低于 C20

C. 钢筋混凝土柱下条形基础：不应低于 C20

D. 高层建筑筏形基础：不应低于 C25

5. 下列墙下条形基础中不属于刚性基础的是（　　）。

A. 素混凝土基础　　B. 毛石混凝土基础

C. 毛石基础　　D. 钢筋混凝土基础

6. 基础可分为刚性基础和柔性基础，应按刚性基础进行设计的是（　　）。

A. 砖基础　　B. 钢筋混凝土独立基础

C. 钢筋混凝土条形基础　　D. 箱形基础

7. 当建筑物采用大放脚形式的砖基础时，若基础挑出墙外的宽度为 180mm，则该砖基础放宽部分的合理高度可取（　　）mm。

A. 240　　B. 360　　C. 480　　D. 540

8. 某工程拟采用混凝土条形基础，其上为 240mm 厚砖墙，混凝土基础底面宽度为 840mm，则混凝土基础的合理高度应为（　　）mm。

A. 200　　B. 270　　C. 300　　D. 540

9. 下列关于毛石基础的构造，不正确的是（　　）。

A. 毛石基础采用砂浆应为混合砂浆，其强度等级不应低于 M5

B. 毛石基础台阶宽高比为 1∶1.25（$P_k \leqslant$100kPa）或 1∶1.5（100kPa$< P_k \leqslant$200kPa）

C. 阶梯形毛石基础每阶伸出宽度不宜大于 200mm

D. 基底压力大于 200kPa 时不应采用毛石基础

10. 砖基础采用两皮一收的方法砌筑，其基础台阶宽高比为（　　）。

A. 1∶1　　B. 1∶1.25　　C. 1∶1.5　　D. 1∶2

11. 砖基础采用二一间隔收的方法砌筑，其基础台阶宽高比为（　　）。

A. 1∶1　　B. 1∶1.25　　C. 1∶1.5　　D. 1∶2

12. 下列关于毛石基础的构造，不正确的是（　　）。

A. 毛石基础采用砂浆应为水泥砂浆，其强度等级不应低于 M2.5

B. 毛石基础台阶宽高比为 1∶1.25（$P_k \leqslant$100kPa）或 1∶1.5（100kPa$< P_k \leqslant$200kPa）

C. 阶梯形毛石基础每阶伸出宽度不宜大于 200mm

D. 基底压力大于 200kPa 时不应采用毛石基础

13. 下列关于扩展基础构造要求不正确的是（　　）。

A. 锥形基础边缘高度不宜小于 200mm；阶梯形基础每阶高度宜为 300～500mm

B. 基础垫层厚度不宜小于 70mm；垫层混凝土强度等级不应低于 C10

C. 扩展基础底板受力钢筋直径不宜小于 8mm，间距宜为 100～200mm

D. 墙下条形基础分布钢筋直径不宜小于 8mm，间距不大于 300mm

E. 钢筋保护层厚度，有垫层时不小于 40mm，无垫层时不小于 70mm

14. 当柱下钢筋混凝土独立基础的边长和墙下钢筋混凝土条形基础的宽度大于或等

于（　　）时，底板受力钢筋的长度可取边长或宽度的0.9倍，并交错布置。

A. 1.6m　　B. 2m　　C. 2.5m　　D. 3m

15. 下列关于柱下钢筋混凝土条形基础的构造说法不正确的是（　　）。

A. 柱下条形基础梁的高度宜为柱距的1/4～1/8

B. 翼板厚度不应小于200mm，当翼板厚度大于250mm时，宜采用变厚度翼板，其坡度宜小于或等于1∶3

C. 条形基础的端部宜向外伸出，其长底宜为第一跨距的0.25倍

D. 柱下条形基础的混凝土强度等级不应低于C15

16. 下列关于高层建筑平板式筏形基础构造要求不正确的是（　　）。

A. 平板式筏基的板厚可根据受冲切承载力计算确定，板厚不宜小于400mm

B. 筏板基础的钢筋间距不应小于150mm，宜为200～300mm

C. 受力钢筋直径不宜小于12mm

D. 受力钢筋采用双向钢筋网片配置在板的底面，板顶面无须布置

17. 下列关于高层建筑箱形基础构造不正确的是（　　）。

A. 基础底板厚度不应小于300mm　　B. 顶板厚度不应小于200mm

C. 外墙厚度不应小于200mm　　D. 内墙厚度不应小于200mm

18. 大体积混凝土是指，混凝土结构物实体最小尺寸等于或大于（　　），或预计会因水泥水化热引起混凝土内外温差过大而导致裂缝的混凝土。

A. 1m　　B. 2m　　C. 5m　　D. 10m

19. 混凝土浇筑后，强度至少达到（　　）才允许工人在上面施工操作。

A. $1N/mm^2$　　B. $1.2N/mm^2$　　C. $2.4N/mm^2$　　D. $>4N/mm^2$

20. 防水混凝土的养护时间不得少于（　　）。

A. 3d　　B. 7d　　C. 14d　　D. 28d

第5章 桩基工程施工

5.1 桩的分类

目前桩的分类主要从桩径大小、桩身截面、桩体形状、桩身材料、承载性状、成桩方法、成桩施工工艺等几方面进行划分。

5.1.1 按桩径大小分类

桩按桩径（设计直径 d）大小可分为三类：

- 小直径桩：$d \leqslant 250$mm；
- 中等直径桩：250mm$<d<$800mm；
- 大直径桩：$d \geqslant 800$mm。

桩径大小对桩的承载性状具有明显影响。大直径钻（挖、冲）孔桩成孔过程中，由于孔壁的松弛变形导致侧阻力降低，其降低效应随桩径增大而增大。同时，由于成桩过程使桩端土卸载回弹，桩端压缩层厚度随桩径增大而增加，导致桩端阻力随桩径增大而减小。承载力降低。这种尺寸效应与土的性质有关，黏性土、粉土与砂土、碎石类土相比，尺寸效应相对较弱。

5.1.2 按桩的几何特性分类

为提高桩的承载力以及满足使用要求，桩可采用不同的截面形式和桩体形状，常用桩的截面主要是圆形和方形，为增加桩身的比表面积（桩侧表面积与体积之比），在一定条件下可采用管状、三角、十字、Y 形、H 形等截面形式。

柱状桩体为目前常用的形式，另外，在一定条件下可采用楔形、螺旋形、糖葫芦、扩底等形状。

按几何特性划分的目的是在可能的情况下，尽可能提高桩的承载力。如在实际工程中，对于摩擦型桩，在施工及运输条件允许的情况下，尽可能采用比表面积大的截面形式，如采用梅花状截面的灌注桩、预制的三角形空心桩；对于端承型桩，宜采用桩端截面较大的桩体，如扩底桩等。

5.1.3 按桩身材料分类

按桩身材料可分为钢筋混凝土桩、钢桩和组合材料桩。

1. 钢筋混凝土桩

钢筋混凝土桩与其他材料桩相比，经济适用，是当前应用最为广泛的桩。它可分为普通钢筋混凝土桩、预应力钢筋混凝土桩和预应力高强混凝土桩。

2. 钢桩

钢桩具有承载力高、抗冲击性能强、接桩方便、施工质量稳定等特点。但由于造价高，使用量很小，目前常用的有管桩、H 形钢桩或其他异型钢桩。其中管桩可根据需要设计成闭口或敞口形式，调整挤土压力。

3. 组合桩

桩身由两种或两种以上材料组成的桩。它一般是为降低造价，结合材料强度和地质条件，发挥材料特性而组合成的桩。近年在天津、上海等地研发的搅拌劲芯（性）桩为典型的组合桩，即在水泥土搅拌桩中插入钢筋混凝土预制桩，应用在一些多层建筑物中，并取得了很好的效果。

5.1.4 按承载性状分类

桩按承载性状可分为竖向抗压桩、竖向抗拔桩、水平受荷桩和复合受荷桩。

1. 竖向抗压桩

竖向抗压桩是主要承受竖向荷载的桩，该桩应进行桩身材料强度计算，桩的承载力计算，必要时还需要计算桩基沉降，验算软弱下卧层的承载力以及负摩阻力产生的下拽荷载。根据荷载的传递方式，可分为摩擦型桩和端承型桩两大类，如图 5.1 所示。

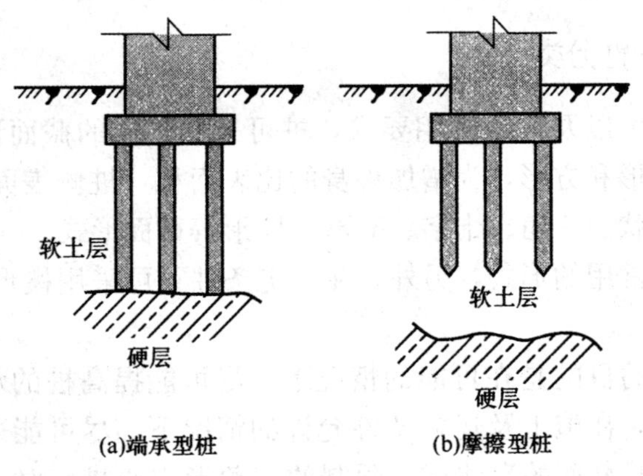

图 5.1　端承型桩与摩擦型桩示意图

（1）摩擦型桩

摩擦桩　在承载能力极限状态下，桩顶竖向荷载由桩侧阻力承受，桩端阻力小到可忽略不计。

端承摩擦桩　在承载能力极限状态下，桩顶竖向荷载主要由桩侧阻力承受。

(2) 端承型桩

端承桩　在承载能力极限状态下，桩顶竖向荷载由桩端阻力承受，桩侧阻力小到可忽略不计。

摩擦端承桩　在承载能力极限状态下，桩顶竖向荷载主要由桩端阻力承受。

2. 竖向抗拔桩

主要承受竖向抗拔荷载的桩，应进行桩身材料强度和抗裂计算以及抗拔承载力计算，并特别注意耐久性问题。

3. 水平受荷桩

主要承受水平荷载的桩，应进行桩身抗剪强度和抗弯及裂缝计算。

4. 复合受荷桩

承受竖向、水平荷载均较大的桩，应进行竖向抗压桩及水平受荷桩的要求进行验算。

桩作为混凝土或钢构件，对其按受力状态进行划分的目的是，根据不同受力状态确定计算内容，满足不同的构造要求，采用不同的配筋模式等，特别是钢筋混凝土灌注桩。

5.1.5　按成桩方法分类

按成桩过程中是否产生挤土效应，分为非挤土桩、部分挤土桩和挤土桩。

1. 非挤土桩

如干作业法钻（挖）孔灌注桩、泥浆护壁法钻（挖）孔灌注桩、套管护壁法钻（挖）孔灌注桩。

2. 部分挤土桩

如长螺旋压灌灌注桩、冲孔灌注桩、钻孔挤扩灌注桩、搅拌劲芯桩、预钻孔打入（静压）预制桩、打入（静压）式敞口钢管桩、敞口预应力混凝土空心桩和 H 形钢桩。

3. 挤土桩

如沉管灌注桩、沉管夯（挤）扩灌注桩、打入（静压）预制桩、闭口预应力混凝土空心桩和闭口钢管桩。

成桩过程中有无挤土效应，涉及设计选型、布桩和成桩过程质量控制。

成桩过程的挤土效应在饱和黏性土中是负面的，会引发灌注桩断桩、缩颈等质量事故，对于挤土预制混凝土桩和钢桩会导致桩体上浮，降低承载力，增大沉降；挤土效应还会造成周边房屋、市政设施受损；在松散土和非饱和填土中则是正面的，会起到加密、提高承载力的作用。对于非挤土桩，由于其既不存在挤土负面效应，又具有穿越各种硬夹层、嵌岩和进入各类硬持力层的能力，桩的几何尺寸和单桩的承载力可调空间大。因此钻、挖孔灌注桩使用范围大，尤以高重建筑物更为合适。

5.1.6 按施工工艺分类

对于混凝土桩按制作方法可分为预制桩和灌注桩两大类。预制桩桩身材料强度高，可在工厂生产，也可现场制作。灌注桩适用于任何地层，可灵活调整桩长、桩径，是当前的主要桩型。预制桩根据其进入地基土层的施工方式又可分为锤击桩、振动桩和静压桩（其中前二者又可称为打入桩）。灌注桩根据其桩孔护壁方式又可分为：干作业成孔灌注桩、泥浆护壁成孔灌注桩和套管护壁成孔灌注桩。

5.2 桩基选型原则

桩型的选择应根据建筑结构类型、荷载性质、桩的使用功能、穿越土层、桩端持力层土类、地下水位、施工设备、施工环境、施工经验、制桩材料供应条件等，选择经济合理、安全适用的桩型和成桩工艺。选择时可参考表5.1。

混凝土预制桩、灌注桩和钢管桩的优缺点和适用条件如下。

5.2.1 预制混凝土桩的特点和适用范围

1. 预制桩的优点

1）无泥浆排放，施工文明，场地整洁（与泥浆护壁成孔灌注桩相比）。

2）成桩质量稳定，优于沉管灌注桩。预制桩是在地面制造，故质量易于控制。

3）施工工艺简单，工效高。预制桩的施工工序较灌注桩简单得多，工效也高。

4）桩的单位面积承载力高。预制桩属于挤土桩，打入或压入地层时使松软地层挤密，从而使承载力提高。

5）桩身混凝土密度大，抗腐蚀能力强。

2. 预制桩的缺点

1）单价一般较灌注桩高。预制桩的配筋是按抵抗搬运起吊和锤击时的应力设计的，远超过正常工作荷载的要求，配筋率相对较高。如果要接长时，接头增加了钢用量，因而成本增高。

2）锤击或振动法下沉的桩，施工噪声大，污染环境，不宜在城市使用；用静压法施工可消除噪声污染，但设备和环境条件的限制要多一些。

3）预制桩是挤土桩，群桩施工时易引起周围地面的隆起。桩间距设计或施工顺序不当时，可能使相邻已就位的桩上浮或倾斜。

表 5.1　桩型与成桩工艺选择

桩类			桩径		最大桩长/m	穿越土层											桩端进入持力层				地下水位		对环境影响		孔底有无挤密
			桩身/mm	扩大头/mm		一般黏性土及其填土	淤泥和淤泥质土	粉土	砂土	碎石土	季节性冻土膨胀土	黄土：非自重湿陷性黄土	黄土：自重湿陷性黄土	中间有硬夹层	中间有砂夹层	中间有砾石夹层	硬黏性土	密实砂土	碎石土	软质岩石和风化岩石	以上	以下	振动和噪声	排浆	
非挤土成桩	干作业法	长螺旋钻孔灌注桩	300～800	—	28	○	×	○	△	×	○	○	△	×	△	×	○	○	△	△	○	×	无	无	无
		短螺旋钻孔灌注桩	300～800	—	20	○	×	○	△	×	○	○	×	×	△	×	○	○	×	×	○	×	无	无	无
		钻孔扩底灌注桩	300～600	800～1200	30	○	×	○	×	×	○	○	△	×	△	×	○	○	△	△	○	×	无	无	无
		机动洛阳铲成孔灌注桩	300～500	—	20	○	×	△	×	×	○	○	△	△	×	△	○	○	×	×	○	×	无	无	无
		人工挖孔扩底灌注桩	800～2000	1600～3000	30	○	×	△	△	△	○	○	○	○	△	△	○	△	△	○	○	△	无	无	无
	泥浆护壁法	潜水钻成孔灌注桩	500～800	—	50	○	○	○	△	×	△	△	×	×	△	×	○	○	△	×	○	○	无	有	无
		反循环钻成孔灌注桩	600～1200	—	80	○	○	○	△	△	△	○	○	○	○	△	○	○	△	○	○	○	无	有	无
		正循环钻成孔灌注桩	600～1200	—	80	○	○	○	△	△	△	○	○	○	○	△	○	○	△	○	○	○	无	有	无

续表

桩类			桩径		最大桩长/m	穿越土层											桩端进入持力层				地下水位		对环境影响		孔底有无挤密
			桩身/mm	扩大头/mm		一般黏性土及其填土	淤泥和淤泥质土	粉土	砂土	碎石土	季节性冻土膨胀土	黄土：非自重湿陷性黄土	黄土：自重湿陷性黄土	中间有硬夹层	中间有砂夹层	中间有砾石夹层	硬黏性土	密实砂土	碎石土	软质岩石和风化岩石	以上	以下	振动和噪声	排浆	
非挤土成桩	泥浆护壁法	旋挖成孔灌注桩	600～1200	—	60	○	△	○	△	△	△	○	○	○	△	△	○	○	○	○	○	○	无	有	无
		钻孔扩底灌注桩	600～1200	1000～1600	30	○	○	○	△	△	△	○	○	○	○	△	○	△	△	△	○	○	无	有	无
	套管护壁	贝诺托灌注桩	600～1200	—	50	○	○	○	○	○	△	○	△	○	○	○	○	○	○	○	○	○	无	无	无
		短螺旋钻孔灌注桩	600～1200	—	20	○	○	○	○	×	△	○	△	△	△	△	○	○	△	△	○	○	无	无	无
部分挤土成桩	灌注桩	冲击成孔灌注桩	600～1200	—	50	○	△	△	△	○	△	×	×	○	○	○	○	○	○	○	○	○	有	有	无
		长螺旋钻孔压灌桩	300～800	—	25	○	△	○	○	△	○	○	○	△	△	△	○	○	△	△	○	△	无	无	无
		钻孔挤扩多支盘桩	700～900	1200～1600	40	○	○	○	△	△	△	○	○	○	○	△	○	○	△	×	○	○	无	有	无
	预制桩	预钻孔打入式预制桩	≤500	—	50	○	○	○	△	×	○	○	○	○	○	△	○	○	△	△	○	○	有	无	有
		静压混凝土（预应力混凝土）敞口管桩	≤800	—	60	○	○	○	△	×	△	○	○	△	△	△	○	○	○	△	○	○	无	无	有

续表

桩类			桩径		最大桩长/m	穿越土层											桩端进入持力层				地下水位		对环境影响		孔底有无挤密
			桩身/mm	扩大头/mm		一般黏性土及其填土	淤泥和淤泥质土	粉土	砂土	碎石土	季节性冻土膨胀土	黄土		中间有硬夹层	中间有砂夹层	中间有砾石夹层	硬黏性土	密实砂土	碎石土	软质岩石和风化岩石	以上	以下	振动和噪声	排浆	
												非自重湿陷性黄土	自重湿陷性黄土												
部分挤土成桩	预制桩	H形钢桩	规格	—	80	○	○	○	○	○	△	△	△	○	○	○	○	○	○	○	○	○	有	有	无
		敞口钢管桩	600～900	—	80	○	○	○	○	△	△	○	○	○	○	○	○	○	○	○	○	○	有	有	有
挤土成桩	灌注桩	内夯沉管灌注桩	325、377	460～700	25	○	○	○	△	△	○	○	○	×	△	×	○	△	△	×	○	○	有	有	有
	预制桩	打入式混凝土预制桩、闭口钢管桩、混凝土管桩	≤500×500 ≤1000	—	60	○	○	○	△	△	△	○	○	○	○	△	○	○	△	△	○	○	有	有	有
		静压桩	1000	—	60	○	○	△	△	△	△	○	△	△	△	×	○	○	△	×	○	○	无	有	有

注：表中符号“○”表示比较合适；“△”表示可能采用；“×”表示不宜采用。

4）受起吊设备能力的限制，单节预制桩的长度不能过长，一般为十余米，长桩时需接桩。桩的接头常形成桩身的薄弱环节，接桩后如果不能保证桩全长的垂直度，则将降低桩的承载力，甚至打入时造成断桩。

5）不易穿透较厚的坚硬地层。当坚硬地层下仍存在软弱层要求桩通过时，则需辅以其他施工措施，如射水或预钻孔等。

6）“上软下硬．软硬突变”的地区，即上部地层松软，而下部地层突变坚硬的地层，采用预应力管桩时，由于上部土对桩的侧限弱，桩身稳定性差，需验算桩身材料强度。还应特别注意水平荷载下桩基础的整体安全。

7）桩长超过要求时，截桩较困难。

3. 预制桩的适用范围

1）适用于持力层上覆盖为松软土层，没有坚硬的夹层。

2）持力层顶面的土质变化不大，桩长易于控制，减少截桩或多次接桩。

3）水下桩基工程。

4）工期比较紧的工程，桩可在工厂预制，缩短工期。

5.2.2 灌注桩的特点和适用范围

1. 灌注桩的优点

1）可适用于各种地层。

2）桩长可随持力层起伏而改变，不需截桩，没有接头。

3）可施工桩径较大（可达 3～4m 甚至更大），大直径桩的单桩承载力高。

4）可施工桩长较长（可超过 100m）。

5）钢筋用量少，一般情况下成本低于预制桩。

2. 灌注桩的缺点

1）桩身质量不易控制，容易出现断桩、缩颈、露筋和夹泥的现象。

2）桩身直径较大，孔底沉积物不易清除干净（除人工挖孔灌注桩外），因而单桩承载力变化较大。

3. 灌注桩的适用范围

灌注桩施工方法种类繁多，此处不做分析，其适用范围详见后续各节。

5.2.3 钢桩的类型特点和适用范围

工程常用的钢桩有钢板桩、型钢桩和钢管桩三大类。

1. 钢板桩

钢板桩的形式甚多，两侧带不同形状的子母接口槽。这种桩一次性投资成本较高，

但可多次循环使用，且较易于打入各类地层，对地层的扰动及对临近建筑物的影响均较小。仅用于承受水平推力，不能用作基础桩。常用于河岸、海岸形成围堰，或作为基坑开挖时的临时支挡结构。

2. 型钢桩

最常用的型钢桩的截面形状是H形和工字形。H形桩和工字钢可用于承受垂直荷载或水平荷载。型钢桩贯入各类地层的能力较混凝土预制桩强。H形钢桩的刚度大于一般钢板桩，但长细比较大时，仍易在打入时出现弯曲现象，弯曲超过一定限度时，就不能作为基础桩使用。

3. 钢管桩

与其他类型号的钢桩相比，钢管桩的贯入能力、抗弯刚度、单桩承载力及焊接接长等方面都有明显的优越性。钢管桩打入地层时，其端部可敞开或封闭。端部开口时易于打入，但承载力较封闭式小。必要时钢管桩内可充填混凝土。钢管桩与混凝土桩相比，价格较高，抗腐蚀性能较差，必须做好表面防腐处理。

5.3 钢筋混凝土预制桩简介

本节主要介绍目前我国较为常用的PC桩和PHC桩，也简单介绍一下其他预制桩品种。

5.3.1 无预应力混凝土桩

目前国内使用的（无预应力）钢筋混凝土预制桩主要有方桩和管桩两种截面形式。一般采用振动或离心法成型。

方桩可分为实心方桩（图5.2）和空心方桩（截面内空心部分为圆孔），代号分别为ZH和KZH。ZH桩和KZH桩直径较小，常为200～500mm，混凝土强度等级一般为C30～C40。一般用于中小型工程或维修加固工程，其用量较小。

图5.2 实心方桩

管桩代号RC。混凝土强度等级一般为C30～C40，由于在给定的弯矩作用下，桩身易产生裂缝，运输中桩身易产生裂缝，锤打时桩顶易破损，接头的结构不稳定，目前已很少采用。

5.3.2 预应力混凝土管桩

预应力管桩是采用预应力工艺、经离心成型、常压或高压蒸汽养护工艺在工厂标准化、规模化生产制造的预应力中空圆筒体细长混凝土预制件，其外观如图5.3所示。主要由圆筒形桩身、端头板合钢套箍等组成，其内部结构如图5.4所示。

图5.3 预应力混凝土管桩外观

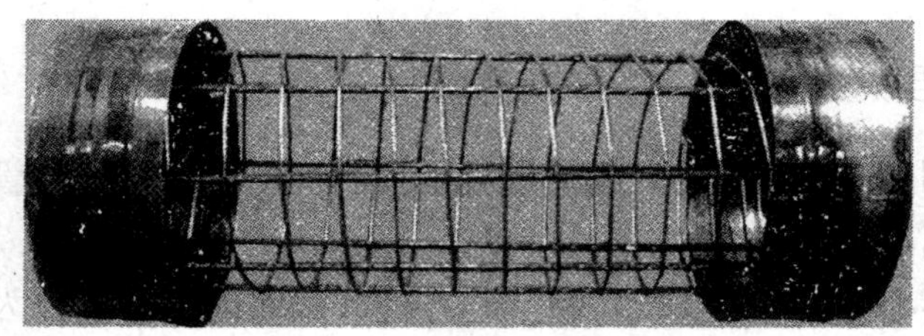

图5.4 管桩结构示意图

1. 预应力管桩的分类

预应力管桩按桩身混凝土强度等级可分为：预应力混凝土管桩（PC桩）、预应力高强混凝土管桩（PHC桩）和预应力混凝土薄壁管桩（PTC桩）

前两种管桩应用较为广泛，其性能执行《先张法预应力混凝土管桩》（GB 13476—2009）标准。后一种管桩应用量较少，其管壁较薄，较为节省材料，主要用于摩擦型桩，但也由于管壁较薄，施工破损率偏高，水平抗剪能力较差。本书对此品种桩不作介绍，其性能读者可查阅《先张法预应力混凝土薄壁管桩》（JC 888—2001）。

PC桩和PHC桩采用离心法成型。前者混凝土强度等级不低于C60；后者混凝土强度等级不低于C80。由于预应力的作用，桩身很少产生裂缝，桩顶部用焊接钢板补强，锤打时很少破损，采用焊接接头可成为长桩。这两种桩型是当前预制桩的主力桩

型，尤其是 PHC 桩使用量较大。

我国 PC 桩和 PHC 桩，按外径可分为：300mm、400mm、500mm、550mm、600mm、800mm、1000mm、1200mm、1300mm、1400mm 等规格。壁厚为 70～150mm，视管径和设计承载力大小而不同。管桩节长一般为 7～15m，对于大直径（≥800mm）管桩节长可达 7～30m。

我国《先张法预应力混凝土管桩》（GB 13476—2009）规定：PC 桩和 PHC 桩按混凝土有效预压应力值可分为：A 型、AB 型、B 型和 C 型。混凝土有效预压应力值分别为：4.0N/mm²、6.0N/mm²、8.0N/mm²、10.0N/mm²。常用地基上的一般建筑工程选用 A 型或 AB 型管桩，在打桩时桩身混凝土一般不会出现横向裂缝。

2. 管桩发展情况

1920 年澳大利亚人 W. R. Hume 发明混凝土离心法生产工艺；

1925 年日本引进该项技术，于 1934 年始制离心混凝土桩（RC 桩）；

1962 年日本开发了预应力混凝土管桩（PC 桩）；

1967～1970 年日本又开发预应力高强混凝土管桩（PHC 桩）；

1996 年日本应用 PHC 桩 2500 万米，2002 年应用量为 1280 万米；

1944 年我国开始生产钢筋混凝土离心管桩（RC 桩）；

1966 年北京丰台桥梁厂开发生产预应力混凝土管桩（PC 桩）；

1966 年中国台湾省开始应用 PC 桩；

1981 年中国香港由日本人设厂生产预应力高强管桩（DADO 桩，翻译为大同桩）；

1984 年广东建立第一家生产预应力管桩的厂；

1988 年原交通部三航局（上海浦东）全套引进日本设备和技术，首先生产 PHC 桩；

1990 年广东南方和鸿运管桩厂部分引进日本设备和技术，生产 PHC 桩；

1993 年成立中国水泥制品工业协会预制桩专业委员会，大力推广应用预应力管桩，管桩厂由当时的 20 余家发展到现在的近 300 家（不完全统计）。

目前国内生产的预应力管桩 70%以上都是 PHC 管桩，广东地区几乎 100%都是 PHC 管桩。

3. 管桩的生产工艺

管桩制桩工艺主要如下：

钢筋笼制作、入模→混凝土配料、搅拌、喂料→合模→以管模作为反力支架，进行预应力钢筋张拉→离心、常温蒸汽初级养护→拆模→自养（对于 PC 桩）或高压高温湿热养护（简称压蒸养护，对于 PHC 桩）→贮存

工艺流程见图 5.5 和图 5.6。

从图 5.5 中可以看出，PHC 桩的制造工艺与 PC 桩基本相同，差别在于，经离心、常温蒸养、拆模后，PC 桩只需自然养护，而 PHC 桩需要进行高压蒸养。

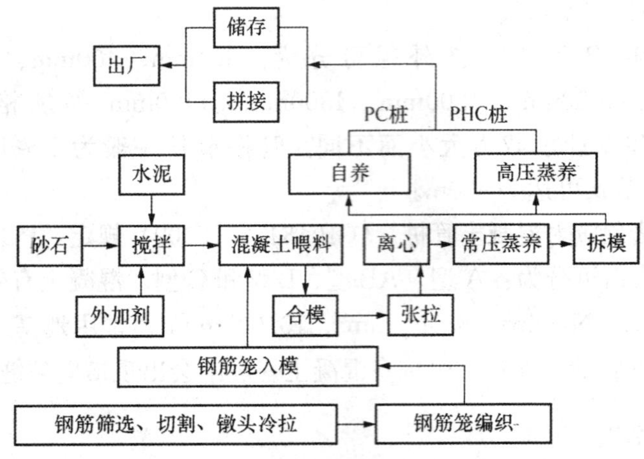

图 5.5　管桩生产工艺流程

(a)钢筋笼制作

(b)钢筋笼入模

(c)混凝土喂料

(d)合模

(e)预应力筋张拉

(f)离心

图 5.6　管桩生产

(g)一次常压蒸养

(h)拆模

(i)压蒸养护

(j)存放

图 5.6　管桩生产（续）

4. PHC 管桩的特点

优点：

1）质量稳定可靠。PHC 管桩利用先进的工艺和设备，在专业工厂的流水线上预制生产，产品质量稳定可靠。

2）当桩端支承在承载力高的持力层上时，可有效利用管桩强度，单桩承载力高。

3）设计选用范围广，工程适应性强。可选用不同直径、壁厚和桩长，在同一建筑物基础中可采用不同尺寸的管桩，便于布桩并可充分发挥每根桩的承载力。

4）桩身抗弯、抗裂性能好，耐锤击，土层穿透力强，采用特殊的桩尖形式可穿透硬夹层。可采用不同的沉桩工艺（射水法、锤击法、静压法等）进行施工。

5）耐久性好。PHC 管桩采用了高速离心成型工艺（离心加速度高达 30～35g）和高温高压（压力 10Pa；温度 180℃）蒸汽养护，因此桩身混凝土密实性好（混凝土容重达到 2600kg/m 左右），其抗渗性、抗硫酸盐腐蚀性、耐碳化性均优于普通混凝土。

6）生产 2d 内便可出厂，交货迅速。

7）运输吊装方便，接桩快捷，施工速度快，无砂石、水泥，无泥浆污染，现场文明。

8）造价低，仅为钢桩的 1/3～1/2。

9）成桩质量可靠，监理监测方便。

缺点：

1）遇到孤石和障碍物多的地层、坚硬夹层、石灰岩地层及从松软突变到特坚硬的地层时施工困难。

2）挤土效应较显著。

3）管节接点有腐蚀。PHC管桩采用钢端板焊接法接桩。管节点处存在锈蚀隐患。

5.3.3 预应力混凝土空心方桩

离心成型的先张法预应力混凝土空心方桩（PS桩）是一种近年来得到开发应用的新型桩。其外观如图5.7所示。

图5.7 预应力空心方桩外观

PS桩截面形状内圆外方（图5.8），介于普通混凝土方桩和预应力混凝土管桩之间。并具有方桩和管桩两种桩型的优点，其生产工艺更接近管桩。桩身混凝土强度等级不低于C60，并要求具有3.0N/mm^{2}以上的有效预压应力，以保证运输和打桩过程中桩身混凝土一般不会出现横向裂缝。

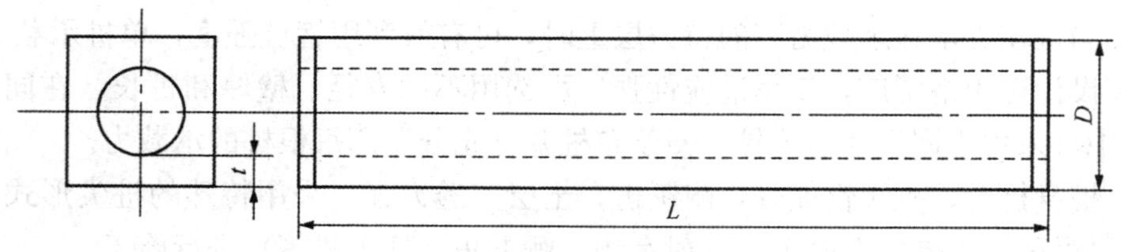

图5.8 空心方桩示意图

t. 壁厚；L. 长度；D. 边长

空心方桩比管桩有三点优越性：

1）传统的非离心法生产的预制普通混凝土桩多为方形，空心方桩沿袭了这一传统，外截面形状为方形，比圆形更易于堆放。管桩堆放层数过高，容易发生滚落伤人等安全事故，每年国内管桩厂都有类似事件发生。

2）在相同横截面积的实体形状中，圆周长最小；相同外周长时，空心方桩一般比管桩横截面积减少12%～18%。对于以桩侧摩阻力为主的摩擦型桩，空心方桩占有优势。

3）此外，方形截面更有利于接桩施工。由于相同截面积情况下方形截面边长更长，因此方桩接桩焊缝比管桩更为可靠。

5.4　锤击桩施工

5.4.1　锤击桩特点及适用范围

1. 锤击桩优点

工艺简单，施工速度快，机械化程度高。

2. 锤击桩缺点

1）用柴油锤沉桩时振动大，噪声高，油污飞溅。
2）不宜应用于含有较多孤石、障碍物或难以贯穿的坚硬夹层的地层。
3）不宜应用于“上软下硬，软硬突变”的地层。

3. 锤击桩适用范围

1）适用于持力层上覆盖为松软土层，没有坚硬的夹层。
2）适用于工期比较紧的工程，可缩短工期。
3）在城市中心和夜间施工时限制使用。

5.4.2　锤击桩施工机械

打桩设备主要由桩锤、桩架和动力装置三部分组成。

桩锤是桩工机械中产生冲击或振动，用于使桩沉入或拔出的主机。可分为冲击锤和振动桩锤。

1. 冲击锤

冲击锤是通过提升冲击质量（锤体）并使其下落，作用于桩上，获得冲击能量，将桩沉入土中的桩锤。根据动力来源不同可分为落锤、蒸汽/空气锤、柴油锤和液压锤等类型。

（1）落锤

落锤是由卷扬机或类似方法提升冲击质量至一定高度，靠自重下落的冲击力进行沉桩的桩锤。

落锤构造简单，能随意调整落距，锤重一般为 5～20kN，落距以不小于 1m 为宜。可适用于黏土和含砂、砾石较多的土层。但打桩速度较慢、工效低（每分钟锤击次数6～12次），对桩的损伤较大，施工时产生噪声大，故目前较少使用。

（2）蒸汽/空气锤

蒸汽/空气锤是用蒸汽或空气压力提升锤体，通过锤体下落的冲击力沉桩的桩锤，简称气动桩锤或气锤。

根据其工作情况又可分为单动气锤、双动气锤等。单动汽锤由气体压力推动锤体上升，靠锤体自重下降的冲击力沉桩；双动气锤的锤体升降均由气体压力推动。单动汽锤冲击力较大，可以打各种桩，常用锤重30～150kN，每分钟锤击次数为25～30次。双动气锤冲击频率高，每分钟100～120次，工效较高，适宜打各种桩。也可用于拔桩。蒸汽锤以高压蒸汽为动力，需配备蒸汽锅炉和卷扬机；空气锤以压缩空气为动力，需配备空气压缩机、内燃机等。由于气锤需额外配置动力装置，且装置体积较为庞大，使用不便，故目前较少使用。

(3) 柴油锤

柴油锤是通过锤体下落，使缸内的空气压缩，将注入的柴油燃烧而产生的爆发力和锤体下落的冲击力进行沉桩的桩锤。

柴油锤按其构造形式可分为导杆式和筒式，其外形分别如图5.9（a）和图5.9（b）所示。导杆式柴油锤是气缸（锤体）沿导杆往复运动的柴油桩锤。其冲击体为气缸，构造简单，但打桩能量较小。筒式柴油锤是活塞（锤体）沿筒状缸体往复运动的柴油桩锤。其冲击体为活塞，打桩能量大，施工效率高，目前我国90%以上的柴油锤为筒式柴油锤。

(a)导杆式柴油锤

(b)筒式柴油锤

图5.9 柴油锤

柴油锤构造简单、使用方便，不需从外部供应能源。但在过软的土中由于贯入度过大，燃油不易爆发，往往桩锤反跳不起来，会使工作循环中断。另一个缺点是会造成噪声和空气污染等公害，故在城市中施工受到一定限制。

国产柴油锤主系列按冲击部分质量主要分为D8、D16、D25、D30、D36、D46、D62、D80、D100等几种型号。如D25表示冲击部分质量为2500kg的筒式柴油锤。每分钟锤击次数不超过38次。

国外柴油锤型号表示方法与国内不完全相同，如：D62、K45、MH72柴油锤。字母表示厂家名第一个字母，数字表示冲击部分质量。D62表示德国德尔麦克厂的产品（DELMAG）冲击部分质量为6200kg；K45表示日本神户制钢所产品（KOBELCO）；MH72表示日本三菱重工株式会社产品（MITSUBISHI）。

(4) 液压锤

液压锤是一种新型打桩设备，它的冲击缸体通过液压油提升与降落。冲击缸体下部充满氮气，当冲击缸下落时，首先是冲击头对桩施加压力，接着是通过可压缩的氮气对桩施加压力，使冲击缸体对桩施加压力的过程延长，因此每一击能获得更大的贯入度。液压锤不排出任何废气，无噪声，冲击频率高，并适合水下打桩，是理想的冲击式打桩设备，但构造复杂，造价高。

2. 振动桩锤

振动桩锤是依靠激振器产生定向振动用于沉拔桩的桩锤。依据动力和操纵系统通常可分为电动式和液压式。

该类型桩锤通过电力或液压驱动，使两组偏心块作同速相向旋转，其横向偏心力相互抵消，而竖向离心力则叠加，使桩产生竖向的上下振动，造成桩及桩周土体处于强迫振动状态，从而使桩周土体强度显著降低和桩端处土体挤开，桩侧摩阻力和桩端阻力大大减小，于是桩在桩锤与桩体自重以及桩锤激振力作用下，克服惯性阻力而逐渐沉入土中。

振动桩锤操作简便，沉桩效率高；沉桩时桩的横向位移和变形均较小，不易损坏桩体；电动振动桩锤的噪声与振动比筒式柴油锤小得多，而液压振动锤噪声低，振动小；管理方便，施工适应性强；软弱地基中沉桩迅速。但振动桩锤构造较复杂，维修较困难；电动振动锤耗电量大，需要大型供电设备；液压振动锤费用昂贵；遇到硬夹层时穿透困难。

5.4.3 锤击桩施工工艺

锤击桩施工工艺流程见图 5.10，主要包括：施工准备、测量放线定桩位、桩机就位、喂桩、桩身对中调直、锤击沉桩、接桩、送桩、收锤停打等施工步骤。

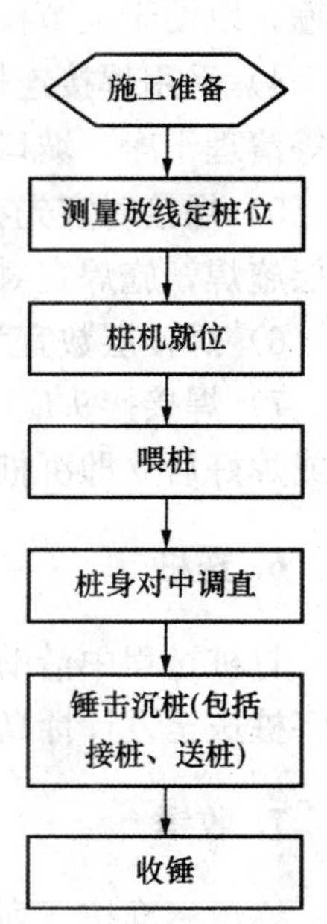

图 5.10　预应力管桩打桩施工工艺

1. 测量放线定桩位

在打桩施工区域附近设置控制桩与水准点，不少于 2 个，其位置以不受打桩影响为原则（距离操作地点 40m 以外），轴线控制桩应设置在距最外桩 5～10m 处，以控制桩基轴线和标高。

2. 桩机就位

按照打桩顺序将桩机移至桩位上面并对准桩位。

3. 喂桩

利用辅助吊机将桩送至打桩机桩架下面，桩机吊桩并送进桩帽内。

4. 锤击沉桩

管桩打入时应符合下列规定：

1）桩帽或送桩器与管桩周围的间隙应为5～10mm；桩锤与桩帽、桩帽与桩顶之间加设弹性衬垫，衬垫厚度应均匀，且经锤击压实后的厚度不宜小于120mm，在打桩期间经常检查，及时更换和补充。

2）第一节管桩插入地面时的垂直度偏差不得超过0.5%；桩锤、桩帽或送桩器应与桩身在同一中心线上。

3）打桩过程中应经常观测桩身的垂直度（采用经纬仪在两垂直方向进行校测），若桩身垂直度偏差超过1%时，应找出原因并设法纠正；当桩尖进入较硬土层后，严禁用移动桩架等强行回扳的方法纠偏。

4）桩帽和送桩器应与管桩匹配做成圆筒形，并应有足够的强度、刚度和耐打性；桩帽和送桩器下端面应开孔，孔径不宜小于管桩内径的1/5～1/3，应使管桩内腔与外界接通。

5）每一根桩应一次性连续打到底，接桩、送桩应连续进行，尽量减少中间停歇时间。

5. 接桩

1）接桩宜采用端板焊接连接或机械快速接头连接，接头连接强度应不小于管桩桩身强度。

2）管桩用作受拉（抗拔）桩时，宜优先采用机械快速接头连接。

3）接桩时，其入土部分管桩的接头宜高出地面0.5～1m；下节桩的桩头处宜设导向箍，以便于上节桩就位，接桩时上下节桩段应保持对直，错位偏差不宜大于2mm。

4）采用焊接连接时，焊接前应先确认管桩接头是否合格，上下端板表面应用铁刷子等清理干净，坡口处应刷至露出金属光泽，并清除油垢和铁锈。

5）焊接时宜先在坡口圆周上对称点焊4～6点，待上下节桩固定后拆除导向箍再分层施焊，施焊宜对称进行。

6）焊接层数宜为三层，不得少于二层，内层焊渣必须清理后再施焊外一层。

7）焊接接头应在自然冷却后才可继续沉桩，冷却时间不宜少于8min，严禁用水冷却或焊好后立即沉桩。

6. 送桩

打桩过程中借助送桩器将桩顶沉至地面以下的工序称为送桩。如设计要求送桩时，应将桩送至设计标高。

7. 收锤

终锤标准按下列规定执行：

1）桩端位于一般土层以控制设计桩长和标高为主，贯入度作参考。

2）桩端达到坚硬、硬塑的黏性土、中密以上粉土、砂土、极软岩、软岩时，以贯

入度为主，控制桩长和标高为辅。

3）贯入度达到标准而设计标高未达到时，应连续锤击 3 阵，按每阵 10 击的贯入度小于设计规定的数值加以确定，必要时通过试验与有关单位会审商定。

5.4.4　锤击桩施工要点

1. 桩锤选择

锤重的选择可根据设计要求和工程地质勘察报告或根据试桩资料选择合适的锤型。亦可根据表 5.2 选取。

表 5.2　锤击沉桩锤重的选择

<table>
<tr><th colspan="3" rowspan="2">锤　型</th><th colspan="7">柴　油　锤</th></tr>
<tr><th>D25</th><th>D35</th><th>D45</th><th>D60</th><th>D72</th><th>D80</th><th>D100</th></tr>
<tr><td rowspan="6">锤的动力性能</td><td colspan="2">冲击部分质量/t</td><td>2.5</td><td>3.5</td><td>4.5</td><td>6.0</td><td>7.2</td><td>8.0</td><td>10.0</td></tr>
<tr><td colspan="2">总质量/t</td><td>6.5</td><td>7.2</td><td>9.6</td><td>15.0</td><td>18.0</td><td>17.0</td><td>20.0</td></tr>
<tr><td colspan="2">冲击力/kN</td><td>2000～2500</td><td>2500～4000</td><td>4000～5000</td><td>5000～7000</td><td>7000～10000</td><td>>10000</td><td>>12000</td></tr>
<tr><td colspan="2">常用冲程/m</td><td colspan="7">1.8～2.3</td></tr>
<tr><td colspan="2">预制方桩、预应力管桩的边长或直径/mm</td><td>350～400</td><td>400～450</td><td>450～500</td><td>500～550</td><td>550～600</td><td>600 以上</td><td>600 以上</td></tr>
<tr><td colspan="2">钢管桩直径/mm</td><td colspan="2">400</td><td>600</td><td>900</td><td>900～1000</td><td>900 以上</td><td>900 以上</td></tr>
<tr><td rowspan="4">持力层</td><td rowspan="2">黏性土粉土</td><td>一般进入深度/m</td><td>1.5～2.5</td><td>2.0～3.0</td><td>2.5～3.5</td><td>3.0～4.0</td><td>3.0～5.0</td><td></td><td></td></tr>
<tr><td>静力触探比贯入阻力 P 平均值/MPa</td><td>4</td><td>5</td><td>>5</td><td>>5</td><td>>5</td><td></td><td></td></tr>
<tr><td rowspan="2">砂土</td><td>一般进入深度/m</td><td>0.5～1.5</td><td>1.0～2.0</td><td>1.5～2.5</td><td>2.0～3.0</td><td>2.5～3.5</td><td>4.0～5.0</td><td>5.0～6.0</td></tr>
<tr><td>标准贯入锤击数 $N_{63.5}$（未修正）</td><td>20～30</td><td>30～40</td><td>40～50</td><td>45～50</td><td>50</td><td>>50</td><td>>50</td></tr>
<tr><td colspan="3">锤的常用控制贯入度/(cm/10 击)</td><td colspan="2">2～3</td><td>3～5</td><td colspan="2">4～8</td><td>5～10</td><td>7～12</td></tr>
<tr><td colspan="3">设计单桩极限承载力/kN</td><td>800～1600</td><td>2500～4000</td><td>3000～5000</td><td>5000～7000</td><td>7000～10000</td><td>>10000</td><td>>10000</td></tr>
</table>

注：1）本表仅供选锤用。

2）本表适用于桩端进入硬土层一定深度的长度为 20～60m 的钢筋混凝土预制桩及长度为 40～60m 的钢管桩。

2. 打桩顺序

打桩顺序按下列规定执行：

1）打桩顺序一般情况应根据施工现场的特点及桩基础平面布置而定。对于密集桩，自中间向两个方向或向四周对称施工。当一侧毗邻建（构）物、地下管线等时，宜从毗邻建（构）物、地下管线等的一侧由近到远施工。

2）根据桩长和桩顶标高，宜先长后短，先深后浅施工。

3）根据管桩的规格，宜先大后小施工。

4）根据建筑物设计的主次，先主后辅施工。

5.5　静压桩施工

20世纪50年代初，我国沿海地区开始采用静力压桩法，交通部三航局在上海使用压桩机通过钢丝绳加压沉桩；20世纪70年代初，上海基础公司制成使用蒸汽锅炉和蒸汽卷扬机为动力的顶部加压700kN滚管式静压桩机，其后改进为电力驱动的步履式静压桩机；同期长沙建筑机械研究所研制出3200kN液压式静力压拔桩机，用于北京地铁工程；1975年我国才开始有静压桩机的专业生产厂，武汉建筑工程机械厂生产800kN箍压式液压静力压桩机；此后伴随着专业生产和基础公司自制的静力压桩机品种和数量增多，技术进步（如配套安装能记录压桩时的贯入阻力值的微机处理系统、改革夹持机构以及整机造型的创新等），静压沉桩法在我国软土地区多层建筑和高层建筑中较为广泛地得到应用，并取得了长足的进步，压桩机的设计压力已达6000～7000kN，静压法沉桩施工的钢筋混凝土预制桩的桩长已超过65m。

20世纪80年代出现的锚杆静压桩是锚杆和静力压桩两项技术结合而形成的一种桩基施工新工艺，是一项地基加固处理新技术，在全国各地得到广泛应用。

20世纪90年代，中山、江阴、无锡和张家港等地区百余幢多层建筑采用静压钢筋混凝土预制小桩，获得较显著的技术经济效益。压桩机压入力为350～600kN，预制小桩截面为（200mm×200mm）～（300mm×300mm），每节长度1～3m。

5.5.1　静压桩特点及适用范围

静压预制桩主要应用于软土地基。在桩压入过程中，以桩机本身的重量（包括配重）作为反作用力，克服压桩过程中的桩侧摩阻力和桩端阻力。当预制桩在竖向静压力作用下沉入土中时，桩周土体发生急速而激烈的挤压，土中孔隙水压力急剧上升，土的抗剪强度大大降低，桩身很容易下沉。

1. 静压桩优点

静压桩与灌注桩相比，具有如下优点：

1）无泥浆排放，施工文明，场地整洁。

2）成桩与沉桩质量均较有保证。

3）施工桩长不受机械设备的限制。

4）施工速度快；工程费用经济。

静压桩与锤击桩相比，具有如下优点：

1）无噪声、无振动，不扰民。

2）沉桩精度较高，不易产生偏心沉桩。

3）静压沉桩无冲击力，施工应力小，桩顶不易损坏，可免去锤垫、桩垫等缓冲材

料。而且在施工过程中不会出现拉应力，桩身不易损坏。因此与锤击式沉桩相比，在同等条件下，桩的断面可以减小，配筋率可以减少，混凝土强度等级也可降低。

4）可适应某些特殊地质条件（如岩溶地区、上软下硬或软硬突变的地层等）中施工。

5）压桩力能自动记录或自动显示，可预估和验证单桩承载力。

2. 静压桩缺点

1）压桩设备（包括配重）较笨重。

2）要求边桩中心到已有建筑物的距离较大。

3）压桩力受一定限制，贯穿中间硬夹层困难。

4）存在挤土效应，当布桩密集时会对邻近建（构）筑物和地下管线产生不良影响。

5）对场地的地耐力要求较高。

3. 静压桩适用范围

通常应用于高压缩性黏土层或砂性较轻的软黏土地层。当桩需贯穿有一定厚度的砂性土夹层时，必须根据桩机的压桩力与终压力及土层的性状、厚度、密度、组合变化特点与上下土层的力学指标，桩型、桩的构造、强度、桩截面规格大小与布桩形式，地下水位高低，以及终压前的稳压时间与稳压次数等综合考虑其适用性。

压桩力大于 4000kN 的压桩机，可压穿 5～6m 厚的中密～密实砂层。中型压桩机（压桩力≤2400kN），穿越砂层的能力较有限。必要时需进行压桩可行性判断。

静压桩也适宜于覆土层不厚的岩溶地区。在这些地区采用钻孔桩，很难钻进；采用冲孔桩，容易卡锤；采用打入式桩，容易打碎；只有采用静力压桩可慢慢压入，并能显示出压桩阻力。但在溶洞、溶沟发育的岩溶地区，静压桩宜慎用，在地层中有较多孤石、障碍物的地区，静压桩亦宜慎用。

小型压桩机（压桩力≤600kN）用于压入预制小桩，适用于在 10m 以内存在硬土持力层（如硬塑粉质黏土层、粉土层及中密粉细砂层等）的地基，适用于 10 层以下的建筑桩基础。

5.5.2　静压桩施工机械

静压法沉桩按加压方法可分为压桩机施工法、锚桩反压施工法和利用结构物自重压入施工法等，下面仅介绍压桩机施工法。

1）压桩机按压桩位置可分为中压式和前压式。中压式压桩机的夹桩机构设在压桩机中心，施压时要求桩位周围约有 4m 以上的空间。前压式压桩机的夹桩机构设在桩机前端，可施压距邻近建筑物 0.6～1.2m 处的桩，但因是偏置压桩，压桩力一般只能达到该桩机最大压桩力的 60%。

2）压桩机按压桩方式可分为顶压式和箍压式。顶压式是指通过压梁将整个压桩机自重和配重施加在桩顶上，把桩逐渐压入土中。箍压式是指压桩时，开动电动油泵，通过抱箍千斤顶将桩身箍紧，并将整个压桩机的自重和配重施加在桩身上，把桩逐渐压入土中。

3）压桩机按驱动动力可分为机械式和液压式。目前多为液压式。

4）压桩机按行走机构可分为托板圆轮式、步履式和履带式。目前多为步履式。

全液压静力压桩机是具有我国特色的桩工机械，其行走、转向、升降、起吊、夹持、压桩等工作全部用液压驱动。桩机的行走装置是由横向步履（短船）、纵向步履（长船）和回转机构组成。

国内生产液压式压桩机的厂家与产品有武汉建工机械厂的 YZY 系列、长沙三和工程机械制造公司的 ZYJ 系列静力压桩机。此外，铁道部大桥局桥机厂、上海江利压桩公司、温州市基础公司及芜湖三建公司等也生产或自制液压式静力压桩机。

图 5.11 为静力压桩机的主体结构图。

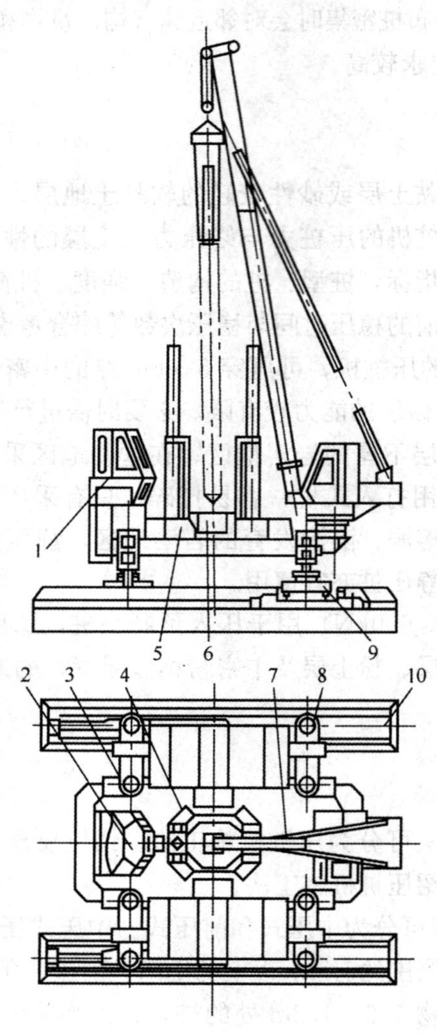

图 5.11　静力压桩机主体结构示意图

1. 操纵室；2. 电气控制台；3. 液压系统；4. 导向架；5. 配重；6. 夹持机构；7. 吊桩吊机；8. 支腿平台；9. 横向行走及回转机构；10. 纵向行走机构

5.5.3　静压桩施工工艺

静压桩施工工艺如下：

测量桩位→桩机就位→吊桩插桩→桩身对中→静压沉桩→接桩→
再静压沉桩→终止压桩→切割桩

桩的沉设压桩程序一般采取分段压入、逐段接长的方法，其程序如下。

1. 测量定位

通常在桩位中心打一根短钢筋，如在较软的场地施工，由于桩机的行走会挤走预定短钢筋，故当桩机大体就位之后要重新测定桩位。

2. 桩尖就位、对中、调直

对于 YZY 型压桩机，通过启动纵向和横向行走油缸，将桩尖对准桩位；开动压桩油缸将桩压入土中 1m 左右后停止压桩，调正桩在两个方向的垂直度。第一节桩是否垂直，是保证桩身质量的关键。

3. 压桩

通过夹持油缸将桩夹紧，然后使压桩油缸压桩。在压桩过程中要认真记录桩入土深度和压力表读数的关系，以判断桩的质量及承载力。

4. 接桩

桩的单节长度应根据设备条件和施工工艺确定。当桩贯穿的土层中夹有薄层砂土时，确定单节桩的长度时应避免桩端停在砂土层中进行接桩。当下一节桩压到露出地面 0.8～1.0m，便可接上一节桩。

5. 送桩或截桩

如果桩顶接近地面，而压桩力尚未达到规定值，可以送桩。如果桩顶高出地面一段距离，而压桩力已达到规定值时则要截桩，以便压桩机移位。

6. 压桩结束

当压力表读数达到预先规定值时，便可停止压桩。

5.5.4　静压桩施工中的几个问题

1. 终止压桩的控制原则

静压法沉桩时，终止压桩的控制原则与压桩机大小、桩型、桩长、桩周土灵敏性、桩端土特性、布桩密度、复压次数以及单桩竖向设计极限承载力（为单桩竖向承载力设计值的 1.6～1.65 倍）等因素有关。各地的控制原则各异。广东的终压控制条件如下：

1）对于摩擦桩，按照设计桩长进行控制。但在正式施工前，应先按设计桩长试压几根桩，待停置24h后，用与桩的设计极限承载力相等的终压力进行复压，如果桩在复压时几乎不动，即可进行全面施工。

2）对于端承摩擦桩或摩擦端承桩，按终压力值进行控制。

- 对于桩长大于21m的端承摩擦桩，终压力值一般取桩的设计极限承载力。当桩周土为黏性土且灵敏度较高时，终压力可按设计极限承载力的0.8～0.9倍取值。
- 当桩长小于21m而大于14m时，终压力按设计极限承载力的1.1～1.4倍取值。
- 当桩长小于14m时，终压力按设计极限承载力的1.4～1.6倍取值，或设计极限承载力取终压力值的0.6～0.7倍，其中对于小于8m的超短桩，按0.6倍取值。

3）超载施工时，一般不提倡满载连续复压法，但在必要时可以进行复压，复压的次数不宜超过2次，且每次稳压时间不宜超过10s。

2. 静力压桩机的选择

静力压桩机的选择应综合考虑桩的规格（断面和长度）、穿越土层的特性、桩端土的特性、单桩极限承载力及布桩密度等因素。合理地选用静力压桩机的途径有经验法、现场试压桩法及静力计算公式预估法等。广东的静力压桩机选择参考表（表5.3）可供有关地区参考。

表5.3 静力压桩机选择参考

压桩机型号		160～180	240～280	300～360	400～460	500～600
最大压桩力/kN		1600～1800	2400～2800	3000～3600	4000～4600	5000～6000
适用桩径/mm	最小	300	300	350	400	400
	最大	400	450	500	550	600
单桩极限承载力/kN		1000～2000	1700～3000	2100～3800	2800～4600	3500～5500
桩端持力层		中密～密实砂层，硬塑～坚硬黏土层，残积土层	密实砂层，坚硬黏土层，全风化岩层	密实砂层，坚硬黏土层，全风化岩层	密实砂层，坚硬黏土层，全风化岩层，强风化岩层	密实砂层，坚硬黏土层，全风化岩层，强风化岩层
桩端持力层标贯值 N		20～25	20～35	30～40	30～50	30～55
穿透中密～密实砂层厚度/m		约2	2～3	3～4	5～6	5～8

3. 压桩施工注意事项

1）压桩施工前应对现场的土层地质情况了解清楚，做到心中有数；同时应做好设备的检查工作，保证使用可靠，以免中途间断压桩。

2）压桩过程中，应随时注意使桩保持轴心受压，若有偏移，要及时调整。

3）接桩时应保证上、下节桩的轴线一致，并尽可能地缩短接桩时间。

4）量测压力等仪表应注意保养、及时检修和定期标定，以减少量测误差。

5）压桩机行驶道路的地基应有足够的承载力，必要时需做处理。

5.6　正、反循环钻孔灌注桩施工

5.6.1　正、反循环钻孔灌注桩原理

1. 泥浆护壁作用

在泥浆护壁成孔灌注桩成孔过程中，需要往桩孔内灌注泥浆，泥浆的作用主要有以下几点。

（1）护壁

泥浆的护壁作用主要来源于两个方面。一是泥浆液面高于地下水位，泥浆在静液压力作用下渗入地层并在垂直壁面形成一层不透水膜——泥皮层。这层不透水膜，既保证了地下水不向桩孔内渗透，同时也保证了泥浆不发生外渗。二是泥浆与地下水之间的压力差对壁面产生支护作用，从而保证了孔壁的稳定。

（2）携渣

钻孔灌注桩在成孔过程中会产生沉渣，而泥浆具有一定的黏度和包裹性，可以充当沉渣的载体，将沉渣悬浮、包裹起来，并通过泥浆循环置换至桩孔外，完成运土、清渣工作。

（3）冷却、润滑

钻机钻头的切削会产生很大的热量，泥浆起冷却作用和润滑作用，保护钻头。

2. 泥浆的正循环与反循环

在正循环钻孔灌注桩和反循环钻孔灌注桩施工中，所谓“正循环”和“反循环”是指泥浆的循环方式。

正循环钻成孔施工法是由钻机回转装置带动钻杆和钻头回转切削破碎岩土，钻进时用泥浆起到护壁和排渣的作用，泥浆由泥浆泵输进钻杆内腔后，经钻头的出浆口射出，带动钻渣沿钻杆与孔壁之间的环状空间上升至孔口，溢进沉淀池后再返回泥浆池中净化、循环使用。按照上述泥浆循环方式工作的钻孔灌注桩即称为正循环钻孔灌注桩，其泥浆循环路径如图 5.12（a）所示。

不同于泥浆正循环，反循环钻成孔施工法的泥浆循环与正循环方向相反，在钻机钻进过程中，通过砂石泵（或其他有效方法）将钻头切削下来的孔底钻渣，经由钻杆内腔抽吸到沉淀池中，携带钻渣的泥浆经过沉淀、净化后，再重新流入泥浆池和桩孔中。以上述泥浆循环方式工作的钻孔灌注桩即称为反循环钻孔灌注桩，其泥浆循环路径如图 5.12（b）所示。

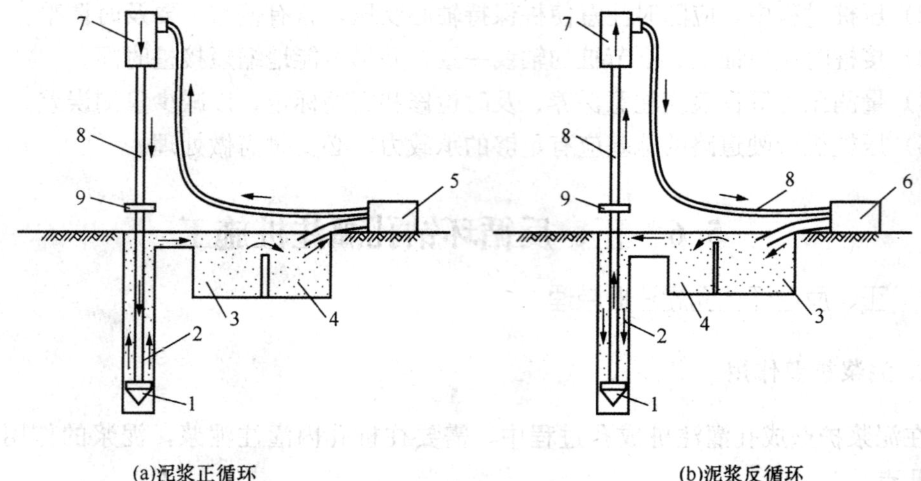

图 5.12　泥浆循环成孔工艺

1. 钻头；2. 泥浆循环方向；3. 沉淀池；4. 泥浆池；5. 泥浆泵；
6. 砂石泵；7. 水阀；8. 钻杆；9. 钻机回旋装置

5.6.2　正、反循环钻孔灌注桩特点及适用范围

1. 正循环钻孔灌注桩优点

1）钻机小，重量轻，狭窄场地也能使用。

2）设备简单，在不少场合，可直接或稍加改进地借用地质岩心钻探设备或水文水井钻探设备。

3）设备故障相对较少，工艺技术成熟、简单。

4）噪声低，振动小。

5）工程费用低。

2. 正循环钻孔灌注桩缺点

1）现场作业环境差，泥浆污染大。

2）废弃浆、渣较难处理。

3）由于桩孔直径大，正循环钻进时，泥浆上返速度慢，携带泥砂颗粒直径小，排渣效率低，岩土重复破碎现象严重。

3. 正循环钻孔灌注桩适用范围

正循环钻孔灌注桩适用于填土、淤泥、黏土、粉土、砂土等地层，也可在卵砾量不大于 15%、粒径小于 10mm 的部分砂卵砾石层和软质基岩、较硬基岩中使用；成桩直径一般不宜大于 1000mm，钻孔深度一般以约 40m 为限。

4. 反循环钻孔灌注桩优点

1）振动小，噪声低。

2）可施工超大直径（4.0m 以上）、超大深度（100m 以上）的桩。

3）几乎在各种土层和岩层中均可施工，采用特殊钻头可切削岩石。

4）可在地下水位下厚细砂层（厚度 5m 以上）中钻进。

5）钻进速度较快，排碴迅速、孔底清洁、钻头磨损小。

5. 反循环钻孔灌注桩缺点

1）现场作业环境差，泥浆污染大。

2）废弃浆、渣较难处理。

3）很难在比钻头吸渣口径大的卵石层或漂石中钻进。

与正循环钻成孔法相比，反循环钻成孔法具有成孔直径大、深度大、成孔质量高（孔壁稳定、排渣能力强、孔底沉渣少及孔壁泥膜薄）、对泥浆质量要求较低、能较准确鉴别孔底岩性等优点，但具有操作复杂、用水量多及钻架大等缺点。

6. 反循环钻孔灌注桩适用范围

反循环钻孔灌注桩适用于填土、淤泥、黏土、粉土、砂土、砂砾等地层；当采用圆锥式钻头等可进入软岩；当采用牙轮式（又称滚轮式）钻头等可进入硬岩。反循环钻成孔不适用于自重湿陷性黄土层，也不宜用于无地下水的地层。对于大卵砾石层、大抛石层和大孤石层，反循环钻进效率很低，甚至无法进尺。

7. 泥浆正、反循环工艺对比

两者比较，正循环钻机排渣能力比较弱，但工艺比较简单，容易操作，正循环钻机的价格也比较便宜；反循环钻机排渣能力比较强，但工艺比较复杂，操作不当容易引起塌孔埋钻，而且反循环钻机的价格比较高。正循环钻机只要用一台泥浆泵，而反循环钻机则需要两台泥浆泵，或一台泥浆泵和一台空气压缩机。

从使用效果看，正循环钻进劣于反循环钻进。反循环泥浆的上返速度比正循环快 40 倍以上。

由于反循环钻使用远多于正循环钻，故以下仅介绍反循环钻孔灌注桩施工。

5.6.3　反循环钻孔灌注桩施工机械设备

反循环钻孔灌注桩施工所要用到的机械设备主要包括：砂石泵（图 5.13）、反循环钻机（图 5.14）、泥浆泵（图 5.15）等。

反循环钻机是由主机（动力头、回转装置钻塔、升降装置、行走机构等）、钻具（水龙头、钻杆、加压装置、配重、钻挺、接续装置、稳定器及钻头等）、钻渣分离设备、液压系统和电气系统等组成。

图 5.13　砂石泵

5.6.4　反循环钻孔灌注桩施工工艺

反循环钻孔灌注桩施工工艺如下：

放线、桩孔定位→埋设护筒→钻机安装就位→挖设泥浆池及循环槽→
泥浆循环、钻进成孔→终孔→清孔→下钢筋笼→下导管→二次清孔→
浇筑混凝土→拔出导管和护筒→成桩

1. 放线、桩孔定位

（略）。

2. 埋设护筒

泥浆护壁成孔宜采用孔口护筒。护筒可采用钢制或者钢筋混凝土护筒。护筒设置应符合下列规定：

图 5.14　反循环钻机

图 5.15　泥浆泵

1）护筒埋设应准确、稳定，护筒中心与桩位中心的偏差不得大于 50mm。

2）护筒可用 4～8mm 厚钢板制作，其内径应大于钻头直径 100mm，上部宜开设 1～2个溢浆孔。

3）护筒的埋设深度：在黏性土中不宜小于 1.0m；砂土中不宜小于 1.5m。护筒下端外侧应采用黏土填实；其高度尚应满足孔内泥浆面高度的要求。

4）受水位涨落影响或水下施工的钻孔灌注桩，护筒应加高加深，必要时应打入不透水层。

3. 钻机安装就位

钻机安装就位后，应做到底盘平稳、牢固，以保证钻孔过程中不发生沉陷和产生移位。钻机顶部的起吊滑轮中心、转盘中心、桩孔中心必须在同一铅垂线上，其偏差在规范限值以内。

4. 挖设泥浆池及循环槽

泥浆循环系统中，沉淀池、泥浆池、循环槽的尺寸规格应根据钻孔的容积和砂石泵的规格、型号确定。当无相应施工经验时，可参照下列办法执行：

1）沉淀池的容积　一般取 6～20m³，可根据实际情况按照桩孔越大容积越大的原则来确定。

2）泥浆池的容积　至少取桩孔容积的 1.2 倍，以保证泥浆的正常循环。

3）循环槽　循环槽的横断面面积应是反循环泵出水断面面积的 3～4 倍（如采用泥浆泵回灌，其泵的排量应大于反循环泵的排量）。

4）沉淀池、泥浆池和循环槽可用砖砌或用 4～6mm 钢板加工制作，沉淀池设置位置应方便钻渣清运。

5. 泥浆制备

除能自行造浆的黏性土层外，均应制备泥浆。泥浆制备应选用高塑性黏土或膨润土。泥浆应根据施工机械、工艺及穿越土层情况进行配合比设计。

泥浆护壁应符合下列规定：

1）施工期间护筒内的泥浆面应高出地下水位 1.0m 以上，在受水位涨落影响时，泥浆面应高出最高水位 1.5m 以上。

2）在清孔过程中，应不断置换泥浆，直至灌注水下混凝土。

3）灌注混凝土前，孔底 500mm 以内的泥浆相对密度应小于 1.25；含砂率不得大于 8%；黏度不得大于 28s。

4）在容易产生泥浆渗漏的土层中应采取维持孔壁稳定的措施。

废弃的浆、渣应进行处理，不得污染环境。

6. 泥浆循环、钻进成孔

1）泵吸反循环工艺在开动砂石泵（或称为反循环泵）进行泥浆反循环前，需要先开启泥浆泵，形成泥浆正循环，以便使整个泥浆循环系统（钻杆、水龙头、泥浆循环软管、砂石浆等）内部无空气，形成真空。这样下一步才能正常启动砂石泵，进行泥浆反循环，其过程如图 5.16 所示。

2）砂石泵启动，形成泥浆反循环后，方能开动钻机慢速回转并下放钻头到孔底。开始钻进时应先轻压慢转，待钻头工作正常后再增大转速、调整钻压，以不造成钻头吸水口堵塞为限度。

3）应根据不同地层情况、桩孔直径、砂石泵排量合理安排钻进参数，以获得最优的施工速度。一般转速以 30～80r/min 为宜，钻头直径大时取小值；钻头穿越软硬不均地层、硬夹层、基岩时，钻速相应降低；根据施工地层及设备能力合理选择钻压，在硬地层中钻进，可通过钻链或加重块来提高钻压，但钻机不能超负荷运转。

4）更换钻杆时，应先停止进尺，维持泥浆循环 2～3min，再将钻具提离孔底 100mm 左右，清洗孔底，将钻杆内和管道内的钻渣排净后，再停止转动停泵加接钻杆。

5）钻进过程中应注意观察进尺情况和砂石泵排水出渣情况，防止钻渣堵塞管道。

6）钻进过程中应保持有足够的泥浆回灌量，避免桩孔因泥浆量不足导致塌孔。

7）桩孔达到设计孔深要求停钻后，钻具提离孔底 300mm 左右，保持泥浆正常循

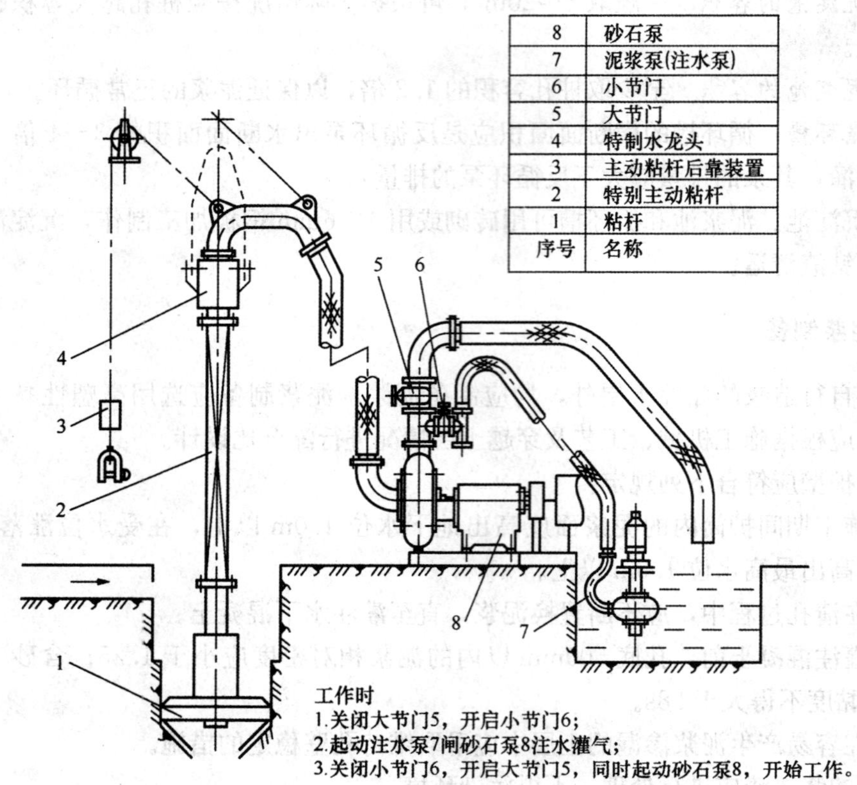

图 5.16 反循环系统工作示意图

环进行清底，直到符合规范要求为止。起钻后，应及时进行回灌，保持泥浆高度，防止泥浆减少出现塌孔。

7. 清孔

钻孔达到设计深度，灌注混凝土之前，应清除孔底沉渣。孔底沉渣厚度指标应符合下列规定：

1）对端承型桩，不应大于 50mm。

2）对摩擦型桩，不应大于 100mm。

3）对于抗拔、抗水平力桩，不应大于 200mm。

8. 钢筋笼制作和吊放

孔深超过 12m 时，如果要求下全笼一般要进行孔口搭接焊。焊接要求：

1）同一截面搭接不得超过 50%；

2）搭接焊搭接长度大于 $10d$（单面焊）或 $5d$（双面焊），d 为钢筋直径。

9. 安放导管

导管的构造与使用规定详见本章 5.10 节。

10. 二次清孔

因在钢筋笼吊放与安置导管过程中，有可能会触碰孔壁造成孔底沉渣，因此灌注混凝土前需要进行二次清孔。其清孔要求与第一次清孔相同。

11. 水下灌注混凝土

详见本章 5.10 节。

5.7　人工挖孔灌注桩施工

5.7.1　人工挖孔灌注桩特点及适用范围

人工挖孔灌注桩是利用人工开挖桩孔，在孔内放置钢筋笼，灌注混凝土的一种桩型。其特点主要如下。

1. 优点

1）人工挖孔桩具有施工机具简单，施工操作方便，占用场地小，造价低廉。
2）无噪声、无振动、无污染、无挤土效应，对周围环境影响小。
3）单桩承载力高，受力性能可靠，同时桩端可以人工扩大，提高承载力。
4）成桩质量易于保证。
5）施工中人工挖孔桩全面展开，可有效缩短工期。

2. 缺点

1）人力挖孔，劳动强度大。
2）井下作业，劳动环境恶劣，易发生伤亡事故，安全性较差。
3）单桩施工进度较慢。
4）混凝土灌注量大。

3. 适用范围

人工挖孔灌注桩宜在地下水位以上施工，适用于人工填土、黏性土、粉土、砂土、碎石土和风化岩等地层，也可在黄土、膨胀土和冻土中使用，适应性较强。

在地下水位较高，有承压水的砂土层、滞水层、厚度较大的流塑状淤泥、淤泥质土层中不得选用人工挖孔灌注桩。

人工挖孔灌注桩为方便人工孔内开挖，一般孔径较大。其孔径不得小于 800mm，且不宜大于 2500mm，孔深不宜大于 30m。桩端可采取不扩底和扩底两种方法。视桩端土层情况，扩底直径一般为桩身直径的 1.3～2.5 倍，

5.7.2　人工挖孔灌注桩施工机具

人工挖孔灌注桩施工机具比较简单，主要有：

1）电动葫芦（或手摇辘轳）和提土桶，用于材料和弃土的垂直运输及供施工人员上下工作使用。

2）护壁钢模板。

3）潜水泵，用于抽出桩孔中的积水。

4）鼓风机、空压机和送风管，用于向桩孔中强制送入新鲜空气。

5）镐、锹、土筐等挖运工具，若遇硬土或岩石，尚需风镐、潜孔钻。

6）插捣工具，用于插捣护壁混凝土。

7）应急软爬梯，用于施工人员上下。

8）安全照明设备、对讲机、电铃等。

5.7.3 人工挖孔灌注桩施工工艺

采用现浇混凝土分段护壁的人工挖孔灌注桩的施工工艺流程主要如下：

放线、定桩位→挖第一节桩孔土方→支模浇灌第一节混凝土护壁→在护壁上二次投测标高及桩位十字轴线→设置垂直运输架、安装电动葫芦（或卷扬机）、吊土桶、潜水泵、鼓风机、照明设施等→第二节桩身挖土→清理桩孔四壁、校核桩孔垂直度和直径→拆上节模板、支第二节模板、浇灌第二节混凝土护壁→重复第二节挖土、支模、浇灌混凝土护壁工序，循环作业直至设计深度→检查持力层后进行扩底→清理虚土、排除孔底积水→吊放钢筋笼→浇灌桩身混凝土

1. 放线、定桩位

按设计图纸放线，定桩位，划定开挖范围。开挖范围为设计桩径加护壁厚度。

2. 挖第一节桩孔土方

采取由上到下分段开挖的方法，每施工段挖土高度取决于孔壁直立能力，一般以0.8～1.0m为一施工段。挖土时先挖中央柱体，周边少挖2～3cm，每挖一段待自地面垂测桩位后，再自顶端向下削土，使之符合设计要求。

当桩净距小于2.5m时，应采用间隔开挖。相邻排桩跳挖的最小施工净距不得小于4.5m。

3. 支模、浇灌第一节混凝土护壁

护壁制作主要分为支设护壁模板和浇筑护壁混凝土两个步骤，模板高度取决于开挖土方施工段的高度，一般为1m，由4块或8块活动钢模板组合而成。护壁混凝土起着护壁和防水双重作用。混凝土护壁的厚度不应小于100mm，混凝土强度不应低于桩身混凝土强度等级，并应振捣密实；护壁应配置直径不小于8mm的构造钢筋，竖向筋应上下搭接或拉接。

第一节井圈护壁应符合下列规定：

1）井圈中心线与设计轴线的偏差不得大于20mm。

2）井圈顶面应比场地高出 100～150mm，壁厚应比下面井壁厚度增加 100～150mm。

修筑井圈护壁应符合下列规定：

1）护壁的厚度、拉接钢筋、配筋、混凝土强度等级均应符合设计要求。

2）上下节护壁的搭接长度不得小于 50mm。

3）每节护壁均应在当日连续施工完毕。

4）护壁混凝土必须保证振捣密实，应根据土层渗水情况使用速凝剂。

5）护壁模板的拆除应在灌注混凝土 24h 之后。

6）发现护壁有蜂窝、漏水现象时，应及时补强。

7）同一水平面上的井圈任意直径的极差不得大于 50mm。

4. 重复 2、3 步骤直至达到设计桩深

护壁混凝土达到一定强度后（常温下 24h）便可拆模，再挖下一段土方，然后继续支模、浇灌混凝土护壁，如此循环，直至挖至桩孔设计深度。如为扩底孔时，应先挖桩体中柱体，再自变径点处开始向下分层削土，达到扩底尺度。

当遇有局部或厚度不大于 1.5m 的流动性淤泥和可能出现涌土涌砂时，护壁施工可按下列方法处理：

1）将每一节护壁的高度减小到 300～500mm，并随挖、随验、随灌注混凝土；

2）采用钢护筒或有效的降水措施。

如遇岩石可以风镐等破除，当采用炸药爆破时，必须采取定向、浅孔、少药方法爆破，确保质量与安全。

5. 吊放钢筋笼

吊放钢筋笼前，再次测量孔底虚土厚度，并按要求清除。

6. 浇灌桩身混凝土

挖至设计标高后，应清除护壁上的泥土和孔底沉渣、积水，并应进行隐蔽工程验收。验收合格后，应立即封底和灌注桩身混凝土。

灌注桩身混凝土时，混凝土必须通过溜槽；当落距超过 3m 时，应采用串筒，串筒末端距孔底高度不宜大于 2m；也可采用导管泵送；混凝土宜采用插入式振捣器振实。

当渗水量过大时，应采取场地截水、降水或水下灌注混凝土等有效措施。严禁在桩孔中边抽水边开挖，同时不得灌注相邻桩。

5.7.4　人工挖孔灌注桩安全措施

人工挖孔桩施工应采取下列安全措施：

1）孔内必须设置应急软爬梯供人员上下；使用的电葫芦、吊笼等应安全可靠，并配有自动卡紧保险装置，不得使用麻绳和尼龙绳吊挂或脚踏井壁凸缘上下。电葫芦宜用按钮式开关，使用前必须检验其安全起吊能力。

2）每日开工前必须检测井下的有毒、有害气体，并应有足够的安全防范措施。当桩孔开挖深度超过10m时，应有专门向井下送风的设备，风量不宜少于25L/s。

3）孔口四周必须设置护栏，护栏高度宜为0.8m。

4）挖出的土石方应及时运离孔口，不得堆放在孔口周边1m范围内，机动车辆的通行不得对井壁的安全造成影响。

5）施工现场的一切电源、电路的安装和拆除必须遵守现行行业标准《施工现场临时用电安全技术规范》（JGJ 46—2005）的规定。

5.8 旋挖成孔灌注桩施工

5.8.1 旋挖成孔灌注桩特点及适用范围

旋挖钻是从英文名称“Earth Drill”而来，意思是“取土钻”。此工法在日本、欧洲相当普遍。20世纪90年代初，上海浦东八伯伴大厦基础完全采用旋挖成桩工法施工取得成功，在国内起到推动作用，成为近年来发展最快的一种新型桩施工方法。尤其在城市施工中，旋挖成孔方式功效高，泥浆作业面积小，有利于环境保护。结合灌注桩后注浆处理技术的应用，旋挖成孔工艺正逐步取代泵吸反循环泥浆护壁成孔工艺，成为泥浆护壁类成孔工艺的主流。

旋挖钻进是借助旋挖钻机（图5.17）在岩土层钻孔的一种先进有效的成孔方法。这种钻进方法是在钻杆下端连接一个底部带有耙齿的桶状钻头（称为钻斗，也有短螺

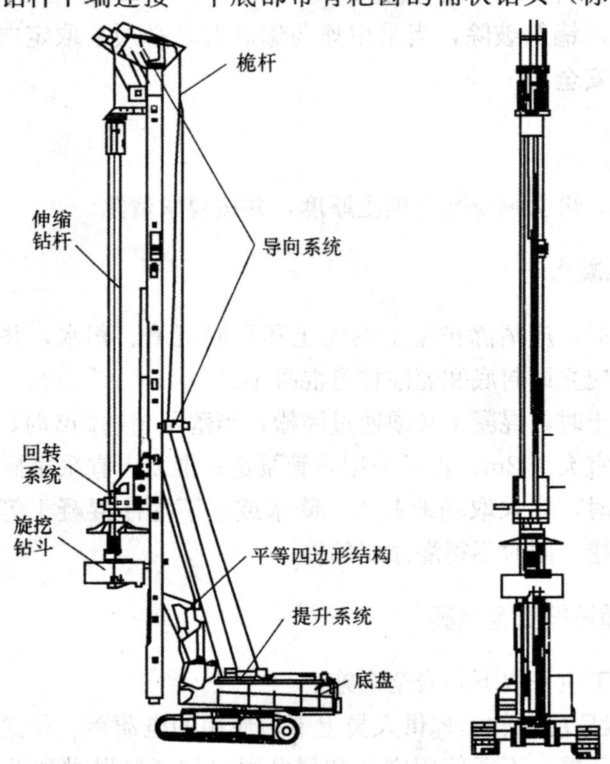

图5.17　旋挖钻机结构示意图

旋钻、筒钻等其他钻头形式），借钻机自重和钻机液压动力，把耙齿切入土中，在回转力矩作用下钻斗切削钻掘前面的土层，并将切削下的土块纳入斗内。待斗内土装到一定数量后由钻机提到孔外，打开钻斗，卸去钻渣。其后再将钻斗下入孔内，重复以上操作。反复循环，钻进和提斗卸渣，钻孔不断加深，最终成孔。

1. 旋挖成孔灌注桩优点

1）钻机设备性能先进，自动化程度高，劳动强度低。

2）旋挖钻机机动灵活。钻机的履带行走机构可使钻机在场地内实现方便的移位。

3）桩位对中方便准确，旋挖钻机驾驶室内配有先进电子设备，可精确的实现对位，这一点是传统钻机难以达到的。

4）钻机功率大、输出扭矩大、轴向压力大，工效高，钻进速度快。与常规钻机相比，旋挖钻机回转扭矩大，并可根据地层情况自动调整，易于控制。利用钻头可直接从孔内提取岩土，故钻进速度快。

5）适应地层较为广泛。不但可适用于干作业成孔，也可在水位较高、卵石较大等用正、反循环钻机及长螺旋钻机无法施工的地层中施工。

6）成桩质量好，旋挖钻进对地层扰动小，孔底沉渣少，易于清孔，可有效提高桩端承载力。

7）振动小、噪声低，适用于城市桩基施工。

8）地下水位较高时，采用静态泥浆护壁方式，不需要地面循环沟等设施，泥浆排放可得到一定控制，相对污染小，场地作业面整洁。

2. 旋挖成孔灌注桩缺点

1）旋挖钻机设备昂贵，一次投资较大。

2）在硬岩层、较致密的卵砾石（卵石粒径超过 100mm）、孤石层，钻进困难，体现不出旋挖钻机的优越性。

3）稳定液管理不适当时，会产生坍孔。

4）土层中有强承压水时，施工困难。

5）废泥水处理困难。

6）清理孔底沉渣较困难，需用清渣钻斗。

7）因土层情况不同，孔径比钻头直径大 7%～20%。

3. 旋挖成孔灌注桩适用范围

旋挖钻成孔灌注桩适用于填土层、黏土层、粉土层、淤泥层、砂土层以及短螺旋不易钻进的含有部分卵石、碎石的地层。采用特殊措施，还可嵌入岩层。目前，旋挖钻机的最大钻孔直径为 3m，最大钻孔深度达 120m（一般旋挖成孔灌注桩钻孔深 40m 以内），最大钻孔扭矩 620kN・m。

5.8.2　旋挖成孔灌注桩施工机械与设备

旋挖钻机是用回转斗、短螺旋钻头或其他作业装置进行干、湿钻进，逐次取土、反复循环作业成孔为基本功能的机械设备。该钻机也可配置长螺旋钻具、套管及其驱动装置、扩底钻斗及其附属装置、地下连续墙抓斗、预制桩桩锤等作业装置。

旋挖钻机由主机、钻杆和钻头三部分组成。

1. 主机

旋挖钻机种类很多，生产厂家也很多。进口钻机生产商主要有：德国宝峨、日本加藤、日立建机、住友、意大利土力、迈特、意马等。近年来国内钻机生产厂家也开始大力开发旋挖钻机，其中以三一重工、徐工机械、南车、山河智能、宇通重工、中联重机、福田重工、上海金泰、北方重汽等企业旋挖钻机销量较大。

表 5.4 举例说明了旋挖钻机的型号及技术性能。

表 5.4　旋挖钻机主要技术性能

生产厂家	型号	动力头扭矩/(kN·m)	最大钻孔直径/m	最大钻孔深度/m
德国宝峨	BG15	147	1.8	
	BG20	200	1.8	58
	BG25	245	2.0	72
	BG40	390	2.2	
	BG50	468	3.0	
三一重工	SR150	150	1.5	60
	SR200	200	1.8	60
	SR250	285	2.5	70
	SR360	350	2.5	90
	SR420	420	3.0	110

2. 钻头

钻头种类有数十种，常用的主要有三大类：短螺旋钻头、旋挖钻斗、岩石筒钻。此外还有专门用于扩孔的扩底钻头。

(1) 旋挖钻斗

旋挖钻斗（图 5.18）主要用于含水较高的砂土、淤泥、黏土、淤泥质亚黏土、砂砾层、卵石层和风化软基岩等地层中无循环钻进。钻斗的筒体及底板均采用强度高、耐磨性能好的合金锰板制作。旋挖钻斗按底板数量分为适合黏土、松散土和胶结较好的卵石的单底板钻斗及适用于卵石、冻土、强风化基岩的双底钻斗；按进土口开门数量分为单开门及双开门两种；按切削具（所装齿）可分为斗齿钻斗、截齿钻斗、斗齿与截齿混装钻斗三种；按桶的锥度分为锥桶钻斗和直桶钻斗两种。钻斗直径为 ϕ400～ϕ2500mm。

切削具（图 5.19）可为适合钻进软至中软土层、黏土层、泥质地层的耐磨合金钢铲式斗齿、适合钻进卵石层及硬质土层的截齿及适合钻进软硬互层及胶结性强的卵砾石层钻进的斗齿与子弹头截齿混装三种型式。

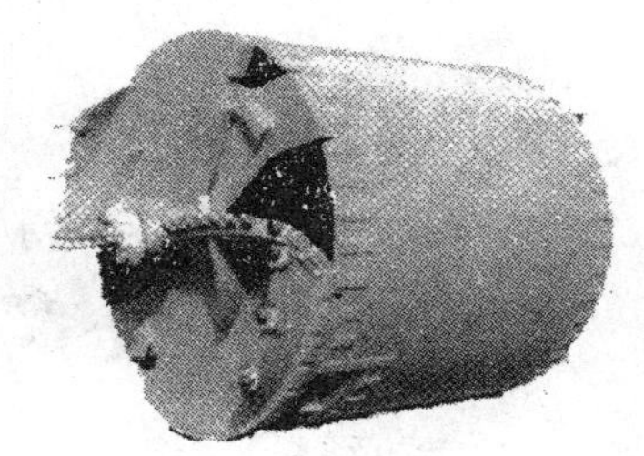

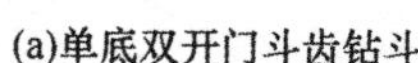

(a)单底双开门斗齿钻斗　　(b)双底双开门截齿钻斗

图 5.18　旋挖钻斗

(a)斗齿　　(b)子弹头截齿

图 5.19　切削具

(2) 短螺旋钻头

可分为土层螺旋钻头（图 5.20）和岩石螺旋钻头（图 5.21）两大类。

土层螺旋钻头结构为直螺，所用切削具为铲形耐磨合金斗齿或斗齿加截齿，主要用于地下水位以上的土层、砂土层、含少量黏土的密实砂层以及粒径不大的砾石层中无循环钻进。有单头单螺、双头单螺、双头双螺三种。单螺钻头由于清渣容易，回转阻力小，适合钻进卵砾石层及胶结性好的黏土层；双螺钻头携土能力强，导正性能好，适合钻进松散地层及软硬互层地层。钻头直径为 ϕ400～ϕ2000mm。

(a)单头单螺土层螺旋钻头　　(b)双头双螺土层螺旋钻头

图 5.20　土层螺旋钻头

岩石螺旋钻头结构可为直螺或锥螺，常用的为锥螺。所用切削具为尖部镶焊有钨钴硬质合金的截齿。主要用于风化基岩、胶结较好的卵砾石地层及各种土质的永冻土层中无循环钻进。根据地层和钻头甩土性能分别有各种螺距（升角）的单头单螺、双

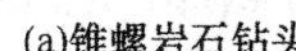

(a)锥螺岩石钻头

(b)直螺岩石钻头

图 5.21 岩石螺旋钻头

头单螺、双头双螺钻头。直径为 ϕ400～ϕ2000mm。

(3) 筒式钻头

在无循钻进中，对于比较硬的基岩地层、大的漂石层及硬质永冻土层直接用螺旋钻头或旋挖钻头钻进比较困难，需要用筒式环状钻头配合螺旋钻头及捞砂钻头钻进。

筒式钻头（图 5.22）分为取心筒式钻头及不取心筒式钻头两大类。钻头直径为 ϕ400～ϕ3000mm。

(a)截齿式筒式钻头

(b)取心筒式钻头

图 5.22 筒式钻头

(4) 扩底钻头

与旋挖钻机配套的扩底钻头（图 5.23）分为用于一般土层钻进、切削具为合金块或合金钎头的土层扩底钻头及用于硬质基岩及硬质冻土层钻进、切削具为截齿的岩石扩底钻头两大类。

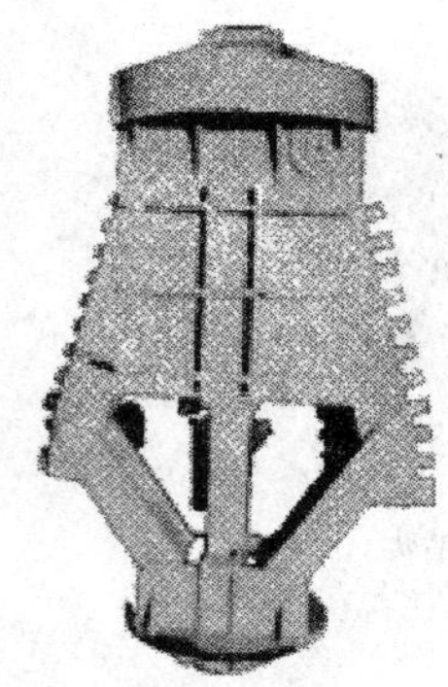

(a)土层扩底钻头

(b)岩石扩底钻头

图 5.23 扩底钻头

5.8.3 旋挖成孔灌注桩施工工艺

旋挖成孔灌注桩主要施工工艺流程如图 5.24所示。

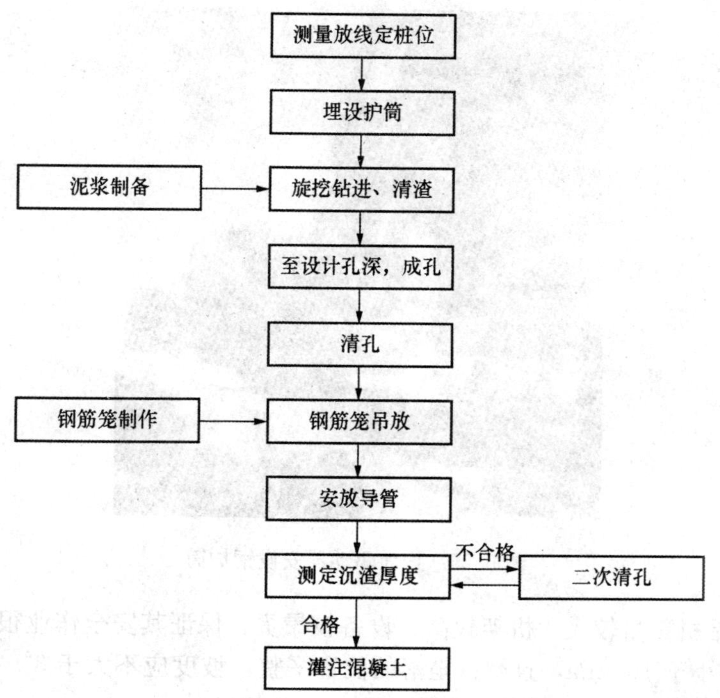

图 5.24　旋挖成孔灌注桩施工工艺流程

1. 测量放线定桩位

按设计图纸测量放线，定桩位。

2. 埋设护筒

护筒既保护孔口壁，又是钻孔的导向。每根桩均应安设钢护筒。

旋挖钻机一般配备有钢护筒驱动器（图 5.25）。钢护筒驱动器解决了人工埋设护筒施工量大，可能要配备挖掘机等施工设备，钻预埋时会出现塌孔，出现边塌边钻，边钻边塌的问题，在回填土层、浅层砂卵石层、多溶洞石灰岩层可发挥明显优势。选配护筒驱动器安设护筒能保证护筒垂直度、有效防止塌方，钻进和安设护筒可同时进行，提高钻进效率。

3. 泥浆制备、旋挖钻进、清渣、直至设计孔深，成孔

1）旋挖钻成孔灌注桩应根据不同的地层情况及地下水位埋深，采用干作业成孔和泥浆护壁成孔工艺。合理选用钻头、钻杆。

2）泥浆护壁旋挖钻机成孔应配备成孔和清孔用泥浆及泥浆池（箱），在容易产生泥浆渗漏的土层中可采取提高泥浆比重、掺入锯末、增黏剂提高泥浆黏度等维持孔壁稳定的措施。泥浆制备的能力应大于钻孔时的泥浆需求量，每台套钻机的泥浆储备量不应少于单桩体积。

图 5.25 护筒驱动器安设钢护筒

3）旋挖钻机重量较大、机架较高、设备较昂贵，保证其安全作业很重要。故一般要求地耐力不小于 100kPa，且履盘坐落的位置平整，坡度应不大于 3°。必要时可在场地铺设能保证其安全行走和操作的钢板或垫层（路基板）。

4）成孔前和每次提出钻斗时，应检查钻斗和钻杆连接销子、钻斗门连接销子以及钢丝绳的状况，并应清除钻斗上的渣土。

5）旋挖钻机成孔应采用跳挖方式，钻斗倒出的土距桩孔口的最小距离应大于 6m，并应及时清除。应根据钻进速度同步补充泥浆，保持所需的泥浆面高度不变。

4. 清孔

钻孔达到设计深度时，应采用清孔钻头进行清孔。

5. 钢筋笼制作及吊放

施工程序同一般灌注桩。

6. 安放导管

导管的构造与使用规定详见本章 5.10 节。

7. 测定沉渣厚度、二次清孔

详见本章 5.6 节。

8. 灌注混凝土

详见本章 5.10 节。

5.9　长螺旋钻孔压灌桩

长螺旋钻孔压灌桩成桩工艺是国内近年开发且使用较广的一种新工艺，它是利用长螺旋钻机钻孔至设计深度，在提钻的同时利用混凝土泵通过钻杆中心通道，以一定压力将混凝土压至桩孔中，混凝土灌注到设定标高后，再借助钢筋笼自重或专用振动设备将钢筋笼插入混凝土中至设计标高，形成的钢筋混凝土灌注桩。成孔、成桩由一机一次完成任务。

5.9.1　长螺旋钻孔压灌桩特点及适用范围

1. 长螺旋钻孔压灌桩优点

1）适应性强，突破了传统长螺旋钻孔灌注桩的缺点和禁区，可在流砂、塌孔、地下水等复杂地质条件下顺利成孔和灌注混凝土，不易产生断桩、缩颈、塌孔等质量问题。

2）孔底不易残留虚土，可有效提高单桩承载力。

3）施工中不需泥浆护壁、无泥浆污染，施工现场文明。

4）低噪声、无振动，不扰民。

5）施工中不需降水、操作简便，造价低。

2. 长螺旋钻孔压灌桩缺点

1）成桩直径与深度受钻孔设备限制，目前最大直径为 800mm，最大深度为 30m。

2）遇到粒径大的卵石层时成孔困难。

3）后插钢筋笼的导向问题目前尚未有很好的解决方案，施工时应注意采取有效措施控制钢筋笼的垂直度和保护层有效厚度。

3. 长螺旋钻孔压灌桩适用范围

此施工方法不受地下水位的限制，可用于地下水位较高、易塌孔的黏性土、粉土、砂土、素填土、中等密实以上砂土，非密实的碎石类土、强风化岩等地层。采用特殊钻头也可进入强、中风化岩层。当需要穿越老黏土、厚层砂土、碎石土以及塑性指数大于 25 的黏性土时，应进行试钻。适用于长度不超过 30m 的建筑桩基和基坑支护桩。

5.9.2　长螺旋钻孔压灌桩施工机械

长螺旋钻孔压灌桩所需机械设备包括长螺旋钻机（图 5.26）、混凝土输送泵、振动锤、吊车等。

（1）钻具

钻具采用长螺旋钻具，其常规直径为 ϕ400，ϕ600，ϕ800 三种，主要具有以下特点：

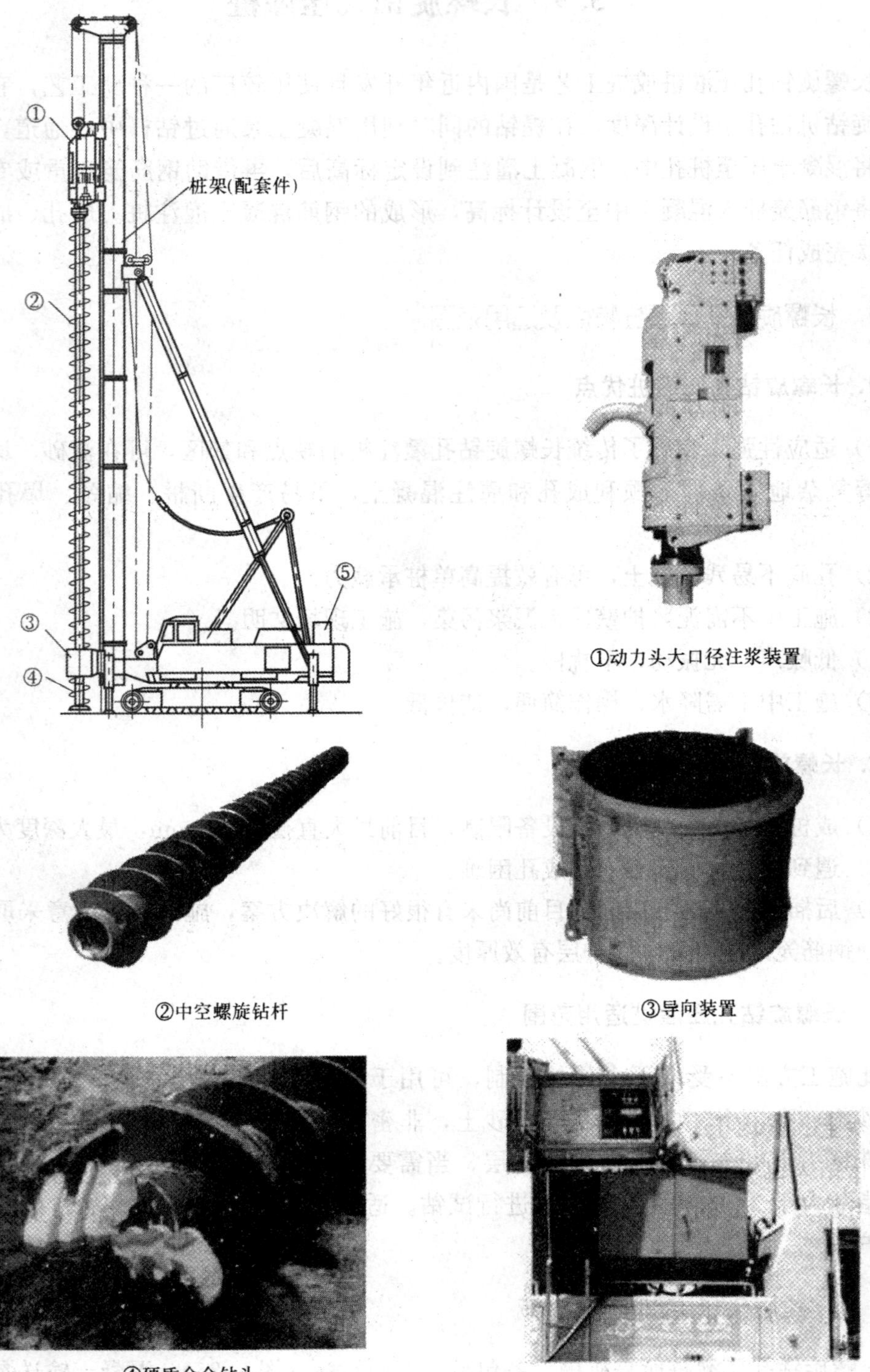

①动力头大口径注浆装置

②中空螺旋钻杆

③导向装置

④硬质合金钻头

⑤电控柜

图 5.26 长螺旋钻孔机

1）该钻机具有中心管内灌注混凝土的功能，且其顶部设有排气阀，中心管直径大于 125mm。因为一般混凝土输送软管内径为 125mm，为了使输送到钻顶中心管中的混凝土能自由下落，并冲开底部的活瓣，同时，保证自落后的混凝土将中心管内的空气从顶部排出，因此中心管直径需大于 125mm，一般为 156mm。

2）中心管的底部（即钻头处）有混凝土出口，出口处有可开闭的活瓣，钻具开始钻进土体之前活瓣闭合，以防止土、砂或水进入中心管内，泵送混凝土时，活瓣打开。

3）动力部分为双电机。采用双电机主要是为了预留输送混凝土的中心管，双电机功率一般有 2×37kW，2×45kW，2×55kW 几种，电机功率的大小决定了钻具的成孔深度，2×37kW 钻机最大成孔深度为 18m，2×55kW 钻机最大成孔深度可达 30m。

(2) 混凝土输送泵

混凝土输送泵及输送管与长螺旋钻具中心管相匹配，混凝土输送泵型号应根据桩径选择，常用的有 HBT40、HBT50、HBT60 等型号，ϕ125 输送软管与长螺旋钻具中心管相连，既可方便钻机移动，又可保持搅拌后台位置的相对稳定，无需多次移位。

5.9.3　长螺旋钻孔压灌桩施工工艺

长螺旋钻孔压灌桩施工工艺流程如图 5.27 所示，具体可分为以下步骤。

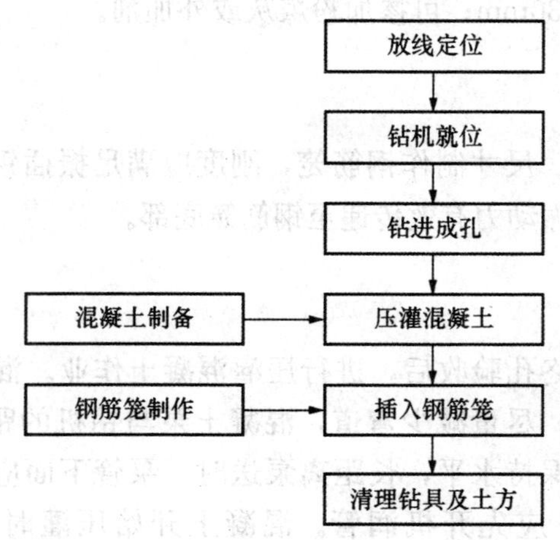

图 5.27　长螺旋钻孔压灌桩施工工艺流程

1. 放线定位

按桩位设计图纸要求，测设桩位轴线、定位点，并做好标记。可采用直径 ϕ25 以上钢筋在桩位处扎入深度不小于 500mm 的孔，填入白灰并插上钢筋棍等，标识桩位。桩位放完，由技术负责人组织质检员、施工员、班组长共同对桩位进行检查，确认准确无误后，与甲方或监理办理预检签字手续。钻孔前应对桩位进行复核。

2. 钻机就位

钻机定位后，应进行复检，钻头与桩位点偏差不得大于20mm。调整机身，保证桩身垂直度偏差不大于允许偏差。

3. 钻进成孔

开钻前先用清水湿润混凝土泵料斗及混凝土输送管道，防止堵管，然后搅拌一定的水泥砂浆进行泵送，并将所有砂浆泵出管外。钻进过程中，不宜反转或提升钻杆。施工中严格控制钻进速度，刚接触地面时，下钻速度要慢。钻进速度应根据土层情况来确定，杂填土、黏性土、砂卵石层为 0.2～0.5m/min；素填土、黏土、粉土、砂层为 1.0～1.5m/min。施工前应根据试桩结果进行调整。在钻进过程中，如遇到卡钻、钻机摇晃、偏斜或发现有节奏的声响时，应立即停钻，查明原因，采取相应措施后，方可继续作业，当需停钻时间较长时，应将钻杆提至地表。桩间距小于 1.3m 的饱和粉细砂及软土层部位，宜采取跳打的方法，防止发生串孔。

4. 混凝土制备

混凝土宜采用和易性、泌水性较好的预拌混凝土，强度等级符合设计及相关验收规范要求，初凝时间不少于 6 小时。坍落度宜为 180～220mm；粗骨料可采用卵石或碎石，最大粒径不宜大于 30mm；可掺加粉煤灰或外加剂。

5. 钢筋笼制作

按设计要求的规格、尺寸制作钢筋笼，刚度应满足振插钢筋笼的要求，钢筋笼底部应有加强构造，保证振动力有效传递至钢筋笼底部。

6. 压灌混凝土

达到设计桩底标高终孔验收后，进行压灌混凝土作业。混凝土泵的安放位置应与钻机的施工顺序相配合，尽量减少弯道，混凝土泵与钻机的距离宜控制在 60m 以内。混凝土输送泵管尽可能保持水平，长距离泵送时，泵管下面应用垫木垫实。首次泵送前或停工时间过长时，应先开机润管。混凝土开始压灌时，宜先提升钻杆 200～300mm，开始泵送混凝土，确认钻头阀门打开后方可提钻。混凝土的泵送宜连续进行，边泵送混凝土边提钻，提钻速率按试桩工艺参数控制，控制提钻速率与混凝土泵送量相匹配，保持料斗内混凝土的高度不低于 400mm，防止吸进空气造成堵管。并保证钻头始终埋在混凝土面以下不小于 1000mm，防止产生缩径夹泥现象。压灌桩的充盈系数宜为 1.0～1.2。桩顶混凝土超灌高度不宜小于 0.3～0.5m。

7. 插入钢筋笼

混凝土压灌结束后，应立即将钢筋笼插至设计深度。钢筋笼插设宜采用专用插筋器。钢筋笼起吊时必须夹紧，将钢筋笼对中及保持钢筋垂直，并保证将振动锤的击振

力通过钢筋笼导入管传到钢筋笼底部。插入速度宜控制在 1.2～1.5m/min。

8. 清理钻具及土方

成桩后，应及时清除钻杆及泵（软）管内残留混凝土。长时间停置时，应采用清水将钻杆、泵管、混凝土泵清洗干净。桩间保护土层的清运如在灌注桩施工期间进行，应不影响灌注桩正常工作。桩间保护土层开挖、清运过程中，应合理安排开挖、清运顺序，禁止开挖和运输机直接在基底面上行走。如需在已开挖完成的基底面上行走，应采取铺设木板等保护措施。严禁机械碰撞桩头。

5.10　水下灌注混凝土

钢筋笼吊装完毕后，应安置导管或气泵管二次清孔，并应进行孔位、孔径、垂直度、孔深、沉渣厚度等检验，合格后应立即灌注混凝土。

水下灌注的混凝土应符合下列规定：

1）水下灌注混凝土必须具备良好的和易性，配合比应通过试验确定；坍落度宜为 180～220mm。

2）水泥用量不应少于 360kg/m^3（当掺入粉煤灰时水泥用量可不受此限）。

3）水下灌注混凝土的含砂率宜为 40%～50%，并宜选用中粗砂；粗骨料可选用卵石或碎石，其最大粒径应小于 40mm，且不得大于钢筋间最小净距的 1/3。

4）水下灌注混凝土宜掺外加剂。

导管的构造和使用应符合下列规定：

1）导管壁厚不宜小于 3mm，直径宜为 200～250mm；直径制作偏差不应超过 2mm，导管的分节长度可视工艺要求确定，底管长度不宜小于 4m，接头宜采用双螺纹方扣快速接头。

2）导管使用前应试拼装、试压，试水压力可取为 0.6～1.0MPa。

3）每次灌注后应对导管内外进行清洗。

使用的隔水栓应有良好的隔水性能，并应保证顺利排出；隔水栓宜采用球胆或与桩身混凝土强度等级相同的细石混凝土制作。

灌注水下混凝土的质量控制应满足下列要求：

1）开始灌注混凝土时，导管底部至孔底的距离宜为 300～500mm。

2）应有足够的混凝土储备量，导管一次埋入混凝土灌注面以下不应少于 0.8m。

3）导管埋入混凝土深度宜为 2～6m。严禁将导管提出混凝土灌注面，并应控制提拔导管速度，应有专人测量导管埋深及管内外混凝土灌注面的高差，填写水下混凝土灌注记录。

4）灌注水下混凝土必须连续施工，每根桩的灌注时间应按初盘混凝土的初凝时间控制，对灌注过程中的故障应记录备案。

5）应控制最后一次灌注量，超灌高度宜为 0.8～1.0m，凿除泛浆高度后必须保证暴露的桩顶混凝土强度达到设计等级。

职业活动 训练 桩基施工质量通病与防治专题讨论

1. 训练目标

1）培养学生自学的习惯和能力。

2）培养学生在公众场合展现个人才能的能力。

3）培养学生勤于思考，在实际工程中分析和解决问题的能力。

2. 训练项目

训练项目如表5.5所示，指导教师可根据本地区和本校实际情况合理选择训练项目。

表5.5　训练项目

序号	训练项目	参考学时	备注
1	静压桩施工质量通病与防治	1	
2	长螺旋钻孔压灌桩施工质量通病与防治	1	
3	旋挖成孔灌注桩施工质量通病与防治	1	
4	人工挖孔灌注桩施工质量通病与防治	1	
5	反循环钻孔灌注桩施工质量通病与防治	1	

3. 训练准备

教师准备：

1）全面掌握各桩基施工方法的质量通病与防治方法，能够对学生的回答做出系统而准确的点评。

2）教师应考虑到学生准备不充分的可能性，准备好启发方案，引导学生逐步做出正确的回答。避免讨论过程中冷场，甚至讨论无法进行。

学生准备：

1）熟悉训练项目中各桩基施工方法的施工工艺流程。

2）查阅相关标准、规范、规程、施工手册等技术资料。

4. 组织方案

采用课内小组讨论的形式，探讨、学习各桩基施工方法的质量通病与防治方法。具体组织方案如下：

1）每个训练项目从班内轮流抽选16～20人，分为4个小组，每个小组4～5人。若班级人数较多，其余同学可作为观众。这种分组方式的好处在于：

•小组数量适宜，易于形成小组之间的竞争，不容易造成组织混乱；

•小组成员人数适宜，便于组织讨论，且每个成员均有发言机会。

2）指导教师应于课内讨论前1～2周公布讨论题目，布置讨论要求。

3）学生应于课内讨论前做好充分准备，查阅相关技术资料。

4）每组学生经讨论后将整理出的答案关键词写在答题板上，并派1位同学解释所写答案，其他同学负责补充。

5）教师应考虑到学生准备不充分的可能性，准备好启发方案，引导学生逐步做出正确的回答。避免讨论过程中冷场，

甚至讨论无法进行。

5. 成果要求

讨论结束后，每个小组提交一份总结。

6. 成果评定

成果评定可参考下述办法进行：

最终成绩＝基本成绩×小组加分系数

基本成绩按下列办法评定：

1）每个小组由组员集体投票评选出2名在活动中贡献最大的同学，基本成绩评定为90分。

2）参与活动，对小组讨论有建设性意见的组员，基本成绩评定为70分。

3）参与活动，聆听他人讨论，但对小组讨论无建设性意见的组员，基本成绩评定为60分。

小组加分系数按下列办法评定：

1）通过指导教师点评，由指导教师从四个小组中选出1个优胜小组，其组员成绩乘1.1的系数。

2）其他小组的小组加分系数为1.0。

习　题

1. 按照我国现行规范，人工挖孔桩属于（　　）。

A. 小直径桩　　B. 中等直径桩

C. 大直径桩　　D. 不一定

2. 预应力高强混凝土管桩的代号为（　　）。

A. PC　　B. PHC　　C. RC　　D. PS

3.《建筑地基基础设计规范》(GB 50007—2002) 中规定，预制桩的混凝土强度等级不应低于________，灌注桩不应低于________，预应力桩不应低________。（　　）

A. C20、C20、C30　　B. C20、C30、C40

C. C30、C20、C40　　D. C30、C30、C40

4. 某管桩的标记为PHC500A100—12GB13476，该管桩的桩径为（　　）mm。

A. 400　　B. 500　　C. 1000　　D. 1200

5. 目前建筑工程打桩施工中，应用较为广泛的桩锤是（　　）。

A. 柴油锤　　B. 蒸汽锤　　C. 落锤　　D. 振动锤

6. 下列说法不正确的是（　　）

A. 静力压桩是利用无振动、无噪音的静压力将桩压入土中，主要用于软弱土层和邻近怕振动的建筑物（构筑物）

B. 振动法在砂土中施工效率较高

C. 水冲法适用于砂土和碎石土，有时对于特别长的预制桩，单靠锤击有一定困难时，亦可采用水冲法辅助之

D. 打桩时，为减少对周围环境的影响，可采取适当的措施，如井点降水

7. 在沉孔灌注桩施工中若遇砂质土层最宜采用的桩锤是（　　）。

A. 柴油锤　　B. 蒸汽锤　　C. 落锤　　D. 振动锤

8. 预制桩强度达到（　　）方能起吊。

A. 70%　　B. 75%　　C. 80%　　D. 100%

9. 预制桩强度达到（　　）方能运输。

A. 75%　　B. 70%　　C. 80%　　D. 100%

10. 用锤击沉桩时，为防止桩受冲击应力过大而损坏，应力求选用（　　）。

A. 轻锤高击　　B. 轻锤低击　　C. 重锤高击　　D. 重锤低击

11. 下列不属于预制桩施工方法的是（　　）。

A. 锤击桩　　B. 静压桩　　C. 振动桩　　D. 沉管灌注桩

12. 下列关于打桩顺序规定不正确的一项是（　　）。

A. 对于密集桩群，自中间向两侧（或四周）施打

B. 当一侧毗邻建筑物时，由建筑物一侧向另一方向施打

C. 根据设计标高，宜先浅后深

D. 根据桩的规格，宜先大后小，先长后短

13. 大面积高密度打桩不宜采用的打桩顺序是（　　）。

A. 由一侧向单一方向进行　　B. 自中间向两个方向对称进行

C. 自中间向四周进行　　D. 分区域进行

14. 关于打桩质量控制下列说法不正确的是（　　）。

A. 桩尖所在土层较硬时，以贯入度控制为主

B. 桩尖所在土层较软时，以贯入度控制为主

C. 桩尖所在土层较硬时，以桩尖设计标高控制为参考

D. 桩尖所在土层较软时，以桩尖设计标高控制为主

15. 下列关于灌注桩的说法不正确的是（　　）。

A. 灌注桩是直接在桩位上就地成孔，然后在孔内灌注混凝土或钢筋混凝土而成

B. 灌注桩能适应地层的变化，无需接桩

C. 灌注桩施工后无需养护即可承受荷载

D. 灌注桩施工时无振动、无挤土和噪声小

16. 干作业成孔灌注桩的适用范围是（　　）。

A. 饱和软黏土

B. 地下水位较低、在成孔深度内无地下水的土质

C. 地下水不含腐蚀性化学成分的土质

D. 适用于任何土质

17. 同样条件下，灌注桩承载力最大的是（　　）。

A. 螺旋钻孔灌注桩　　B. 冲击振动灌注桩

C. 单振振动灌注桩　　D. 复振振动灌注桩

18. 以下关于振动灌注桩的说法，正确的是（　　）。

A. 适用范围广，除软土和新填土，其他各种土层均可适用

B. 单振法、反插法和复振法三种方法产生的桩承载能力依次上升

C. 振动灌注桩的承载力比同样条件的钻孔灌注桩高50%～80%

D. 其施工方法是用落锤将桩管打入土中成孔，然后放入钢筋骨架，灌注混凝土，拔出桩管成桩

19. 地下连续墙施工中，泥浆护壁的作用是（　　）。

A. 携渣　　B. 固壁

C. 冷却、润滑　　D. 以上三者

20. 灌注桩的混凝土应浇筑至（　　）。

A. 与桩顶设计标高平　　B. 超过桩顶设计标高0.5m以上

C. 略低于桩顶设计标高　　D. 应与承台底面平齐

第6章

地基处理

对于不能满足强度、变形和稳定性等要求的问题地基，必须经过人工改良或加固后才能使用，这种改良和加固，就称地基处理。

6.1 概　　述

1. 地基处理的目的

1）增加地基土的剪切强度。
2）降低地基土的压缩性。
3）改善地基的透水特性。
4）改善动力特性（抗液化，抗震）。
5）改善特殊土（如的湿陷性黄土、膨胀土等）不良地基的特性。

2. 地基处理的方法

从原理上来说，地基处理的方法主要如下。

（1）密实法

密实法是借助于机械、夯锤或爆破产生的振动和冲击使土的孔隙比减小，或在地基内打砂桩、碎石桩、土桩或灰土桩，挤密桩间土体而达到处理目的。其中主要有重锤夯实法、强夯法、振冲挤密法以及砂桩、土桩或灰土桩挤密法等，可用于处理无黏性土、杂填土、非饱和黏性土及湿陷性黄土等地基，但振冲挤密法的适用范围一般只限于砂土和黏粒含量较低的黏性土。

（2）置换法

置换法是用砂、碎石、矿渣或其他合适的材料置换地基中的软弱或不良土层，夯压密实后作为基底垫层，或用上述材料填筑成一根根桩体，由桩群和桩间土组成复合地基，从而达到处理目的。常用于处理软弱地基。从经济合理考虑，开挖置换法一般适用于处理浅层地基（深度通常不超过3m）。

（3）胶结法

胶结法是靠压力传送或利用电渗原理，把含有胶结物质并能固化的浆液灌入土层，使其渗入土的孔隙或充填土岩中的裂缝和洞穴中，或者把很稠的浆体压入事先打好的钻孔中，借助于浆体传递的压力挤密土体并使其上抬，达到加固或处理目的。其适用性与灌浆方法和浆液性能有关，一般可用于处理砂土、砂砾石、湿陷性黄土及黏性土等地基。

(4) 排水固结法

排水固结法是采用预压、降低地下水位、电渗等方法促使土层排水固结，以减少地基的沉降和不均匀沉降，提高承载力。主要用于处理软弱黏性土地基。

(5) 加筋法

加筋法是在土中埋设土工聚合物（即土工织物）或拉筋，形成加筋土或各种复合土工结构，或沿不同方向设置直径为 75～250mm 的桩，形成树根状桩群，即所谓树根桩，以减小地基沉降，提高地基承载力或增强土体稳定性。土工聚合物还可起到排水、反滤和隔离作用。在地基处理中，加筋法可用于处理软弱地基。

表 6.1　软弱土地基处理方法分类

分类	处理方法	原理及作用	适用范围
换填垫层	砂石垫层、素土垫层、灰土垫层、矿渣垫层等	挖去地表浅层软弱土层或不均匀土层，回填坚硬、较粗粒径的材料，并夯压密实，形成垫层，从而提高持力层的承载力	适用于处理浅层软弱地基及不均匀地基
碾压及夯实	重锤夯实、机械碾压、振动压实	利用压实原理，通过夯实、碾压、振动，把地基表层压实，以提高其强度，减少其压缩性和不均匀性，消除其湿陷性	适用于处理低饱和度的黏性土、粉土、砂土、碎石土、人工填土等
	强夯	反复将夯锤提到高处使其自由落下，给地基以冲击和振动能量，将其夯实，从而提高土的强度并降低其压缩性，在有效影响深度范围内消除土的液化及湿陷性	适用于处理碎石土、砂土、低饱和度的粉土与黏性土、湿陷性黄土、素填土和杂填土等
预压	堆载预压、真空预压、降水预压	对地基进行堆载或真空预压，加速地基的固结和强度增长，提高地基的稳定性；加速沉降发展，使地基沉降提前完成。降水预压则是借井点抽水降低地下水位，以增加土的自重应力，达到预压目的。	适用于处理饱和软弱土。降水预压适用于渗透性较好的砂或砂质土
挤密、振密	土或灰土挤密桩、石灰桩、砂石桩等	借助于机械、夯锤或爆破，使土的孔隙减少，强度提高；必要时，回填素土、灰土、石灰、砂、碎石等，与地基土组成复合地基，从而提高地基的承载力，减少沉降量	适用于处理无黏性土、杂填土、非饱和和黏性土及湿陷性黄土等
置换及拌入	高压喷射注浆、水泥土搅拌等	在地基中掺入水泥、石灰或砂浆等形成增强体，与未处理部分土组成复合地基，从而提高地基的承载力，减少沉降量	适用于处理软弱黏性土、欠固结冲填土、粉砂、细砂等
加筋	土工合成材料加筋、锚固、加筋土、树根桩	通过在地基土中设置强度较大的土工合成材料、拉筋等加筋材料，从而提高地基的承载力，减小沉降量，或维持建筑物的稳定	适用于处理砂土、软弱土、人工填土地基
托换技术	桩式托换、灌浆托换、热加固托换、纠偏托换等	通过独特的技术措施对原有建筑物和基础处理、加固或改建，来改变受力和变形性能，以满足原有建筑物的安全和正常使用要求	根据具体方法确定

6.2 换填垫层法

6.2.1 换填垫层法简述

换填垫层法是挖去地表浅层软弱土层或不均匀土层，回填坚硬、较粗粒径的材料，并夯压密实，形成垫层的地基处理方法。

1. 换填垫层法特点

方法简单、施工方便、无需大型施工机械、费用较低，但仅适用于浅层地基处理。

2. 换填垫层法适用范围

《建筑地基处理技术规范》(JGJ 79—2002）指出：换填垫层法适用于浅层软弱地基及不均匀地基的处理。

换填垫层法常用于处理轻型建筑、地坪、堆料场及道路工程等，也适用于建筑范围内局部存在松填土、暗沟、暗塘、古井、古墓或拆除旧基础后的坑穴等。

换填垫层的厚度不宜小于0.5m，也不宜大于3m。垫层过薄，其换填效果不明显。换填垫层过厚，基坑开挖过深，常因地下水位高，需要采用降水措施；坑壁放坡占地面积大或边坡需要支护；及因此易引起邻近地面、管网、道路与建筑的沉降变形破坏；再则施工土方量大、弃土多等因素，常使处理工程费用增高、工期拖长、对环境的影响增大等。因此，换填法的处理深度通常控制在3m以内较为经济合理。

当在建筑范围内上层软弱土较薄，则可采用全部置换处理。对于较深厚的软弱上层，当仅用垫层局部置换上层软弱土时，下卧软弱上层在荷载下的长期变形可能依然很大。例如，对较深厚的淤泥或淤泥质土类软弱地基，采用垫层仅置换上层软土后，通常可提高持力层的承载力，但不能解决由于深层土质软弱而造成地基变形量大对上部建筑物产生的有害影响；或者对于体型复杂、整体刚度差、或对差异变形敏感的建筑，均不应采用浅层局部置换的处理方法。

6.2.2 换填垫层法施工工艺

换填垫层法施工工艺流程如图6.1所示。其操作要求如下。

1. 基层处理

当垫层底部存在古井、古墓、洞穴、旧基础、暗塘等软硬不均的部位时，应根据建筑对不均匀沉降的要求予以处理。

垫层铺填前，应将基底表面浮土、淤泥、杂物清除干净，基槽侧壁按设计要求留出坡度。铺填垫层前应进行验槽并做好验槽记录。检验合格后，方可铺填垫层。

2. 抄平放线、设标桩

在基槽（坑）内按5m×5m网格设置标桩（钢筋或木桩），控制每层砂或砂石的铺

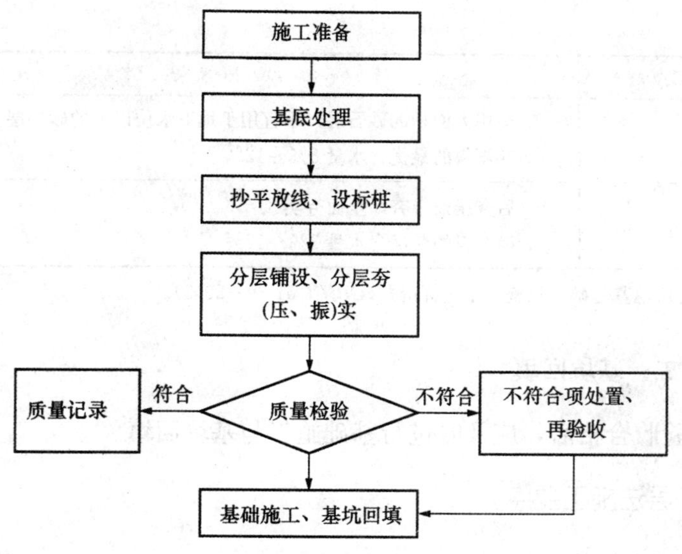

图 6.1 换填垫层法施工工艺

设厚度。

3. 分层铺设、分层夯（压、振）实

1）垫层材料、铺填厚度、压实遍数及施工含水量应满足设计要求或符合规范的规定。

2）垫层底面宜设在同一标高上，如深度不同，基坑底土面应挖成阶梯或斜坡搭接，并按先深后浅的顺序进行垫层施工，搭接处应夯压密实。粉质黏土及灰土垫层分段施工时，不得在柱基、墙角及承重窗间墙下接缝。上下两层的缝距不得小于 500mm。接缝处应夯压密实，灰土应拌合均匀并应当日铺填夯压。灰土夯压密实后 3d 内不得受水浸泡。粉煤灰垫层铺填后宜当天压实，每层验收后应及时铺填上层或封层，防止干燥后松散起尘污染，同时应禁止车辆碾压通行。

3）采用不同压实机具的压实方法和要求见表 6.2。

表 6.2 压实机具或压实方法的压实要求

压实机具或压实方法	压实要求
平碾、推土机、蛙式夯小型夯实机械、压路机、振动压路机	1. 人力送夯，落高 400～500mm，后夯压前半夯 2. 小型机具夯实时依次夯打，均匀分布，不留间隙 3. 压路机等机械压实应采用“薄填、慢驶、多次”的方法。边角处辅以人力夯或小型机具夯实
平振法	1. 振捣器移动时，每行应搭接 1/3 2. 不宜使用细砂或含泥量较大的砂 3. 换填料的最优含水量 8%～12%
插振法	1. 插振间距由机械振幅大小决定 2. 不宜使用细砂或含泥量较大的砂 3. 换填料的最优含水量饱和

续表

压实机具或压实方法	压实要求
碾压法	1. 适用大面积的砂石层，不宜用于地下水位以下的砂垫层 2. 换填料的最优含水量 8%～12%
夯实法	1. 后夯压前半夯，全面夯实 2. 换填料的最优含水量 8%～12%

本表引自：《建筑地基基础工程施工工艺标准》(DBJ/T 61-29—2005)。

4. 基础施工、基坑回填

垫层竣工验收合格后，应及时进行基础施工与基坑回填。

6.2.3 换填垫层法施工要点

1. 垫层材料

垫层可选用下列材料。

(1) 砂石

宜选用碎石、卵石、角砾、圆砾、砾砂、粗砂、中砂或石屑（粒径小于 2mm 的部分不应超过总重的 45%），应级配良好，不含植物残体、垃圾等杂质。当使用粉细砂或石粉（粒径小于 0.075mm 的部分不超过总重的 9%）时，应掺入不少于总重 30%的碎石或卵石。砂石的最大粒径不宜大于 50mm。对湿陷性黄上地基，不得选用砂石等透水材料。

(2) 粉质黏土

土料中有机质含量不得超过 5%，亦不得含有冻土或膨胀土。当含有碎石时，其粒径不宜大于 50mm。用于湿陷性黄土或膨胀土地基的粉质黏土垫层，土料中不得夹有砖、瓦和石块。

(3) 灰土

体积配合比宜为 2∶8 或 3∶7。土料宜用粉质黏土，不宜使用块状黏土和砂质粉土，不得含有松软杂质，并应过筛，其颗粒不得大于 15mm。石灰宜用新鲜的消石灰，其颗粒不得大于 5mm。

(4) 粉煤灰

可用于道路，堆场和小型建筑，构筑物等的换填垫层。粉煤灰垫层上宜覆土 0.3～0.5m。粉煤灰垫层中采用掺加剂时，应通过试验确定其性能及适用条件。作为建筑物垫层的粉煤灰应符合有关放射性安全标准的要求。粉煤灰垫层中的金属构件、管网宜采取适当防腐措施。大量填筑粉煤灰时应考虑对地下水和土壤的环境影响。

(5) 矿渣

垫层使用的矿渣是指高炉重矿渣，可分为分级矿渣、混合矿渣及原状矿渣。矿渣垫层主要用于堆场、道路和地坪，也可用于小型建筑，构筑物地基。选用矿渣的松散重度不小于 $11kN/m^3$，有机质及含泥总量不超过 5%。设计、施工前必须对选用的矿渣进行试验，在确认其性能稳定并符合安全规定后方可使用。作为建筑物垫层的矿渣应符合对放射性安全标准的要求。易受酸、碱影响的基础或地下管网不得采用矿渣垫层。大量填筑矿渣时，应考虑对地下水和土壤的环境影响。

(6) 其他工业废渣

在有可靠试验结果或成功工程经验时，对质地坚硬、性能稳定、无腐蚀性和放射性危害的工业废渣等均可用于填筑换填垫层。被选用工业废渣的粒径、级配和施工工艺等应通过试验确定。

(7) 土工合成材料

由分层铺设的土工合成材料与地基土构成加筋垫层。所用土工合成材料的品种勺性能及填料的土类应根据工程特性和地搴土条件，按照现行国家标准《土工合成材料应用技术规范》(GB 50290—1998) 的要求，通过设计并进行现场试验后确定。

2. 铺填厚度及压实遍数

垫层的施工方法、分层铺填厚度，每层压实遍数等宜通过试验确定。除接触下卧软土层的垫层底部应根据施工机械设备及下卧层土质条件确定厚度外，一般情况下，垫层的分层铺填厚度可取200～300mm。或参考建工及水电部门的经验数值，按表6.3选用。

为保证分层压实质量，应控制机械碾压速度。

表6.3 垫层的每层铺填厚度及压实遍数

施工设备	每层铺填厚度/m	每层压实遍数
平碾 (8～12t)	0.2～0.3	6～8 (矿渣10～12)
羊足碾 (5～16t)	0.2～0.35	8～16
蛙式夯 (200kg)	0.2～0.25	3～4
振动碾 (8～15t)	0.6～1.3	6～8
插入式振动器	0.2～0.5	
平板式振动器	0.15～0.25	

本表引自：《建筑地基处理技术规范》(JGJ 79—2002) (条文说明)。

3. 施工含水量

粉质黏土和灰土垫层土料的施工含水量宜控制在最优含水量 w_{op}±2%的范围内(当使用振动碾压时，可适当放宽下限范围值，即控制在最优含水量 w_{op} 的－6%～＋2%范围内)；粉煤灰垫层的施工含水量宜控制在 w_{op}±4%的范围内。若土料湿度过大或过小，应分别予以晾晒、翻松、掺加吸水材料或洒水湿润以调整土料的含水量。对于砂石料则可根据施工方法不同按经验控制适宜的施工含水量，即当用平板式振动器时可取15%～20%；当用平碾或蛙式夯时可取8%～12%；当用插入式振动器时宜为饱和。对于碎石及卵石应充分浇水湿透后夯压。

最优含水量可按现行国家标准《土工试验方法标准》(GB/T 50123—1999) 中轻型击实试验的要求求得。在缺乏试验资料时，也可近似取0.6倍液限值，或按照经验采用塑限 w_p±2%的范围值作为施工含水量的控制值。

4. 压实标准

垫层的压实标准可按表 6.4 选用。

表 6.4 各种垫层的压实标准

施工方法	换填材料类别	压实系数
碾压、振实或夯实	碎石、卵石	0.94～0.97
	砂夹石（其中碎石、卵石占全重的 30%～50%）	
	土夹石（其中碎石、卵石占全重的 30%～50%）	
碾压、振密或夯实	中砂、粗砂、砾砂、角砾、圆砾、石屑	0.94～0.97
	粉质黏土	
	灰土	0.95
	粉煤灰	0.90～0.95

注：1）压实系数，为土的控制干密度与最大干密度的比值；土的最大干密度宜采用击实试验确定，碎石或卵石的最大干密度可取 2.0～2.2t/m³。

2）当采用轻型击实试验时，压实系数。宜取高值，采用重型击实试验时，压实系数。可取低值。

3）矿渣垫层的压实指标为最后二遍压实的压陷差小于 2mm。

本表引自：《建筑地基处理技术规范》（JGJ 79—2002）。

6.2.4 质量检验

1）垫层的施工质量检验必须分层进行。应在每层的压实系数符合设计要求后铺填上层土。

2）对粉质黏土、灰土、粉煤灰和砂石垫层的施工质量检验可用环刀法、贯入仪、静力触探、轻型动力触探或标准贯入试验检验；对砂石、矿渣垫层可用重型动力触探检验，并均应通过现场试验以设计压实系数所对应的贯入度为标准检验垫层的施工质量。压实系数也可采用环刀法、灌砂法、灌水法或其他方法检验。

3）采用环刀法检验垫层的施工质量时，取样点应位于每层厚度的 2/3 深度处。

6.3 预 压 法

6.3.1 预压法特点及适用范围

预压法可分为堆载预压法、真空预压法、降水预压法和电渗排水预压法（后两种预压法在工程上应用甚少，本书不予以讨论）。堆载预压又可分为天然地基堆载预压法和竖井排水堆载预压法，其中竖井排水预压法根据竖井选用材料不同，分为砂井堆载预压法、袋装砂井预压法和塑料排水带堆载预压法。

堆载预压法是在堆载压力作用下使地基固结的地基处理方法。真空预压法是通过对覆盖于竖井地基表面的不透气薄膜内抽真空，而使地基固结的地基处理方法。

预压法适用于处理淤泥质土、淤泥和冲填土等饱和黏性土地基。当软土层厚度小于 4.0m 或软土层含较多薄粉砂夹层（俗称“千层糕”状土层），可采用天然地基堆载

预压法处理，当软土层厚度超过 4.0m 时，为加速预压过程，应采用塑料排水带、袋装砂井、砂井等竖井排水预压法处理地基。对真空预压工程，必须在地基内设置排水竖井。

竖井排水预压法对处理泥炭土、有机质土和其他次固结变形占很大比例的土效果较差，只有当主固结变形与次固结变形相比所占比例较大时才有明显效果。

6.3.2　砂井堆载预压法

砂井堆载预压地基系在软弱地基中用钢管打孔，灌砂设置砂井作为竖向排水通道，并在砂井顶部设置砂垫层作为水平排水通道，在砂垫层上部压载以增加土中附加应力，使土体中孔隙水较快地通过砂井和砂垫层排出，从而加速土体固结，使地基得到加固。

1. 加固机理

一般软黏土的渗透系数很小，为 10^{-7}～10^{-9} cm/s，而砂的渗透系数介于 10^{-2}～10^{-3}cm/s，两者相差很大。故此当地基黏土层厚度很大时，仅采用堆载预压而不改变黏土层的排水边界条件，黏土层固结将十分缓慢，使预压时间很长。当在地基内设置砂井等竖向排水体系，则可缩短排水距离，有效地加速土的固结，图 6.2 为典型的砂井地基剖面。

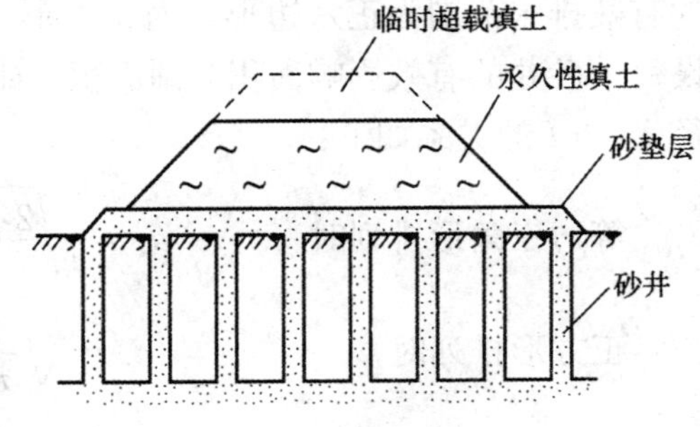

图 6.2　典型的砂井地基剖面

2. 特点及适用范围

砂井堆载预压的特点是：可加速饱和软黏土的排水固结，使地基提前沉降并趋于稳定，提高地基的抗剪强度和承载力，防止基土滑动破坏；该方法施工机具、方法简单，就地取材，不用三材（钢材、水泥、木材），可缩短施工期限，降低造价。

适用于透水性低的饱和软弱黏性土加固；用于机场跑道、油罐、冷藏库、水池、水工结构、道路、路堤、堤坝、码头、岸坡等工程地基处理。不适于泥炭土、有机质土和其他次固结变形占很大比例的土。

3. 砂井的构造和布置

(1) 砂井的直径和间距

砂井的直径和间距由黏性土层的固结特性和施工期限确定。一般情况下，砂井的直径和间距取细而密时，其固结效果较好。通常砂井直径为 300～500mm。井径不宜过大或过小，过大不经济，过小施工易造成灌砂率不足、缩颈或砂井不连续等质量问题。砂井的间距一般按经验由井径比 $n=d_e/d_w=6\sim8$ 确定（d_e 为每个砂井的有效影响范围的直径；d_w 为砂井直径），常用井距为砂井直径的 6～8 倍，一般不应小于 1.5m。

(2) 砂井深度

排水竖井的深度应根据建筑物对地基的稳定性、变形要求和工期确定。当软土层不厚、底部有透水层时，砂井应尽可能穿透软土层；如软土层较厚，但间有砂层或砂透镜体，砂井应尽可能打至砂层或透镜体。当黏土层很厚，其中又无透水层时，可按地基的稳定性及变形控制要求确定砂井深度。对以地基抗滑稳定性控制的工程，如路堤、土坝、岸坡、堆料场等，竖井深度至少应超过最危险滑动面 2.0m。对以变形控制的建筑，竖井深度应根据在限定的预压时间内需完成的变形量确定。竖井宜穿透受压土层。砂井长度一般为 10～20m。

(3) 砂井的布置和范围

砂井常按等边三角形和正方形布置（图 6.3）。当砂井为等边三角形布置时，砂井的有效排水范围为正六边形，而正方形排列时则为正方形，如图 6.3 中虚线所示。假设每个砂井的有效影响面积为圆面积，如砂井距为 l，则等效圆（有效影响范围）的直径 d_e 与 l 的关系如下：

等边三角形排列时 $$d_e=\sqrt{\frac{2\sqrt{3}}{\pi}}\times l=1.05l$$

正方形排列时 $$d_e=\sqrt{\frac{4}{\pi}}\times l=1.13l$$

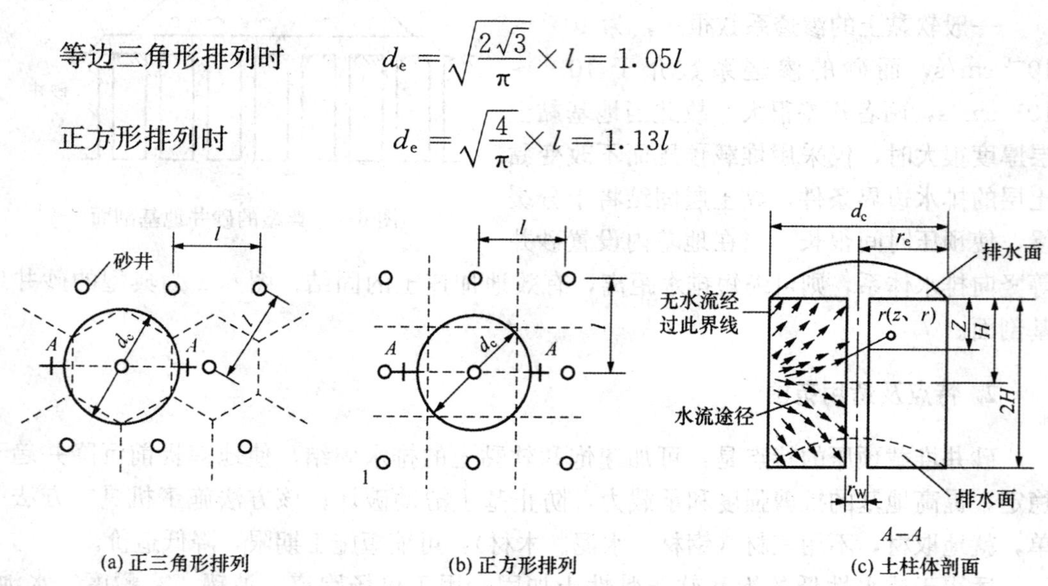

图 6.3　砂井平面布置及影响范围土柱体剖面

由井径比就可算出井距 l。由于等边三角形排列较正方形紧凑和有效，较常采用，但理论上两种排列效果相同（当 d_e 相同时）。砂井的布置范围，宜比建筑物基础范围稍大为佳，因为基础以外一定范围内地基中仍然产生由于建筑物荷载而引起的压应力和剪应力。如能加速基础外地基土的固结，对提高地基的稳定性和减小侧向变形以及由此引起的沉降均有好处。扩大的范围可由基础的轮廓线向外增大约 2～4m。

4. 砂井施工

1）采用锤击法沉桩管，管内砂子亦可用吊锤击实，或用空气压缩机向管内通气（气压为 0.4～0.5MPa）压实。

2）打砂井顺序应从外围或两侧向中间进行，如砂井间距较大可逐排进行。打砂井后基坑表层会产生松动隆起，应进行压实。

3）灌砂井砂中的含水量应加以控制，对饱和水的土层，砂可采用饱和状态；对非饱和土和杂填土，或能形成直立孔的土层，含水量可采用7%～9%。

5. 质量控制

1）施工前应检查施工监测措施，沉降、孔隙水压力等原始数据，排水设施、砂井（包括袋装砂井）等位置。

2）堆载施工应检查堆载高度、沉降速率。

3）施工结束后应检查地基土的十字板剪切强度，标贯或静压力触探值及要求达到的其他物理力学性能，重要建筑物地基应作承载力检验。

4）砂井堆载预压地基质量标准如表6.5所示。

表6.5 预压地基和塑料排水带质量检验标准

项目	序号	检查项目	允许偏差或允许值		检查方法
			单位	数值	
主控项目	1	预压载荷	%	≤2	水准仪
	2	固结度（与设计要求比）	%	≤2	根据设计要求采用不同方法
	3	承载力或其他性能指标	设计要求		按规定方法
一般项目	1	沉降速率（与控制值比）	%	±10	水准仪
	2	砂井或塑料排水带位置	mm	±100	用钢尺量
	3	砂井或塑料排水带插入深度	mm	±200	插入时用经纬仪检查
	4	插入塑料排水带时的回带长度	mm	≤500	用钢尺量
	5	塑料排水带或砂井高出砂垫层距离	mm	≥200	用钢尺量
	6	插入塑料排水带的回带根数	%	<5	目测

注：1）本表适用于砂井堆载、袋装砂井堆载、塑料排水带堆载预压地基及真空预压地基的质量检验。

2）砂井堆载、袋装砂井堆载预压地基无一般项中的4、5、6。

3）如真空预压，主控中预压载荷的检查为真空度降低值<2%。

6.3.3 袋装砂井堆载预压法

袋装砂井堆载预压地基，是在普通砂井堆载预压基础上改良和发展的一种新方法。普通砂井的施工，存在着以下普遍性问题：

1）砂井成孔方法易使井周围土扰动，使透水性减弱（即涂抹作用），或使砂井中混入较多泥砂，或难使孔壁直立。

2）砂井不连续或缩井、断颈、错位现象很难完全避免。

3）所用成井设备相对笨重，不便于在很软弱地基上进行大面积施工。

4）砂井采用大截面完全为施工的需要，而从排水要求出发并不需要，造成材料大量浪费。

5）造价相对比较高。而采用袋装砂井则基本解决了大直径砂井堆载预压存在的问题，使砂井的设计和施工更趋合理和科学化，是一种比较理想的竖向排水体系。

1. 特点及适用范围

袋装砂井堆载预压地基的特点是：能保证砂井的连续性，不易混入泥砂，或使透水性减弱；打设砂井设备实现了轻型化，比较适应于在软弱地基上施工；采用小截面砂井，用砂量大为减少；施工速度快，每班能完成70根以上；工程造价降低，每$1m^2$地基的袋装砂井费用仅为普通砂井的50%左右。

适用范围同砂井堆载预压地基。

2. 构造及布置

(1) 砂井直径和间距

袋装砂井直径根据所承担的排水量和施工工艺要求决定，一般采用70～120mm，间距1.5～2.0m，井径比为15～22。

袋装砂井长度，应较砂井孔长度长500mm，使能放入井孔内后可露出地面，以使埋入排水砂垫层中。

(2) 砂井布置

可按三角形或正方形布置，由于袋装砂井直径小，间距小，因此加固同样土所需打设袋装砂井的根数较普通砂井为多，如直径70mm袋装砂井按1.2m正方形布置，则每$1.44m^2$需打设一根，而直径400mm的普通砂井，按1.6m正方形布置，每$2.56m^2$需打设一根，前者打设的根数为后者的1.8倍。

3. 材料要求

(1) 装砂袋

应具有良好的透水、透气性，一定的耐腐蚀、抗老化性能，装砂不易漏失，并有足够的抗拉强度，能承受袋内装砂自重和弯曲所产生的拉力。一般多采用聚丙烯编织布或玻璃丝纤维布、黄麻片、再生布等。

(2) 砂

砂井的砂料应选用中粗砂，其黏粒含量不应大于3%。

4. 工艺及机具设备

袋装砂井施工工艺是先用振动、锤击或静压方式把井管沉入地下，然后向井管中放入预先装好砂料的圆柱形砂袋，最后拔起井管将砂袋充填在孔中形成砂井。亦可先将管沉入土中放入袋子（下部装少量砂或吊重），然后依靠振动锤的振动灌满砂，最后拔出套管。

所用钢管的内径宜略大于砂井直径，以减小施工过程中对地基的扰动。

5. 施工工艺方法要点

袋装砂井的施工程序是：定位、整理桩尖（活瓣桩尖或预制混凝土桩尖）→沉入

导管、将砂袋放入导管→往管内灌水（减少砂袋与管壁的摩擦力）、拔管。

袋装砂井在施工过程中应注意以下几点：

1）定位要准确，砂井要有较好的垂直度，以确保排水距离与理论计算一致。

2）袋中装砂宜用风干砂，不宜采用湿砂，避免干燥后，体积减小，造成袋装砂井缩短与排水垫层不搭接等质量事故。

3）聚丙烯编织袋，在施工时应避免太阳曝晒老化。砂袋入口处的导管口应装设滚轮，下放砂袋要仔细，防止砂袋破损漏砂。

4）施工中要经常检查桩尖与导管口的密封情况，避免管内进泥过多，造成井阻，影响加固深度。

5）确定袋装砂井施工长度时，应考虑袋内砂体积减小、袋装砂井在井内的弯曲、超深以及伸入水平排水垫层内的长度等因素，防止砂井全部沉入孔内，造成顶部与排水垫层不连接，影响排水效果。

6. 质量控制

同砂井堆载预压地基质量控制。

6.3.4 塑料排水带堆载预压法

塑料排水带堆载预压地基，是将带状塑料排水带用插板机将其插入软弱土层中，组成垂直和水平排水体系，然后在地基表面堆载预压（或真空预压），土中孔隙水沿塑料带的沟槽上升溢出地面，从而加速了软弱地基的沉降过程，使地基得到压密加固（图6.4）。

1. 特点及适用范围

塑料排水带堆载预压地基的特点是：

1）板单孔过水面积大，排水畅通。

2）质量轻，强度高，耐久性好；其排水沟槽截面不易因受土压力作用而压缩变形。

3）用机械埋设，效率高，运输省，管理简单；特别用于大面积超软弱地基土上进行机械化施工，可缩短地基加固周期。

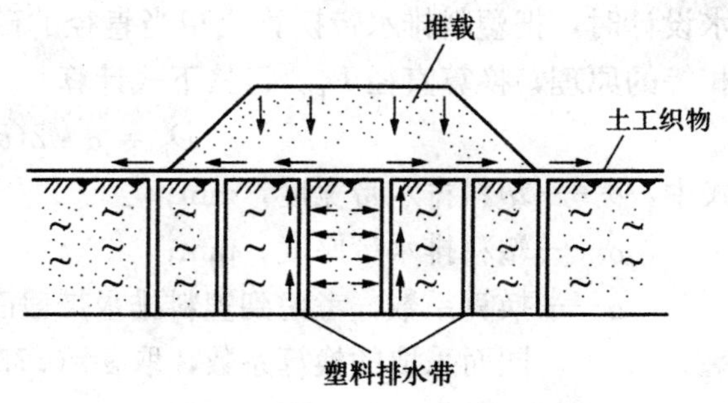

图6.4 塑料排水带堆载预压法

4）加固效果与袋装砂井相同，承载力可提高70%～100%，经100d，固结度可达到80%；加固费用比袋装砂井节省10%左右。

适用范围与砂井堆载预压、袋装砂井堆载预压相同。

2. 塑料排水带的性能和规格

塑料排水带由芯带和滤膜组成。芯带是由聚丙烯和聚乙烯塑料加工而成两面有间隔沟槽的带体，土层中的固结渗流水通过滤膜渗入到沟槽内，并通过沟槽从排水垫层中排出。根据塑料排水带的结构，要求滤网膜渗透性好，与黏土接触后，其渗透系数不低于中粗砂，排水沟槽输水畅通，不因受土压力作用而减小。塑料排水带的结构由所用材料不同，结构型式也各异，主要有图 6.5 所示几种。

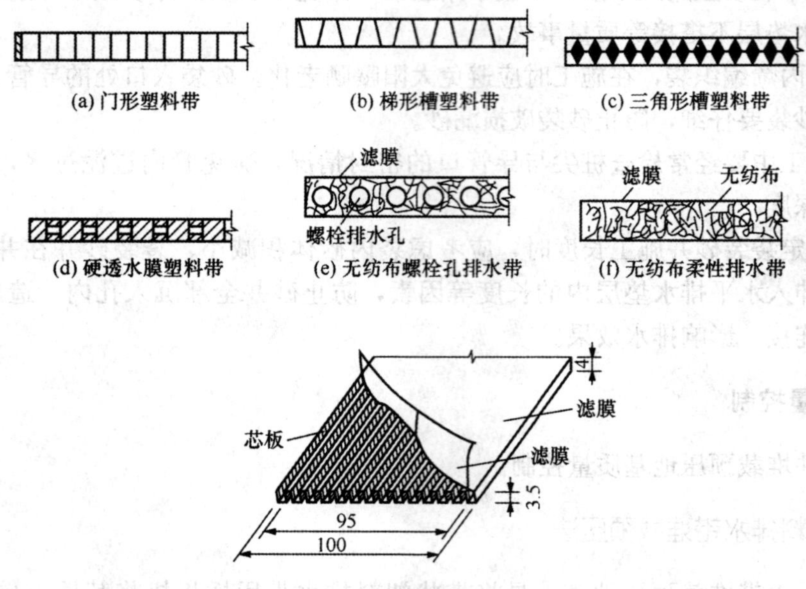

图 6.5　塑料排水带结构型式、构造

塑料排水带的排水性能主要取决于截面周长，而很少受其截面积的影响。塑料排水设计时，把塑料排水带换算成相当直径的砂井，根据两种排水体与周围土接触面积相等的原理，换算直径 D_p，可按下式计算

$$D_p = \alpha \cdot 2(b+\delta)/\pi$$

式中，b——塑料排水带宽度，mm；

δ——塑料排水带厚度，mm；

α——换算系数，考虑到塑料排水带截面并非圆形，其渗透系数和砂井也有所不同而采取的换算系数，取 $\alpha=0.75\sim1.0$。

3. 机具设备

主要设备为插带机，基本上可与袋装砂井打设机械共用，只需将圆形导管改为矩形导管。插带机构造如图 6.6 所示，每次可同时插设塑料排水带两根。

亦可用国内常用打设机械，其振动打设工艺、锤击振动力大小，可根据每次打设根数、导管截面大小、入土长度及地基均匀程度确定。

4. 施工工艺方法要点

塑料排水带打设程序是：

定位→将塑料排水带通过导管从管下端穿出→将塑料带与桩尖连接贴紧管

下端并对准桩位→打设桩管插入塑料排水带→拔管、剪断塑料排水带

工艺流程如图 6.7 所示。

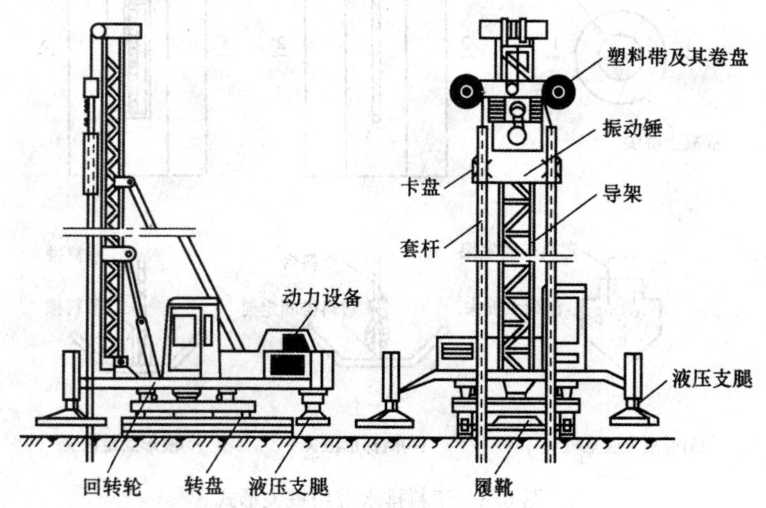

图 6.6　IJB-16 型步履式插带机

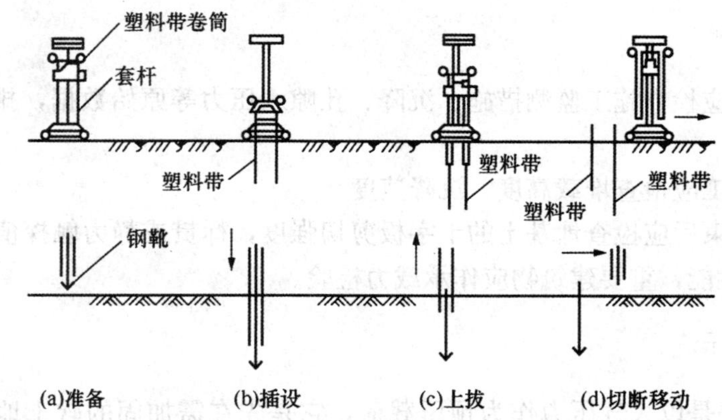

图 6.7　塑料排水带插带工艺流程

打设塑料排水带的导管有圆形和矩形两种，其管靴也各异，一般采用桩尖与导管分离设置。桩尖主要作用是防止打设塑料带时淤泥进人管内，并对塑料带起锚固作用，避免拔出。桩尖常用形式有圆形、倒梯形和倒梯楔形三种，如图 6.8 所示。

塑料带在施工过程中应注意以下几点：

1）塑料带滤水膜在转盘和打设过程中应避免损坏，防止淤泥进入带芯堵塞输水孔，影响塑料带的排水效果。

2）塑料带与桩尖锚旋要牢固，防止拔管时脱离，将塑料带拔出。打设时严格控制间距和深度，如塑料带拔起超过 2m 以上，应进行补打。

3）桩尖平端与导管下端要连接紧密，防止错缝，以免在打设过程中淤泥进入导管，增加对塑料带的阻力，或将塑料带拔出。

4）塑料带需接长时，为减小带与导管的阻力，应采用在滤水膜内平搭接的连接方

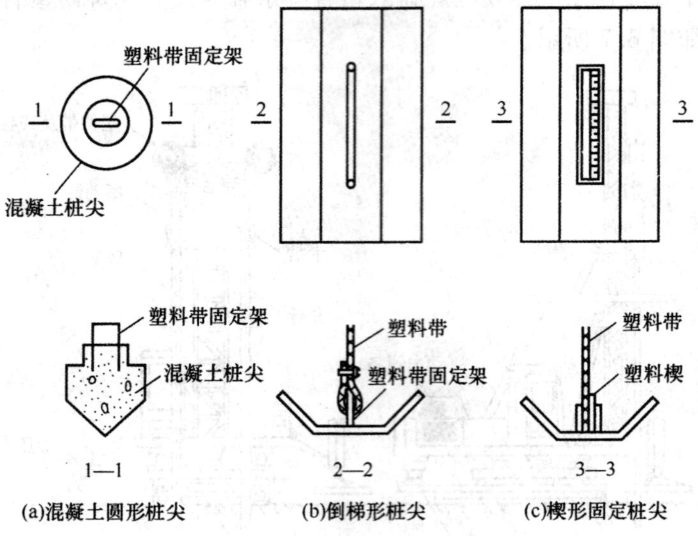

图 6.8　塑料排水带用桩尖形式

法，搭接长度应在 20mm 以上，以保证输水畅通和有足够的搭接强度。

5. 质量控制

1）施工前应检查施工监测措施、沉降、孔隙水压力等原始数据，排水措施，塑料排水带等位置。

2）堆载施工应检查堆载高度、沉降速度。

3）施工结束后应检查地基土的十字板剪切强度，标贯或静力触探值及要求达到的其他物理力学性能，重要建筑物应作承载力检验。

6.3.5　真空预压法

真空预压法是以大气压力作为预压载荷，它是先在需加固的软土地基表面铺设一层透水砂垫层或砂砾层，再在其上覆盖一层不透气的塑料薄膜或橡胶布，四周密封好与大气隔绝，在砂垫层内埋设渗水管道，然后与真空泵连通进行抽气，使透水材料保持较高的真空度，在土的孔隙水中产生负的孔隙水压力，将土中孔隙水和空气逐渐吸出，从而使土体固结（图 6.9）。对于渗透系数小的软黏土，为加速孔隙水的排出，也可在加固部位设置砂井、袋装砂井或塑料板等竖向排水系统。

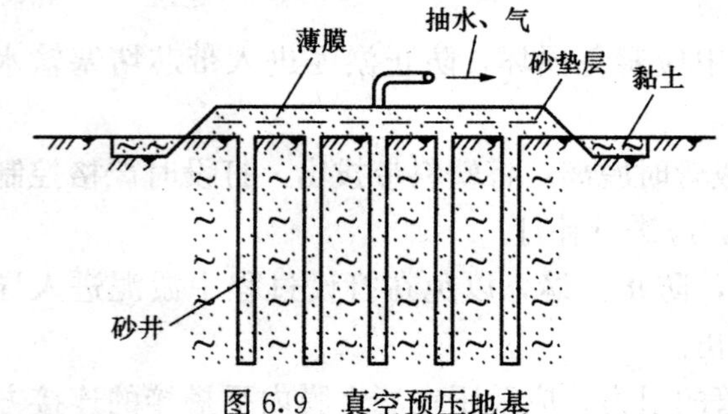

图 6.9　真空预压地基

1. 加固机理

真空预压过程，实质为利用大气压差作预压荷载（当膜内外真空度达到 600mmHg，相当于堆载 5m 高的砂卵石），使土体逐渐排水固结。

同时，真空预压使地下水位降低，增加了土体中的地基附加应力。此外，

在饱和土体孔隙中含有少量的封闭气泡，在真空压力下封闭气泡被排出孔隙，因而使土的渗透性加大，固结过程加速。

2. 特点及适用范围

真空预压法的特点如下：

1）不需要大量堆载，可省去加载和卸载工序，节省大量原材料、能源和运输能力，缩短预压时间。

2）真空法所产生的负压使地基土的孔隙水加速排出，可缩短固结时间；同时由于孔隙水排出，渗流速度的增大，地下水位降低，由渗流力和降低水位引起的附加应力也随之增大，提高了加固效果；且负压可通过管路送到任何场地，适应性强。

3）孔隙渗流水的流向及渗流力引起的附加应力均指向被加固土体，土体在加固过程中的侧向变形很小，真空预压可一次加足，地基不会发生剪切破坏而引起地基失稳，可有效缩短总的排水固结时间。

4）适用于超软黏性土以及边坡、码头、岸边等地基稳定性要求较高的工程地基加固，土越软，加固效果越明显。

5）所用设备和施工工艺比较简单，无需大量的大型设备，便于大面积使用。

6）无噪声、无振动、无污染，可做到文明施工。

7）技术经济效果显著，根据国内在天津新港区的大面积实践，当真空度达到600mmHg，经60d抽气，不少井区土的固结度都达到80%以上，地面沉降达57cm，同时能耗降低1/3，工期缩短2/3，比一般堆载预压降低造价1/3。

真空预压法适于饱和均质黏性土及含薄层砂夹层的黏性土，特别适于新淤填土、超软土地基的加固。但不适于在加固范围内有足够的水源补给的透水土层，以及施工场地狭窄的工程进行地基处理。

3. 机具设备

真空预压主要设备为真空泵，一般宜用射流真空泵，它由射流箱及离心泵所组成。射流箱规格为ϕ48，效率应大于96kPa，离心泵型号为3BA-9、ϕ50，每个加固区宜设两台泵为宜（每台射流真空泵的控制面积为1000m^2）。配套设备有集水罐、真空滤水管、真空管、止回阀、阀门、真空表、聚氯乙烯塑料薄膜等。滤水管采用钢管或塑料管材，应能承受足够的压力而不变形。滤水孔一般采用ϕ8～ϕ10，间距5cm，梅花形布置，管上缠绕3mm铁丝，间距5cm，外包尼龙窗纱布一层，最外面再包一层渗透性好的编织布或土工纤维或棕皮即成。

4. 工艺流程

真空预压法为保证在较短的时间内达到加固效果，一般与竖向排水井联合使用，其工艺布置及流程如图6.10和图6.11所示。

5. 施工工艺方法要点

1）真空预压法竖向排水系统设置同砂井（或袋装砂井、塑料排水带）堆载预压

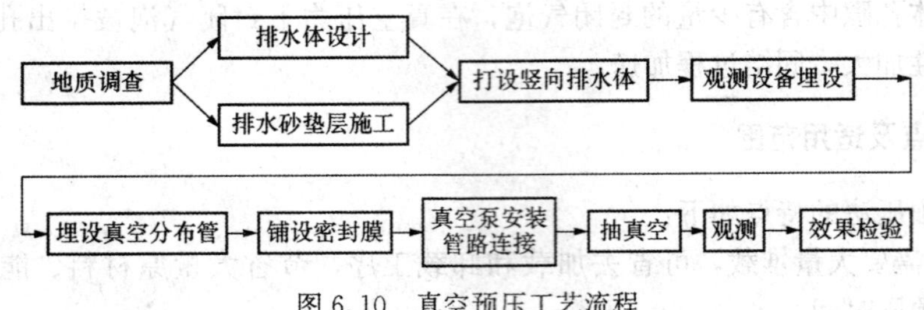

图 6.10　真空预压工艺流程

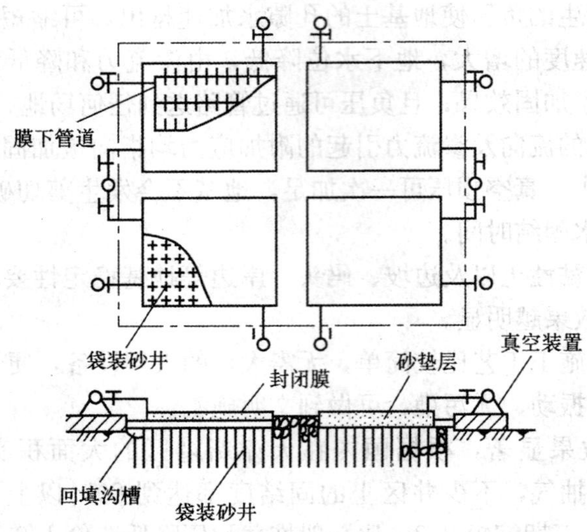

图 6.11　真空预压工艺与设备

法。应先整平场地，设置排水通道，在软基表面铺设砂垫层或在土层中再加设砂井（或埋设袋装砂井、塑料排水带），再设置抽真空装置及膜内外管道。

2）砂垫层中水平分布滤管的埋设，一般宜采用条形或鱼刺形（图 6.12），铺设距离要适当，使真空度分布均匀，管上部应覆盖 100～200mm 厚的砂层。

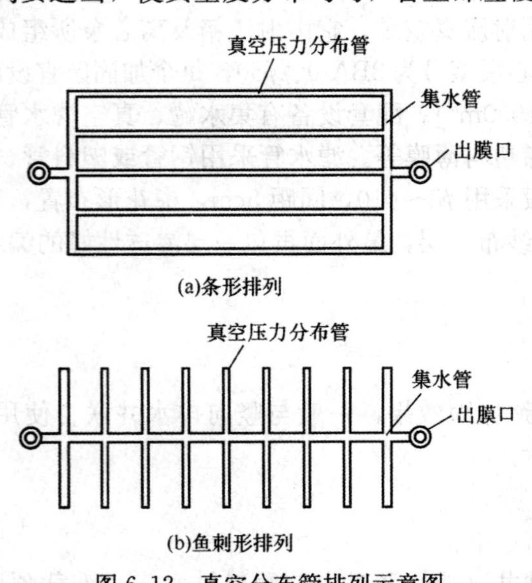

图 6.12　真空分布管排列示意图

3）砂垫层上密封薄膜，一般采用 2～3 层聚氯乙烯薄膜，应按先后顺序同时铺设，并在加固区四周，在离基坑线外缘 2m 开挖深 0.8～0.9m 的沟槽，将薄膜的周边放入沟槽内，用黏土或粉质黏土回填压实，要求气密性好，密封不漏气，或采用板桩覆水封闭（图 6.13），而以膜上全面覆水较好，既密封好又减缓薄膜的老化。

4）当面积较大时，宜分区预压，区与区间隔距离以 2～6m 为佳。

5）做好真空度、地面沉降量、深层沉降、水平位移、孔隙水压力和地下水位的现场测试工作，掌握变化情况，作为检验和评价预压效果的依据。并随时分析，如

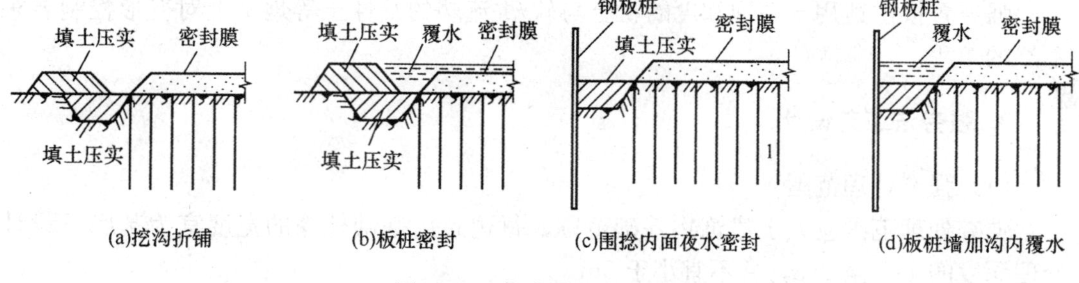

图 6.13 薄膜周边密封方法

发现异常，应及时采取措施，以免影响最终加固效果。

6）真空预压结束后，应清除砂槽和腐殖土层，避免在地基内形成水平渗水暗道。

6. 质量控制

1）施工前应检查施工监测措施、沉降、孔隙水压力等原始数据，排水设施，砂井（包括袋装砂井）或塑料排水带等位置及真空分布管的距离等。

2）施工中应检查密封膜的密封性能，真空表读数等。泵及膜内真空度应达到96kPa和73kPa以上的技术要求。

3）施工结束后应检查地基土的十字板剪切强度，标贯或静力触探值及要求达到的其他物理力学性能，重要建筑物地基应进行承载力检验。

4）真空预压地基的质量标准如表6.5所示。

6.4 强 夯 法

6.4.1 强夯法特点及适用范围

强夯法又名动力固结法或动力压实法。这种方法是反复将夯锤（质量一般为10～40t）提到高处使其自由落下（落距一般为10～40m），给地基以冲击和振动能量，将地基土夯实的地基处理方法。

强夯置换法是将重锤提到高处使其自由落下形成夯坑，并不断夯击坑内回填的砂石、钢渣等硬粒料，使其形成密实的墩体的地基处理方法。

限于篇幅，以下仅介绍强夯法。

1. 强夯法特点

强夯法具有加固效果显著、适用土类广、设备简单、施工方便、节省劳力、施工期短、节约材料、施工文明和施工费用低等优点，但施工时会产生地面振动。

2. 强夯法适用范围

强夯法适用于处理碎石土、砂土、低饱和度的粉土与黏性土、湿陷性黄土、素填土和杂填土等地基，一般均能取得较好效果。对于软土地基，一般来说处理效果不显著。

强夯置换法适用于高饱和度的粉土与软塑-流塑的黏性土等地基上对变形控制要求不严的工程。

3. 强夯法工艺设计

（1）强夯处理范围

强夯处理范围应大于建筑物基础范围，每边超出基础外缘的宽度宜为基底下设计处理深度的1/2至2/3，并不宜小于3m。

（2）夯点位置与间距

夯点位置可根据基底平面形状，采用等边三角形、等腰三角形或正方形布置。第一遍夯击点间距可取夯锤直径的2.5～3.5倍，第二遍夯击点位于第一遍夯击点之间。以后各遍夯击点间距可适当减少。对出现深度较深或单击夯击能较大的工程，第一遍夯击点间距宜适当增加。

（3）单位夯击能

单位夯击能应根据现场试夯或当地经验确定。在缺少试验资料或经验时可按表6.6预估。

表6.6 强夯法的有效加固深度 单位：m

单击夯击能/（kN·m）	碎石土、砂土等粗颗粒土	粉土、黏性土、湿陷性黄土等细颗粒土
1000	5.0～6.0	4.0～5.0
2000	6.0～7.0	5.0～6.0
3000	7.0～8.0	6.0～7.0
4000	8.0～9.0	7.0～8.0
5000	9.0～9.5	8.0～8.5
6000	9.5～10.0	8.5～9.0
8000	10.0～10.5	9.0～9.5

注：强夯法的有效加固深度应从最初起夯面算起。

（4）夯点的夯击次数

应按现场试夯得到的夯击次数和夯沉量关系曲线确定，并应同时满足下列条件：

1）最后两击的平均夯沉量不宜大于下列数值：当单击夯击能小于400kN·m时为50mm；当单击夯击能为4000～6000kN·m时为100mm；当单击夯击能大于6000kN·m时为200mm。

2）夯坑周围地面不应发生过大的隆起。

3）不因夯坑过深而发生提锤困难。

（5）夯击遍数

夯击遍数应根据地基土的性质确定，可采用点夯2～3遍，对于渗透性较差的细颗粒土，必要时夯击遍数可适当增加。最后再以低能量满夯2遍，满夯可采用轻锤或低落距锤多次夯击，锤印搭接。

6.4.2　强夯法施工工艺

强夯法施工工艺流程见图 6.14。操作要求如下。

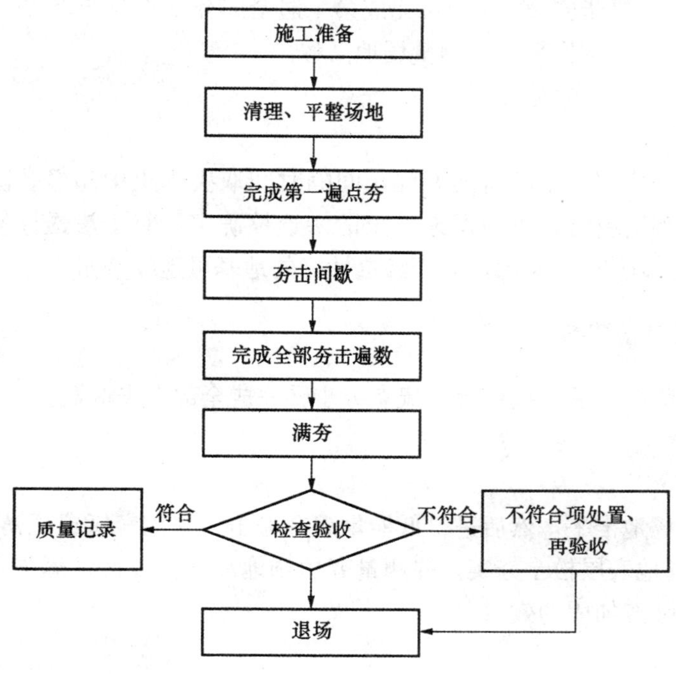

图 6.14　强夯法施工工艺流程

1. 施工准备

（略）。

2. 清理、平整场地

推土机平整夯击场地表面。用压路机或推土机自身行走压实现场表面。

3. 完成第一遍点夯

1）标出第一遍夯点位置，并测量场地高程。强夯施工前，应将施工测量控制点引至不受施工影响的稳定地点。建立现场坐标控制点及高程控制点。施放强夯区域线或单体夯区边线。测放第一遍夯点位置，标出中心点及圆圈线并测量夯前场地高程。

2）起重机就位，夯锤置于夯点位置。起重机吊起夯锤回转移动应保持起重机的稳定，夯锤对准夯点位置，同时应检查夯锤重心是否处于形心，若偏心时应采取在锤边焊钢板或增减混凝土块等办法使其平衡，防止夯坑倾斜，强夯水平偏差应小于 200mm。

3）测量夯前锤顶高程。夯前应测量锤顶高程，填写强夯施工记录，计算每一击的夯沉量。用水准仪测量时，水准仪应距夯点有一定距离，以防止夯击震动对水准仪的影响。

4）将夯锤起吊到预定高度，开启脱钩装置，待夯锤脱钩自由下落后，放下吊钩，测量锤顶高程。若发现因坑底倾斜而造成夯锤歪斜时，应及时将坑底填平。

5）重复步骤4），按规定的夯击次数及控制标准，完成一个夯点的夯击。

6）换夯点，重复步骤2）～5），完成第一遍全部夯点的夯击。

7）用推土机将夯坑推平，并测量场地高程。

4. 夯击间歇

两遍夯击之间应有一定的时间间隔，间隔时间取决于土中超静孔隙水压力的消散时间。当缺少实测资料时，可根据地基土的渗透性确定，对于渗透性较差的黏性土地基，间隔时间不应小于3～4周，对于渗透性好的地基可连续夯击。

5. 完成全部夯击遍数

在规定的间隔时间后，按照第一遍点夯步骤完成全部夯击遍数。

6. 满夯

用推土机将场地推平，然后进行低能量满夯夯击（采用轻锤或低落距锤多次夯击，锤印搭接），将场地表层松土夯实。并测量夯后场地高程。以便计算强夯之后地面下沉的平均值，评价强夯加固的效果。

6.5 振冲法

振冲法又称振动水冲法，是以起重机吊起振冲器，启动潜水电机带动偏心块，使振动器产生高频振动，同时启动水泵，通过喷嘴喷射高压水流，在边振边冲的共同作用下，将振动器沉到土中的预定深度，经清孔后，从地面向孔内逐段填入碎石，或不加填料，使在振动作用下被挤密实，达到要求的密实度后即可提升振动器，如此重复填料和振密，直至地面，在地基中形成一个大直径的密实桩体与原地基构成复合地基，从而提高地基的承载力，减少沉降和不均匀沉降，是一种快速、经济有效的加固方法。

振冲法按加固机理和效果的不同，又分为振冲挤密法和振冲置换法两类。前者主要是利用振动和压力水使砂层液化，砂颗粒相互挤密，重新排列，孔隙减少，从而提高砂层的承载力和抗液化能力，它又名振冲挤密砂桩法，这种桩根据砂土质的不同，又有加填料和不加填料两种；后者是在地基土中借振冲器成孔，振密填料置换，制造一群以碎石、砂砾等散粒材料组成的桩体，与原地基土一起构成复合地基，使地基承载力提高，沉降减少，它又名振冲置换碎石桩法。

振冲法加固地基特点是：技术可靠，机具设备简单，操作技术易于掌握，施工简便，可节省三材，因地制宜，就地取材，采用碎石、卵石、砂或矿渣等作填料；加固速度快，节约投资；而且，碎石桩具有良好的透水性，可加速地基固结，使地基承载力可提高1.2～1.35倍；此外，振冲过程中的预震效应，可使砂土地基增加抗液化能力。

振冲法不适于地下水位较高、土质松散易塌方和含有大块石等障碍物的土层中

使用。

国内应用振冲法加固地基的深度一般为14m，最大达18m，置换率一般在10%～30%，每米桩的填料量为0.3～0.7m^3，直径为0.7～1.2m。

6.5.1　振冲挤密法

1. 特点及适用范围

振冲挤密法适用于处理砂土和粉土等地基，不加填料的振冲挤密法仅适用于处理黏土粒含量小于10%的粗砂、中砂地基。

2. 构造要求

(1) 处理范围

应大于建筑物基础范围，在建筑物基础外缘每边放宽不得小于5m。

(2) 振冲深度

当可液化土层不厚时，应穿透整个可液化层；当可液化土层较厚时，应按要求的抗震处理深度确定。

(3) 每一振点所需的填料量

随地基土要求达到的密实程度和振点间距而定，应通过现场试验确定。

3. 机具设备及材料要求

振冲机具设备包括：振冲器、起重机和水泵。振冲器类似混凝土插入式振动器，其工作原理是，利用电机旋转一组偏心块产生一定频率和振幅的水平振动，压力水通过空心竖轴从振冲器下端喷口喷出。振冲器的构造如图6.15所示，常用型号及技术性能见表6.7。

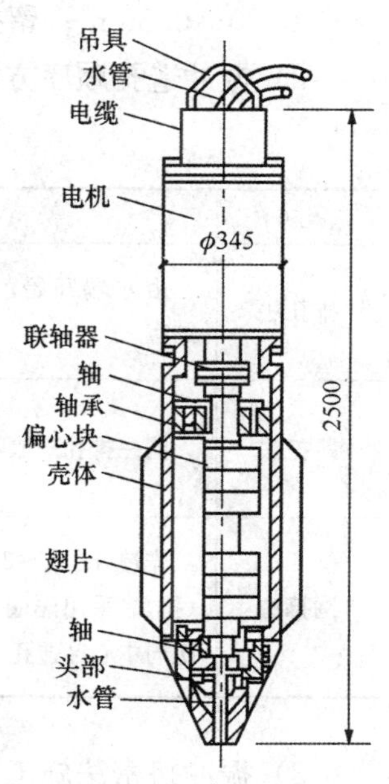

图6.15　振冲器构造

表6.7　振冲器的技术参数

型　号	ZCQ-13	ZCQ-30	ZCQ-55	BL-75
电动功率/kW	13	30	55	75
转速/（r/min）	1450	1450	1450	1450
额定电流/A	25.5	60	100	150
不平衡重量/kg	29.0	66.0	104.0	
型号振动力/kN	35	90	200	160
振幅/mm	4.2	4.2	5.0	7.0
振冲器外径/mm	274	351	450	426
长度/mm	2000	2150	2500	3000
总重量/t	0.78	0.94	1.6	2.05

操纵振冲器的起吊设备可采用8～10t履带式起重机、轮胎式起重机、汽车吊或轨道式自行塔架等。水泵要求水压力为400～600kPa，流量20～30m³/h，每台振冲器备用一台水泵。

控制设备包括：控制电流操作台、150A电流表、500V电压表以及供水管道、加料设备（吊斗或翻斗车）等。

4. 施工工艺要点

1）施工前应先进行振冲试验，以确定成孔合适的水压、水量、成孔速度及填料方法；达到土体密实时的密实电流、填料量和留振时间（称为施工工艺的三要素）。一般控制标准是：密实电流不小于50A；填料量为每米桩长不小于0.6m³，且每次搅拌量控制在0.20～0.35m³；留振时间30～60s。

2）振冲造孔顺序方法可按表6.8选用。

表6.8 振冲成孔方法的选择

造孔方法	步骤	优缺点
排孔法	由一端开始，依次逐步造孔到另一端结束	易于施工，且不易漏掉孔位。但当孔位较密时，后打的桩易发生倾斜和位移
跳打法	同一排孔采取隔一孔造一孔	先后造孔影响小，易保证桩的垂直度。但要防止漏掉孔位，并应注意桩位准确
围幕法	先造外围2～3圈（排）孔，然后造内圈（排）。采用隔圈（排）造一圈（排）或依次向中心区造孔	能减少振冲能量的扩散，振密效果好，可节约桩数10%～15%，大面积施工常采用此法。但施工时应注意防止漏掉孔位和保证其位置准确

3）振冲挤密法施工工艺如图6.16，施工顺序为：

定位→成孔→边振边上提→振密

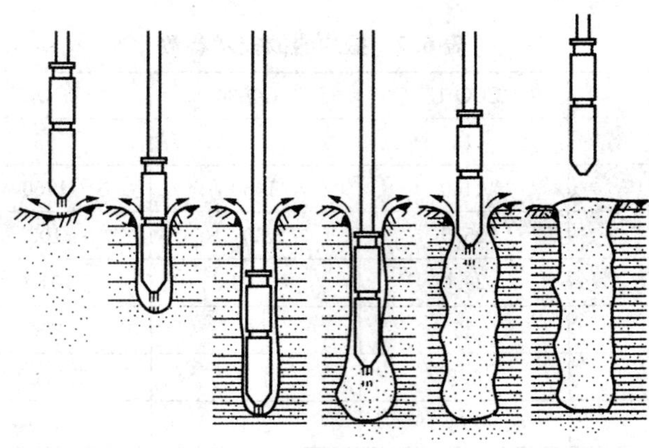

图6.16 振冲挤密法施工工艺

水压、水量控制同振冲置换法，下沉速率控制在1～2m/min，待达到要求处理深度后，将水压和水量降至孔口有一定量回水，但无大量细颗粒带出的程度，将填料堆于孔口扩筒周围，采取自下而上地分段振动加密，每段长0.5～1.0m，填料在振冲器振动下依靠自重沿护筒周壁下沉至孔底，在电流升高到规定控制值后，将振冲器上提0.3～0.5m；重复上一步骤直至完成全孔处理。

4）振冲挤密法施工操作，关键是控制水量大小和留振时间。水量的大小是保证地基中砂土充分饱和，受到振动能够产生液化；足够的留振时间（30～60s）是使地基中的砂土完全液化，在停振后土颗粒便重新排列，使孔隙比减小，密实度提高。振密程度一般以电流超过原空振时电流25～30A时，表示该深度处的桩体已经挤密。对粉细砂应加填料，其功用是填充在振冲器上提后留下的孔洞；此外，填料作为传力介质，在振冲器的水平振动下，通过连续加填料将砂层进一步挤压加密。对中、粗砂，当振冲器上提后孔壁极易坍落能自行填满下面的孔洞，因而可以不加填料就地振密。如干砂厚度大，地下水位低，则应采取措施大量补水，以使砂处于或接近饱和状态时，方可施工。

5. 质量控制

1）施工前应检查振冲器的性能；电流表、电压表的准确度；填料的性能。

2）施工中应检查密实电流、供水压力、供水量、填料量、孔底留振时间、振冲点位置、振冲器施工参数等（施工参数由振冲试验或设计确定）。

3）施工结束后应在有代表性的地段作地基强度（标准贯入、静力触探）或地基承载力（单桩静载荷或复合地基静载）检验。

4）振冲施工结束后，除砂土地基外，应间隔一定时间方可进行质量检验。对黏性土地基，间隔时间为3～4周；对粉土地基为2～3周。

5）振冲地基质量标准如表6.9所示。

表6.9 振冲地基质量检验标准

项目	序号	检查项目	允许偏差或允许值		检查方法
			单位	数值	
主控项目	1	填料粒径	设计要求		抽样检查
	2	密实电流（黏性土） 密实电流（砂性土或粉土） （以上为功率30kW振冲器） 密实电流（其他类型振冲器）	A A A_0	50～55 40～50 1.5～2.0	电流表读数 电流表读数，A_0为空振电流
	3	标贯、静力触探	设计要求		按规定的方法
	4	载荷试验（单桩、复合地基）	设计要求		按规定的方法

续表

项目	序号	检查项目	允许偏差或允许值		检查方法
			单位	数值	
一般项目	1	填料含泥量	%	<5	抽样检查
	2	振冲器喷水中心与孔径中心偏差	mm	≤50	用钢尺量
	3	成孔中心与设计孔位中心偏差	mm	≤100	用钢尺量
	4	桩体直径	mm	<50	尺量
	5	孔深	mm	±200	量钻杆或重锤测

6.5.2 振冲置换法

1. 特点及适用范围

振冲置换法适于处理不排水、抗剪强度小于 20kPa 的黏性土、粉土、饱和黄土和人工填土等地基，如果桩周土的强度过低，则难以形成桩体。

2. 构造要求

(1) 处理范围

处理范围应大于基底面积；对于一般地基，在基础外缘宜扩大 1～2 排桩；对可液化地基，在基础外缘应扩大 2～4 排桩。

(2) 桩位布置

对大面积满堂处理，宜用等边三角形布置；对独立或条形基础，宜用正方形、矩形或等腰三角形布置。

(3) 桩的间距

应根据荷载大小和原土的抗剪强度确定桩的间距，一般取 1.5～2.5m，对荷载大或原土强度低、或桩末端达相对硬层的短桩宜取小值，反之宜取大的间距。

(4) 桩长的确定

当相对硬层的埋藏深度不大时，应按相对硬层埋藏深度确定；当相对硬层的埋藏深度较大时，应按建筑物地基的变形允许值确定。桩长不宜短于 4m。在可液化的地基中，桩长应按要求的抗震处理深度确定。桩顶应铺设一层 200～500mm 厚的碎石垫层。

(5) 桩的直径

可按每根桩所用的填料计算桩的直径，一般为 0.8～1.2m。

3. 机具设备及材料要求

同振冲挤密法。

4. 施工工艺要点

1) 施工前应先进行振冲试验。

2）振冲置换法施工工艺如图6.17，振冲造孔方法可按表6.8选用。

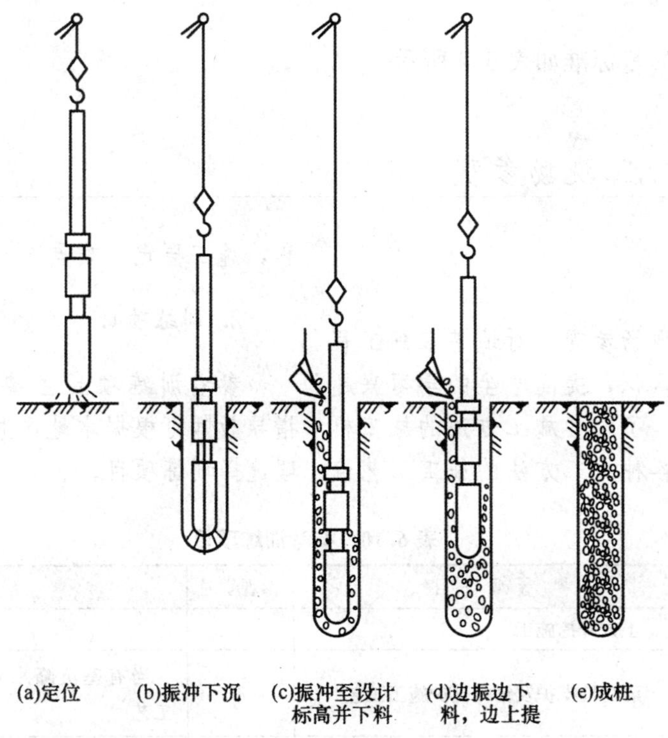

图6.17　振冲置换法施工工艺

3）振冲置换法施工顺序为：

定位→成孔→清孔→填料→振实

启动水泵和振冲器，水压可用400～600kPa（对于较硬土层应取上限，对于软土取下限），水量可用200～400L/min，使振冲器徐徐沉入土中，直至达到设计处理深度以上0.3～0.5m。如土层中夹有硬层时，应适当进行扩孔，即在硬层中将振冲器往复上下多次，使孔径扩大，以便于填料。因在黏性土层中成孔，泥浆水太稠，使填料下降速度缓慢，因此在成孔后，应停留1min清孔，以便回水将稠泥浆带出地面，以降低孔内泥浆密度。填料宜“少吃多餐”，每次往孔内倒入填料数量，约为堆积在孔内0.8m高，然后用振冲器振密后再继续加料。在强度很低的软土地基施工中，则要用“先护壁，后制桩”的施工方法。即在振冲开孔到达第一层软弱层时，加些填料进行初步挤振，将填料挤到此层软弱层周围以加固孔壁，接着再同样方法处理以下第二、第三层软弱层，直到加固深度。

4）填料和振料方法，一般采取成孔后，将振冲器提出少许，从孔口往下填料，填料从孔壁间隙下落，边填边振，直至该段振实，然后将振冲器提升0.5m，再从孔口往下填料，逐段施工。

5）加固区的振冲桩施工完毕，在振冲最上1m左右时，由于土覆压力小，桩的密实度难以保证，故宜予挖除，另作垫层，或另用振动碾压机进行碾压密实处理。

5. 质量控制

振冲地基质量标准如表 6.9 所示。

职业活动 训练 施工现场参观

1. 训练目标

通过进驻现场参观，对地基基础工程施工建立感性认识，提高学生的学习兴趣和学习针对性。了解各施工方法的施工机械性能，熟悉各种施工方法的施工工艺流程，施工要点、难点。

2. 训练项目

参考训练项目主要如表 6.10 所示，指导教师可根据本地区和本校实际情况合理选择训练项目。

表 6.10 参考训练项目

类别	序号	参观项目	参观学时	备注
土方工程	1	土方开挖施工	4	
基坑工程	2	灌注桩支护及锚杆支护施工工艺*	4	当有基坑降水时，同时参观其施工工艺
	3	土钉墙支护施工工艺*	4	当课时不足时，第 2 项和第 3 项参观项目可二选一
浅基工程	4	浅基础施工工艺	4	
	5	静压桩施工工艺*	4	
桩基工程	6	锤击桩施工工艺	4	
	7	长螺旋钻孔压灌桩施工工艺*	4	
	8	旋挖成孔灌注桩施工工艺*	4	
	9	人工挖孔灌注桩施工工艺*	4	
	10	反循环钻孔灌注桩施工工艺	4	
	11	承台施工工艺	4	
地基处理	12	强夯法施工工艺	4	
	13	水泥土桩法施工工艺*	4	亦可变更此项为水泥土桩墙支护施工工艺
合计			52	其中重点参观项目 28 学时

注：带“*”号的参观项目为重点参观项目。

3. 训练准备

教师准备：

1）与工地负责人做好沟通，确保参观学习组织有序。

2）熟悉所参观项目施工工艺流程，能够对学生进行答疑。

3）熟悉工地（或工厂）工程概况。

学生准备：

1）熟悉所参观项目施工工艺流程，参观前正确画出施工工艺流程图。

2）查阅相关标准、规范、规程、施工手册等技术资料。

3）针对具体工作，掌握DV录像、照相及其后期处理技术，掌握PPT演示文件制作方法。

4. 组织方案

方案1：

以班为单位进行参观，每10～15名学生分成1个小组，每组选派组长1名，负责协调组织学生、协助指导教师、考勤等工作；每组安排1名参观实习指导教师，负责组织协调参观实习、答疑；每1～2组学生安排1位工地技术人员，负责工程概况介绍、施工工艺讲解。

此方案的优点在于参与学生人数多，有利于学生提高对施工的感性认识。但缺点较多：①学生人数多，不利于听取技术人员和教师的讲解；②工地学生人数多，容易造成组织混乱，存在较大安全隐患；③学生人数多，交通费较多；④教师、工地技术人员配备数量多，人工费多。基于以上原因，不推荐采用此方案。以下仅介绍方案2。

方案2：

1）每班分为若干团队（或称小组），每个团队由7～10名学生组成，选派组长1名，DV录像师1名，照相师1名，资料记录员1名，节目主持1～3名。

2）每个参观项目选派1个团队，由1名教师和1名工地技术人员带领进驻工地参观，并负责制作所参观施工项目的专题节目。

3）施工项目专题节目相关资料整理完毕后，向全班同学汇报，并由教师作点评。

此方案的难点在于：

对学生的要求较高，需要有较为系统的前期准备和繁杂的后期资料处理，技术难度较大。

其优点也十分明显，主要如下：

1）每次进驻工地的学生人数少，安全隐患小。

2）学生参与度高，每位同学均安排有相应的工作，能够极大程度地调动学生的积极性。

3）学生在活动中，需要阅读（资料）、听（讲解）、看（演示）、感受（现场）、讲解（给别人听），对于一些简单的操作甚至可以自己动手去做，因此学生记忆理解深刻。并能在工作中体会到团队意识和沟通技巧，从而得到最大程度的锻炼。

4）活动经费需用量小，可有效地利用教学资源。

5. 成果要求

每个团队参观活动结束后，1周内整理好相应资料，以专题节目形式向本班同学做演示汇报。汇报宜包括以下内容：

1）PPT演示课件：内容主要包括：①工程概况；②所参观项目的施工工艺流程；③施工要点、难点等。要求文字精炼，图片生动有说服力。

2）演示录像：内容主要包括：①所参观项目的施工工艺流程；②设置3～5个小问题，作为竞猜问答，以在同学们观看录像时活跃气氛。要求录像内容繁简得当，图像录制清晰、稳定。

6. 成果评定

1）每次参观活动、汇报演示结束后，由教师和团队各组员在本团队中评选出

1～2名对参观活动、汇报演示贡献最大的同学，授予《地基基础工程施工》课程实践教学互动“最具贡献奖”。教师和团队各组员评分比重分别占20%和80%。

2）所有参观活动、汇报结束后，由指导老师和各组组长在各团队成员中评选出以下奖项：《地基基础工程施工》课程实践教学互动“最佳编导奖”、“最佳创意奖”、“最佳主持奖”、“最佳摄影奖”、“最佳摄像奖”等奖项。指导教师和各组组长评分比重各占50%。

习　题

1. 下列关于换土垫层法垫层材料的选用，说法不正确的是（　　）。

A. 对湿陷性黄土地基，垫层宜选用砂石等透水材料

B. 用于膨胀土地基的粉质粘土垫层，土料中不得夹有砖、瓦和石块

C. 灰土土料宜用粉质黏土，不宜使用块状黏土和砂质粉土

D. 粉煤灰可用于道路、堆场和小型建筑、构筑物等的换填垫层

2. 对暗沟等软弱土的浅层地基处理，可采用（　　）。

A. 排水固结法　　B. 碾压夯实法　　C. 振密挤密法　　D. 换土垫层法

3. 换土垫层法应根据不同的垫层换填材料选择施工机械，下列说法不正确的是（　　）。

A. 粉质黏土、灰土宜采用平碾、振动碾、羊足碾或蛙式夯、柴油夯

B. 砂石等宜用振动碾或羊足碾

C. 粉煤灰宜采用平碾、振动碾、平板振动器、蛙式夯

D. 矿渣宜采用平板振动器或平碾，也可采用振动碾

4. 下列关于地基处理方法的适用范围，描述不正确的是（　　）。

A. 预压法适用于处理淤泥、淤泥质土、冲填土等饱和黏性土地基

B. 强夯法适用于高饱和度粉土与软塑～流塑的黏性土等地基

C. 振冲法适用于处理砂土、粉土、粉质黏土、素填土和杂填土等地基

D. 水泥土搅拌法适用于处理淤泥与淤泥质土、粉土、黏性土、素填土等

5. 下列关于强夯法夯锤要求不正确的是（　　）。

A. 强夯锤质量可取2～4t

B. 夯锤底面形式宜采用圆形或多边形

C. 锤的底面宜对称设置若干个与其顶面贯通的排气孔

D. 锤底静接地压力值可取25～40kPa

6. CFG桩是（　　）。

A. 水泥土桩　　B. 水泥粉煤灰碎石桩

C. 石灰桩　　D. 碎石桩

7. 以下哪些地基加固方法属于复合地基加固（　　）。

A. 深层搅拌法　　B. 换填法

C. 真空预压法　　D. 强夯法

8. 砂井堆载预压法不适合于（　　）。

A. 砂土　　B. 杂填土　　C. 饱和软黏土　　D. 冲填土

9. 强夯法不适用于如下哪种地基土（　　）。

A. 软散砂土　　B. 杂填土

C. 饱和软黏土　　D. 湿陷性黄土

10. 下列哪种方法不属于化学加固法（　　）。

A. 电渗法　　B. 粉喷桩法

C. 深层水泥搅拌桩法　　D. 高压喷射注浆法

11. 砂井或塑料排水板的作用是（　　）。

A. 预压荷载下的排水通道　　B. 提高土体强度

C. 起竖向增强体的作用　　D. 形成复合地基

12. 对于饱和软黏土不适用的处理方法是（　　）。

A. 换土垫层法　　B. 堆载预压法

C. 强夯法　　D. 深层搅拌桩

13. 用砂井处理饱和软黏性土地基的主要原理是（　　）。

A. 挤密　　B. 换土

C. 压实　　D. 排水固结

14. 在排水系统中，属于水平排水体的有（　　）。

A. 普通砂井　　B. 袋装砂井

C. 塑料排水带　　D. 砂垫层

15. 理论上，真空预压法可产生的最大荷载为（　　）。

A. 50kPa　　B. 80kPa　　C. 100kPa　　D. 120kPa

16. 强夯时为减少对周围邻近构筑物的振动影响，常采用在夯区周围采取哪些措施？（　　）

A. 降水　　B. 降低夯击能量

C. 挖隔振沟　　D. 钻孔

17. 堆载预压法和真空预压法不适用于处理下列哪些地基土？（　　）

A. 淤泥　　B. 淤泥质土　　C. 泥炭土　　D. 冲填土

18. 堆载预压法和真空预压法不适用于处理下列哪些地基土？（　　）

A. 淤泥　　B. 淤泥质土　　C. 冲填土　　D. 砂性土

19. 下列对强夯法采用的夯锤形状描述不正确的是（　　）。

A. 圆形　　B. 多边形　　C. 气孔状　　D. 实心锤

20. 下列哪些地基土不适合于采用水泥土搅拌法加固？（　　）

A. 淤泥　　B. 粉土　　C. 泥炭土　　D. 饱和黄土

附录　地基与基础工程常用标准、规范、规程和图集

第一部分　设 计 规 范

建筑地基基础设计规范　GB 50007—2002

建筑抗震设计规范　GB 50011—2001（2008 版）

高层建筑混凝土结构技术规程　JGJ 3—2002

混凝土结构施工图平面整体表示方法制图规则和构造详图（现浇混凝土框架、剪力墙、框架剪力墙、框支剪力墙结构）国家建筑标准设计图集 03　G101-1

混凝土结构施工图平面整体表示方法制图规则和构造详图（筏形基础）国家建筑标准设计图集 04　G101-3

混凝土结构施工图平面整体表示方法制图规则和构造详图（现浇混凝土楼面与屋面板）国家建筑标准设计图集 04　G101-4

混凝土结构施工图平面整体表示方法制图规则和构造详图（箱型基础和地下室结构）国家建筑标准设计图集 08　G101-5

混凝土结构施工图平面整体表示方法制图规则和构造详图（独立基础、条形基础、桩基承台）国家建筑标准设计图集 06　G101-6

第二部分　施工验收规范

建筑工程施工质量验收统一标准　GB 50300—2001

建筑地基基础工程施工质量验收规范　GB 50202—2002

砌体工程施工质量验收规范　GB 50203—2002

混凝土结构工程施工质量验收规范　GB 50204—2002

地下防水工程质量验收规范　GB50208—2002

第三部分　岩土工程规范

岩土工程勘察规范　GB 50021—2001（2009 年版）

岩土工程勘察报告编制标准　CECS99—98

土的工程分类标准　GB/T 50145—2007

土工试验方法标准　GBT 50123—1999

第四部分　基坑工程施工规范

建筑基坑支护规程　JGJ 120—1999

建筑边坡工程技术规范　GB 50330—2002

锚杆喷射混凝土支护技术规范　GB 50086—2001

岩土锚杆（索）技术规程　CECS 22—2005

基坑土钉支护技术规程　CECS 96—1997

土钉支护技术规范　GJB 5055—2006

加筋水泥土桩锚支护技术规程　CECS 147—2004

建筑与市政降水工程技术规范　JGJ/T 111—1998

第五部分　桩基工程施工规范

建筑桩基技术规范　JGJ 94—2008

建筑桩基检测技术规范　JGJ 106—2003

长螺旋钻孔压灌混凝土后插钢筋笼灌注桩施工技术规程　DB 11T 582—2008（北京市地方标准）

锤击式预应力混凝土管桩基础技术规程　DBJ/T 15-22—2008（广东省标准）

打桩设备安全规范　GB 22361—2008

第六部分　地基处理规范

建筑地基处理技术规范　JGJ 79—2002

真空预压加固软土地基技术规程　JTS 147-2—2009

真空预压法加固软土地基施工技术规程　HG/T 20578—1995

软土地基深层搅拌技术规程　YBJ 225—1991

水下深层水泥搅拌法加固软土地基技术规程　JTJ/T 259—2004

孔内深层强夯法技术规程　CECS 197—2006

强夯地基技术规程　YSJ 209—1992

水电水利工程振冲法地基处理技术规范　DL/T 5214—2005

第七部分　其他相关规范

建筑工程冬期施工规程　JGJ 104—1997

地下工程防水技术规范　GB 50108—2001

先张法预应力混凝土管桩　GB 13476—2009

预制钢筋混凝土方桩　JC 934—2004

预应力混凝土空心方桩　JG 197—2006

先张法预应力混凝土薄壁管桩　JC 888—2001

主要参考文献

北京建工集团有限责任公司．2008. 建筑分项工程施工工艺标准［M］．第三版．北京：中国建筑工业出版社．

龚晓南．2008. 地基处理手册［M］．第三版．北京：中国建筑工业出版社．

《建筑施工手册》（第四版）编写组．2003. 建筑施工手册［M］．第四版．北京：中国建筑工业出版社．

李楠．2009. 建筑地基基础工程施工质量验收规范应用图解［M］．北京：机械工业出版社．

刘国彬，王卫东．2009. 基坑工程手册［M］．第二版．北京：中国建筑工业出版社．

刘金波．2008. 建筑桩基技术规范理解与应用［M］．北京：中国建筑工业出版社．

沈保汉．1992. 高层建筑施工手册［M］．北京：中国建筑工业出版社．

杨嗣信．2005. 高层建筑施工手册［M］．第二版．北京：中国建筑工业出版社．

张雁，刘金波．2009. 桩基手册［M］．北京：中国建筑工业出版社．

中国建筑工程总公司．2003. 建筑工程施工工艺标准-地基与基础工程施工工艺标准［M］．北京：中国建筑工业出版社．